透视中国网络安全
Perpective of China's network security

——从国家战略到企业网络安全实战案例

From national strategy to practical cases of enterprise network security

崔传桢 著

By Cui Chuanzhen

中国财经出版传媒集团

中国财政经济出版社

图书在版编目（CIP）数据

透视中国网络安全：从国家战略到企业网络安全实
战案例 / 崔传桢著. ——北京：中国财政经济出版社，
2020.2

ISBN 978-7-5095-9555-8

Ⅰ.①透…　Ⅱ.①崔…　Ⅲ.①计算机网络－网络安全

－案例－中国　Ⅳ.①TP393.08

中国版本图书馆CIP数据核字（2020）第020284号

责任编辑：郁东敏　　　　　　　　责任印制：刘春年
封面设计：陈宇琰　　　　　　　　责任校对：李　丽

中国财政经济出版社 出版

URL：http://www.cfeph.cn

E-mail：cfeph@cfemg.cn

社址：北京市海淀区阜成路甲28号　邮政编码：100142

营销中心电话：010-88191537

北京时捷印刷有限公司印刷　各地新华书店经销

787×1092毫米　16开　21.75印张　334 000字

2020年4月第1版　2020年4月北京第1次印刷

定价：68.00元

ISBN 978-7-5095-9555-8

（图书出现印装问题，本社负责调换）

本社质量投诉电话：010-88190744

打击盗版举报热线：010-88191661　QQ：2242791300

序言一

习近平总书记指出：没有网络安全就没有国家安全。网络空间安全事关人类共同利益，事关世界和平与发展，事关各国国家安全。维护我国网络安全是协调推进全面建成小康社会、全面深化改革、全面依法治国、全面从严治党战略布局的重要举措，是实现"两个一百年"奋斗目标、实现中华民族伟大复兴中国梦的重要保障。

崔传桢同志是跨界复合型人才，工作出色，创新能力强。他在担任《信息安全研究》杂志执行主编期间，系统调研了国内外几十家大型企业和上市公司、网络安全企业并发表文章。本书是他的调研成果的文章汇集，围绕全球和中国网络空间安全国家战略、助力网络强国、核心技术自主创新，以系统性调研报告和案例应用，阐述了数字经济时代全球和中国的网络空间安全国家战略以及企业网络安全战略与经营管理的相关内容，并通过华为、中兴通讯、腾讯、京东等知名企业案例，通过卫士通、天融信等网安企业的战略及经营情况的剖析与总结，为企业网络安全提供应用性参考，助力网络强国建设。

建设网络强国，我们必须要坚决贯彻习近平总书记的指示精神，以总体国家安全观为指导，贯彻落实创新、协调、绿色、开放、共享的发展理念，增强风险意识和危机意识，统筹国内国际两个大局，统筹发展安全两件大事，积极防御、有效应对，推进网络空间和平、安全、开放、合作、有序，维护国家主权、安全、发展利益，实现建设网络强国的战略目标。

当前，新冠疫情还没有完全结束，我们需要继续努力抗击疫情。"我将无我，不负人民。"全党同志都要向习近平总书记看齐，深深扎根人民、紧紧依靠人民、一切为了人民，树牢"四个意识"，坚定"四个自信"，做到"两个维护"，扎扎实实将以人民为中心的发展思想落到实处。疫情防控，人心正齐，胜利可期。

在本书付梓之际，特向崔传桢同志表示衷心的祝贺，并期待和祝福他在未来工作中更上一层楼，取得更优异的成就。

原总参某局副局长

天禾佳润集团总顾问

朱　元

2020年3月于中国香港

朱元：国家安全与网络安全专家，主要研究方向为公共网络安全、网络治理与国家安全、网络舆情与管理。

序言二

习近平总书记指出：没有网络安全就没有国家安全。党的十八大以来，以习近平同志为核心的党中央系统部署和全面推进网络安全和信息化工作。在习近平总书记关于网络强国思想指引下，我国网络空间日渐清朗，网络安全保障能力不断增强，日渐迈向网络强国。

我和崔传桢同志在工作中相识，他是一个年轻有为的复合型人才，工作认真负责，为人真诚，做事效率高。本书是他担任《信息安全研究》执行主编期间，对几十家大型企业和上市公司、网络安全企业的调研成果汇集，围绕全球和中国网络空间安全国家战略、网络强国、核心技术自主创新以及华为、中兴通讯、腾讯、京东、卫士通等知名企业案例战略及经营情况进行剖析与总结，为网络安全单位提供实用性参考，积极践行习近平总书记网络强国的指示精神。

建设网络强国，我们必须要坚决贯彻习近平总书记的指示精神，以总体国家安全观为指导，贯彻落实创新、协调、绿色、开放、共享的发展理念，增强风险意识和危机意识，统筹国内国际两个大局，统筹发展安全两件大事，积极防御、有效应对，推进网络空间和平、安全、开放、合作、有序，维护国家主权、安全、发展利益，实现建设网络强国的战略目标。

"我将无我，不负人民。"全党同志都要向习近平总书记看齐，深深扎根人民、紧紧依靠人民、一切为了人民，树牢"四个意识"，坚定"四个自信"，做到"两个维护"，扎扎实实将以人民为中心的发展思想落到实处。人心正齐，胜利可期。在当前新冠疫情还没有完全结束情况下，我们要继续努力奋斗，早日取得疫情防控胜利。

在本书即将出版之际，我谨向崔传桢同志表示衷心祝贺！并祝福他在未来的工作中取得更大成就，再创佳绩。

曾国藩思想研究会（筹）筹委会主任

曾昭平

2020年3月于中国北京

曾昭平：国防军事战略研究专家，主要研究方向为国家安全、网络安全与军事战略、国家战略与顶层设计、信息化作战。

序言三

习近平总书记指出：没有网络安全就没有国家安全。网络安全和信息化是事关国家安全和国家发展、事关广大人民群众工作生活的重大战略问题，要从国际国内大势出发，总体布局，统筹各方，创新发展，努力把我国建设成为网络强国。

《信息安全研究》杂志自2015年10月创刊以来，在国家发展改革委和国家信息中心领导下，坚持正确的政治立场和舆论导向，紧随国家"互联网+"和网络强国等国家战略，积极探索学术期刊的创新，策划了一系列专题调研和报道。

崔传桢同志在本刊担任执行主编，具体负责"特别策划"和"专家视点"栏目。他系统策划并深入到企业总部实地调研报道了腾讯、华为、京东、中兴通讯、亚信安全、卫士通等几十家大型企业和网络安全企业的战略、运营及自主创新，受到了各界关注与好评。本书精选了他在杂志发表过的特别策划文章，相信本书将会为更多企业和网络安全工作者带来有价值的参考。

《信息安全研究》杂志将继续深入贯彻习近平新时代中国特色社会主义思想，坚持集中展示和报道国际、国内网络和信息安全研究领域研究成果及最新应用，传播信息安全基础理论和技术策略，积极服务于国家信息安全形势和数字经济、区块链等国家战略发展需要。

在本书即将出版之际，我代表《信息安全研究》杂志社向崔传桢同志表示衷心祝贺！希望崔传桢同志再接再厉，取得更大成绩！

国家信息中心首席工程师
《信息安全研究》主编
李新友
2020年3月于中国北京

自　序

尊敬的读者朋友：您好

见字如面，您打开这本书，我们便有了缘分。我是本书的作者，算是未曾谋面的朋友。

伴随大众化网络安全时代的到来，网络安全已经成为我们生活中不可或缺的一部分。了解信息和网络安全、学会用网络安全知识来保护自己的权益，已成为每个人的必备技能。

习近平总书记指出：没有网络安全就没有国家安全。2015年春天，国家发展和改革委员会直属的国家信息中心为了响应中央精神和配合国家网络强国战略，决定创办一本信息安全杂志——《信息安全研究》，并得到了合作单位北京龙象之本投资管理公司与亚信网络安全产业技术研究院的支持。我有幸参与了《信息安全研究》的创办。

时光荏苒，岁月如流，5年之期，忽焉即至，从当年10月创刊至今，除北京外，我曾多次赴杭州、深圳、成都、广州等地实地调研华为、腾讯、中兴通讯、卫士通等上市公司，并撰写和发表了诸多特别策划稿件。本书对这些特别策划文章进行了精选、结集和再编辑，可视为中国网络安全业发展的缩影之一。在此衷心感谢北京龙象之本投资管理有限公司董事长李万山先生的帮助支持，感谢各大上市公司领导、高管给予的调研配合与协作。

　　本书出版得到了中央和国家发展改革委、国家信息中心等中央部委有关领导、师长和朋友的帮助，得到了《信息安全研究》杂志社领导和同志们大力支持和鼓励，在此一并致谢。

　　"舍南舍北皆春水，但见群鸥日日来"，希望本书能对您有所帮助。倘有裨益，不吝赐教。虽然当前新冠疫情尚未完全结束，但伴随着春天的步伐，胜利已计日可待。衷心祝福各位读者朋友平安、健康。

　　此致

崔传桢

2020 年 3 月于中国北京

C ontent
目录

网络强国：网络空间安全国家战略及调查研究

第一部分

数字经济时代的网络空间安全国家新战略

随着网络全方位应用的快速发展，全球经济结构和商业模式已经发生了巨大变化，第三次全球化已经开启。从贸易角度而言，全球经济已经进入了数字经济时代，各国都尤为重视并先后制定了数字经济战略。在数字经济时代，网络安全变得更加关键，可以说数字经济发展越快，越需要网络安全来保驾护航。与此同时，数字经济的快速发展，也使全球网络空间安全面临全新的挑战，对于正从网络大国走向网络强国的中国，应对新形势，有必要完善和创新国家网络安全战略，从而为数字经济保驾护航，弯道超车，占领全球数字经济的制高点。

1. 习近平新时代中国特色社会主义思想，为中华民族伟大复兴的中国梦指明了前进方向

顺应时代发展，党的十八大从理论和实践结合上系统回答了新时代坚持和发展什么样的中国特色社会主义，怎样坚持和发展中国特色社会主义这个重大的时代课题，创立了习近平新时代中国特色社会主义思想。习近平新时代中国特色社会主义思想是对马克思列宁主义、毛泽东思想、邓小平理论、"三个代表"重要思想、科学发展观的继承和发展，是马克思主义中国化最新成果，是党和人民实践经验和集体智慧的结晶，是中国特色社会主义理论体系的重要组成部分，是全党全国人民为实现中华民族伟大复兴而奋斗的行动指南，必须长期坚持并不断发展。

习近平新时代中国特色社会主义思想，为完善和创新网络空间安全国家战略指明了前进方向。

2. 欧盟和全球大国的数字经济战略文件发布情况

（1）欧盟

2018年，欧盟对外发布了《促进人工智能在欧洲发展和应用的协调行动计划》《可信赖的人工智能道德准则草案》《通用数据保护条例》《欧盟人工智能战略》《非个人数据在欧盟境内自由流动框架条例》等一系列数字经济领域政策。发布了《地平线欧洲》的计划提案，文件包含了欧盟推动数字经济发展的举措。

（2）美国

2018年，美国在数字经济领域发布了《数据科学战略计划》《美国国家网络战略》《美国先进制造业领导力战略》，明确提到了促进数字经济发展的相关内容。

（3）英国

2018年，英国在数字经济领域主要发布了《数字宪章》《产业战略：人工智能领域行动》《国家计量战略实施计划》等一系列行动计划。

（4）法国（欧盟成员国）

2018年，法国在数字经济领域主要发布了《利用数字技术促进工业转型的方案》《法国人工智能发展战略》《5G发展路线图》等数字经济相关的前沿技术政策。

（5）德国（欧盟成员国）

2018年，德国在数字经济领域主要发布了《人工智能德国制造》《联邦政府人工智能战略要点》《高技术战略2025》，明确提出将推动人工智能技术的应用。

（6）俄罗斯

2018年，俄罗斯总统普京发表了年度《国情咨文》，并签署了《2024年前俄联邦发展国家目标和战略任务》总统令，其中强调了要促进数字经济相关领域的发展。

（7）日本

2018年，日本发布了《综合创新战略》《集成创新战略》《日本制造业白皮书》《第2期战略性创新推进计划（SIP）》等战略和计划，详细阐述了推动数字经济发展的行动方案。

（8）韩国

2018年，韩国发布了《人工智能研发战略》。同时，也发布了《第4期科学技术基本计划（2018—2022）》和《创新增长引擎》5年计划，着重指出了推动数字经济发展的优先举措。

纵览欧盟和各主要大国在2018年发布的数字经济战略，其共同特点是高度重视，加大资金投入和政策与法律支持。其中，先进制造业和人工智能的发展应用是重点。

3. 我国数字经济时代的战略定位：弯道超车，领先世界

当前社会关注和热议的数字经济是一种经济形态。经济学数字经济概念是人类通过大数据（数字化的知识与信息）的识别——选择——过滤——存储——使用，引导、实现资源的快速优化配置与再生、实现经济高质量发展的经济形态。

数字经济的本质在于信息化，是由计算机与互联网等生产工具的革命所引起的工业经济转向信息经济的一种社会经济过程。信息化对经济发展和社会进步带来的深刻影响，引起世界各国的普遍关注。从世界范围来看，全球贸易进入全面的数字经济时代，改写和加速了全球化进程，颠覆了传统的商业模式，开启了第3轮全球化进程。

综合各方面数据，我国数字经济规模在G20国家中已经居第2位，2018年总量达31万亿元人民币，占GDP的1/3，取得了令人瞩目的数字经济成就。

目前在数字经济领域，美国还暂时领先，特别是在大数据、云计算、人工智能、自动驾驶、AR/VR等领域依然掌握大多数最先进的核心技术。但是以中国、印度为代表的数字消费大国，在应用信息技术的发展方面却有着独特的优势。中国以习近平新时代中国特色社会主义思想为指导，制定正确的数字经济国家顶层创新战略，将应用信息技术与海量的数字消费者融合，创造全新的商业模式和经济创新模式，就很有可能实现弯道超车，超越美国领先世界。

4. 数字经济时代网络空间安全的战略价值和作用

（1）维护国家安全和社会稳定

习近平总书记指出：没有稳定的社会政治环境，一切改革发展都无从谈起。习近平总书记高度重视网络安全的作用并指出：没有网络安全就没有国家安全。在当前信息全球化的地球村时代，各国的信息传递和渗透、攻击、预警、监测和自卫反击已经常态化，这使得信息网络安全对互联网、网络维稳在内的国家安全和社会稳定具有更为实际的价值和作用。一个国家在大数据时代的信息传递与管控、分析及预警监测和立体化反应处置、作战能力，会直接影响国家安全和社会稳定。

（2）为数字经济向高质量发展保驾护航

数字经济是全球未来经济的大趋势已经不可改变，以网络为核心的数字经济运行载体，带来财富与便捷的同时，其风险和挑战日益严峻。置身于数字经济时代，全球范围的数据泄露、漏洞、病毒、网络恐怖主义等网络安全事件，使得任何国家都无法独善其身。

网络空间安全正在成为影响国家安全及数字经济的重要因素。没有一个强大、安全和可信的互联网环境，数字经济无法持续繁荣。我国网民规模全球第一，研发和掌握自主可控的核心技术，构建安全可信的互联网环境，在政府网站、跨境电商、金融银行及其他互联网在线业务方面，推动数字经济安全有序发展，保障数字经济发展已经刻不容缓。另外，网络安全还对数字资产和产权保护、防御及反击网络高风险攻击和企业经营管理方面有重要作用，这些都对数字经济的发展有着重要影响，不可忽视。

（3）提升国防军事能力

2018年5月24日，美国联邦众议院通过2019财政年度国防授权法案。该法案确认了国防部在防范网络攻击和网络作战方面的作用，并将网络安全提升到更加重要的地位。当前，欧盟和世界各主要大国均加强了国防与网络军事能力，欧盟、俄、英、法、日等在防御基础上进一步强化网络军事化行动，法国发布了网络进攻型作战条令。应对日益频繁的网络威胁攻击，在保障政治、经济、社会的网络安全基础上，提升增加网络攻击和作战能力，是必然的趋势和走向。网络作战能力的提升和加强将是国防军事的新重点，网络阻断能力、恢复能力及独立的网络建设也将是未来网络空间安全的重点。在新形势下，中国人民解放军和人民武装警察部队要永葆人民军队性质、宗旨、本色，坚决忠诚于以习近平总书记为核心的党中央的领导，坚决服从于三军统帅习近平的领导和指挥，提升国防军事能力，坚决维护国家主权、安全、发展利益，坚决维护世界和平。

5. 完善国家战略和顶层设计，占领全球数字经济制高点

习近平总书记指出：要构建以数据为关键要素的数字经济。建设现代化经济体系离不开大数据发展和应用。我们要坚持以供给侧结构性改革为主线，加快发展数字经济，推动实体经济和数字经济融合发展，推动互联网、大数据、人工智能同实体经济深度融合，继续做好信息化和工业化深度融合这篇大文章，推动制造业加速向数字化、网络化、智能化发展。要深入实施工业互联网创新发展战略，系统推进工业互联网基础设施和数据资源管理体系建设，发挥数据的基础资源作用和创新引擎作用，加快形成以创新为主要引领和支撑的数字经济。

网络空间安全是数字经济的发展保障。数字经济时代的各种数据和信息庞大而复杂，在应用过程和数字经济发展中，以数据和信息交换为核心的数字运营，面临严峻的信息安全挑战。电信网络诈骗、网络黑产、规模攻击等问题的出现，也使得全球化、常态化的网络攻击已经成为数字经济时代的新挑战；移动互联网和智能设备的使用、物联网和物联设备的快速增长、云计算普及应用，使得网络边界越开越大，风险越来越高，对数字经济构成了安全威胁。当前全球的网络攻击对象已经全面扩大，信息安全从专业安全进入了大众化安全时代。在大众化安全时代，网络安全的威胁除了危害国家和社会外，也已经影响了每个人的现实生活。任何一个国家都不可能将一切网络安全控制在边界之内，不可能防护住所有的设备，不可能提前发现和修复所有漏洞，这使得网络空间安全未知数和防御难度越来越大。

结合全球最新形势和我国的具体情况，需要制定数字经济的信息安全防卫、反击、研发、自主可控一体化的立体纵深战略，通过各种手段扩大数据库和态势感知预警，掌握更多的威胁数据来源，做到胸中有数。在数字经济和网络空间安全方面，整合各种资源，打破信息孤立，建立数字信息一体化体系；在数字经济方面进行产业融合和转型升级，以扬长避短和优势互补的原则把实体经济和数字经济及高新技术有效结合，特别是解决落后区域的数字经济与实体经济脱节问题，以新型手段和措施促进区域经济共同化发展；在网络空间安全方面要加大自主技术研发，做好大数据、人工智能等高新技术的信息安全技术和应用安全管理。强化对工业互联网的安全管理；对于各级政府、军队、金融、能源等关键基础设施和企事业单位及大型机构，出台规定和制度，进行预警和监测，从软硬件方面全面升级和更新，加强网络空间安全设备的升级换代，加强工作人员培训和管理，最大限度地防范高风险网络攻击。

大数据、人工智能、云计算中的网络空间安全更是业务运营的基础保障，必须高度重视。

构建整体网络空间安全体系：一是以国家安全委员会为核心的各个层级的政府、国防军队安全体系，从国家层面上构建系统的网络空间安全体系；二是各地方主管的政府部门和机构，联合协作，设立一体化的网络空间安全体系；三是社会网络安全企业和社会组织机构，以多种灵活方式构建系统的企业安全体系；四是建立大数据预警监测体系，覆盖社会及大众的网络安全防护。

尽快推进数据保护立法。结合具体的现实情况，做好数据确权等工作。重点保护数据的生产、采集、存储加工分析、服务运营的数据安全；对数字经济产业和内容进行专业化细分，制定相关的支持政策和法律法规，对数据的管理，采取国家核心安全系数数据资产与商业化生活数据资产分级管理模式，做到有效管理、控制和应用；在人工智能物联网设备规范方面，必须出台精细化专业化的制度和管理。人工智能对人类社会而言，其高度人类化的智能和机械构成，存在着潜在的巨大威胁，其控制系统将是安全管理控制的核心，而其中的信息安全则是重中之重。必须规范商业利用与数据资源安全和个人信息保护之间的关系，明确数据生态中不同主体的责任，在开放数据资源的同时，加强网络安全与个人信息保护。

在国家战略制定中，竞争战略是重点。以抑制跨越对手和建立壁垒为具体战术。当前，网络空间已经成为国家陆、海、空、天之后的第5个疆域。作为国家主权领域的组成部分，保障网络空间安全也是保卫国家主权。地球村时代，网络边界无形，拥有自主可控的核心网络安全技术，是国家网络空间安全的关键。

在网络空间安全领域，拥有自主可控的核心技术和能力是保障网络空间安全的基础和前提。我们从国外进口的软硬件产品，在一定程度上都有漏洞和后门。使用他人的技术和设备程序后台是无法控制的，他们可以在关键时刻来控制使用者。这使得我们必须要做到自主可控，否则网络空间就不可能真正安全。另外，目前国内信息安全投入远低于美国、日本，国内的企业和机构在信息安全建设方面的重视和投入都不足，面对各种勒索病毒和漏洞攻击，缺乏准备、抵御和反击能力。国家须加大投入并继续推出一系列具体的政策和措施，支持核心技术的自主创新和研发，促进、激励企业加大信息安全投入，提升信息安全的防卫能力，从而更好地发展数字经济。

6. 坚持总体国家安全观，加强工业互联网安全

习近平总书记在党的十九大报告中全面系统深刻地论述了坚持总体国家安全观的重要思想。2018年4月20—21日召开的全国网络安全和信息化

工作会议上，习近平总书记进一步强调，要"树立正确的网络安全观，加强信息基础设施网络安全防护"。我国政府对网络安全，特别是工业互联网安全非常重视。从国家网络空间安全角度来说，工业互联网安全则是重点。

2019年7月26日，工业和信息化部、教育部、人力资源和社会保障部等10部门联合印发《关于印发加强工业互联网安全工作的指导意见的通知》。该通知明确：到2020年底，工业互联网安全保障体系初步建立。在制度机制方面，建立监督检查、信息共享和通报、应急处置等工业互联网安全管理制度，构建企业安全主体责任制，制定设备、平台、数据等至少20项亟须的工业互联网安全标准，探索构建工业互联网安全评估体系。在技术手段方面，初步建成国家工业互联网安全技术保障平台、基础资源库和安全测试验证环境。在产业发展方面，在汽车、电子信息、航空航天、能源等重点领域，形成至少20个创新实用的安全产品和解决方案的试点示范，培育若干具有核心竞争力的工业互联网安全企业。到2025年，制度机制健全完善，技术手段能力显著提升，安全产业形成规模，基本建立起较为完备可靠的工业互联网安全保障体系。中国已经向加强工业互联网安全迈出了坚定的步伐。

2019年9月中旬，习近平总书记对国家网络安全宣传周作出重要指示。举办网络安全宣传周、提升全民网络安全意识和技能，是国家网络安全工作的重要内容。国家网络安全工作要坚持网络安全为人民、网络安全靠人民，保障个人信息安全，维护公民在网络空间的合法权益。要坚持网络安全教育、技术、产业融合发展，形成人才培养、技术创新、产业发展的良性生态。要坚持促进发展和依法管理相统一，既大力培育人工智能、物联网、下一代通信网络等新技术新应用，又积极利用法律法规和标准规范引导新技术应用。要坚持安全可控和开放创新并重，立足于开放环境维护网络安全，加强国际交流合作，提升广大人民群众在网络空间的获得感、幸福感、安全感。

7. 区块链上升为国家战略

2019年10月24日下午，中共中央政治局就区块链技术发展现状和趋势进行第十八次集体学习。习近平总书记在主持学习时强调：区块链技术的集成应用在新的技术革新和产业变革中起着重要作用。我们要把区块链作为核心技术自主创新的重要突破口，明确主攻方向，加大投入力度，着力攻克一批关键核心技术，加快推动区块链技术和产业创新发展。习近平总书记指出：区块链技术应用已延伸到数字金融、物联网、智能制造、供应链管理、数字资产交易等多个领域。目前，全球主要国家都在加快布局区块链技术发展。我国在区块链领域拥有良好基础，要加快推动区块链技术和产业创新发展，积极推进区块链和经济社会融合发展。相关部门及其负责同志要注意区块链技术发展现状和趋势，提高运用和管理区块链技术能力，使区块链技术在建设网络强国、发展数字经济、助力经济社会发展等方面发挥更大作用。

8. 结语

我们必须树牢"四个意识"，坚定"四个自信"，坚决做到"两个维护"，自觉在思想上政治上行动上同以习近平总书记为核心的党中央保持高度一致。从全球视野上完善国家战略与顶层设计，抓住难得的历史机遇，制定完善有效的差异化及可持续发展竞争优势的国家战略，建立竞争壁垒，以创新速度和国家立体创新超越能力，实现弯道超车，占领全球的数字经济制高点。

习近平总书记在2019年新中国成立70周年大会上指出：中国的昨天已经写在人类的史册上，中国的今天正在亿万人民手中创造，中国的明天必将更加美好。全党全军全国各族人民要更加紧密地团结起来，不忘初心，牢记使命，继续为实现"两个一百年"奋斗目标、实现中华民族伟大复兴的中国梦而努力奋斗。

网络空间安全大国战略2019新动向

    2019年以来，国际形势多极化更加风云变幻，全球大国战略竞争不断加剧，网络攻击更加频繁。在大数据、物联网、人工智能领域新技术和应用不断突破的形势下，全球大国都在逐步完善网络空间安全国家战略，出台条令法规，改进流程，加强防御，扶持行业，重视网络人才，提升网络攻击能力。在网络作战方面，重视军演、配合传统军事行动、网络军事化行动进一步受到重视。近几年来，在以习近平总书记为核心的党中央领导下，中国实施网络强国、大数据国家战略，取得了瞩目成绩，并且从网络大国稳步迈向网络强国。

1. 全球大国战略竞争升温，网络攻击加剧

进入 2019 年以来，世界各大国之间的复杂矛盾使得斗争加剧，地缘政治热点博弈复杂激烈，局部地区军事摩擦和冲突不断。美国依然是大国竞争的主要源头。特朗普政府推出多项政策力图将美国利益最大化，重建经济实力的强大美国，加大国防投资，对伊朗全面制裁并单边加税开展贸易战等。同时，美国与欧盟、俄罗斯在一些具体问题和利益上争议不断，也加剧了各大国的战略竞争。

如今，网络威胁和攻击已经更加复杂，不仅是修改网页、破解密码、破坏文件，而是采取植入病毒、劫持域名、攻击漏洞、APT 攻击等多种复杂手段，严重破坏对方的政治经济运行，盗取机密和财产，使得网络防守更加艰难。据统计，世界各国约 70% 的企业都因网络安全人才匮乏，导致每年因网络攻击而产生重大经济损失。

可以肯定的是，全球网络安全的热点是伴随着全球的政治、经济和社会发展趋势与需要而进行不断调整改变的。2019 年，国际社会发生了诸多变化，而服务于政治、国防军事、经济，特别是经济发展和企业互联网和移动互联网、物联网以及人工智能等所需要的网络安全，更是紧随其后。随着各国国家网络安全战略的调整，网络的多种攻击与作战逐渐走向前台，网络军事行动已经成为新的重点战略选择。

2019 年 4 月 8—12 日，北约在爱沙尼亚首都塔林举办了为期 5 天的"锁盾 –2019"网络安全演习，号称是全球规模最大、辐射范围最广、投入技术最先进的实战化演习。"锁盾 –2019"的组织方为北约网络防御卓越中心、爱沙尼亚和芬兰国防军、美军欧洲司令部和韩国国家安全研究院。演习模拟黑客在一个正在进行全国大选的虚构国家制造混乱，以测试其抵御针对选举安全的外来攻击能力。演习活动体现了北约对维护网络安全、发展网络作战能力的高度重视以及将网络攻防技术和手段融入作战指挥的规划。

2. 主要大国的网络空间安全战略：网络军事行动进一步提升

（1）美国网络安全：强化网络作战能力

2018 年 5 月 24 日，美国联邦众议院通过 2019 财政年度国防授权法案。

该法案确认了国防部在防范网络攻击和网络作战方面的作用，并将网络安全提升到更加重要的地位。法案明确了国防部长有权在网络空间进行军事活动，有权在网络空间开展包括秘密行动在内的军事网络行动，以保护美国及盟友。允许美国使用"所有国家权力工具"，包括攻击性网络能力、应对企图破坏美国利益的敌国行动、造成美国公民伤亡或严重破坏美国民主的活动，以及对美军指挥和控制系统造成威胁，破坏美军机动自由、工业基地或其他重要基础设施的行动。国家指挥当局（NCA）总司令、国防部长和其他最高级别的指挥官可授权美国网络司令部司令采取适当的网络行动，配合传统军事活动，打击和震慑对手的攻击行为。

美国国会要求国防部从2021财年开始每年都必须对每个主要武器系统提供详细的网络安全评估及缓解措施，包括网络脆弱性状况等及所需资金。要求国防部指定1名专员监督网络安全和工业控制系统的整合，包括制定安全机构认证标准，使用国家标准与技术研究所（NIST）网络安全框架。在NIST的帮助下，作为网络安全延伸举措，国防部还必须提高国防部计划中的小型制造商和大学对网络安全威胁的认识。

美国国会要求国防部发展网络能力，加强信息分享与网络威慑。"必须发展网络能力，并在适当情况下向对手展示网络能力，以增加对手的行动成本。"国会还要求国防部提供1份最新网络安全与网络战报告，评估过去几年美国对重大网络攻击的响应是否达到预期效果。国防部长需要商业部门在自愿的基础上分享网络威胁信息。如果网络攻击造成军方重大损失或个人身份信息泄露，国防部必须通知国会，希望总统向国会通报有关制定施加成本策略的工作，以及时对对手进行遏制。

美国政府重视网络安全专业人才的培养，并在有关军事院校设立专业和试点，加强网络安全的综合恢复能力。2019年5月2日，美国总统特朗普签署了《网络安全人才行政令》，旨在增强美国网络安全的建设队伍。行政令包括通过新总统杯网络安全竞赛促进政府内部的网络安全工作。政府还将制定一项轮岗计划，使联邦雇员可以通过临时调动到其他机构，扩大他们的网络安全专业知识，鼓励政府广泛采用由国家网络安全教育倡议创建的网络安全劳动力框架来识别、招聘、开发和保留网络安全人才。

美国的网络安全战略，延续了美国在网络世界里一贯的领导地位策略。美国作为目前的世界头号综合强国，其长远的战略眼光、深厚的综合基础、快速的转型反应能力和务实精神，也在网络安全方面得到了体现。对人才的重视和打破人才的流动局限，也将稳固其在网络安全领域的优势。

根据 2018 年 8 月美国陆军对外宣布的信息，美国陆军将于 2019 年 6 月举办"网络探索 2019"军事演习，将重点关注如何通过网络空间电磁活动来支持和保护部队，并为指挥官提供非杀伤选项。陆军希望在防御和支援方面，将网络作战整合为更少的组件以便于管理，提高防御系统的自动化水平，以及时检测威胁并保障网络安全。军演将重点寻求三个方面：（1）能够识别各种信号并对其来源采用地理定位的技术进行攻击；（2）以相关干扰器和其他形式电子战攻击敌方设备，对抗敌方信号及其网络；（3）提升加密能力保护对抗区域的通信，安全发送机密信息，促进与盟国的联络与合作。

（2）英国网络安全：多层次、全面提升防御

作为老牌工业化国家，英国虽然在网络时代没有走在最前列，但是英国政府也高度重视网络安全的国防价值。英国《2016—2021 年国家网络安全战略》，明确了 2021 年网络安全的愿景目标以及未来 5 年的行动方案等事项。

英国网络安全未来愿景是成为安全及有能力应对网络威胁的国家，在数字世界中繁荣而自信，有能力保护英国免受日益发展的网络威胁，有效应对突发事件，确保英国网络、数据、系统的安全和可恢复性，公民、企业和公共部门具有自我防护的知识和能力。有能力探测、了解、调查和破坏敌对的网络行动，追捕和起诉网络侵犯者，以及必要时在网络空间采取进攻行动，形成科技研发能力全球领先、创新能力强、产业规模不断壮大的网络安全产业，形成持续的人才输送渠道，满足公私领域的需求。

英国政府在国家网络安全战略（NCSS）的指导下，采取了多项措施推动战略的实施进程和目标实现。先后组建了多个新的职能机构，负责国家网络安全战略、国家网络安全计划等方面的管理和协调工作。网络安全和信息保障办公室，作为英国内阁办公室的内设机构，协调国家网络安全和信息保障方面的跨政府工作，管理国家网络安全计划和国家网络安全战略的实施，为内阁部长和国家安全委员会提供网络安全方面的决策支持等。网络安全行动中心，负责协调政府和民间机构主要计算机系统的安全保护工作。国家网络安全中心，为公私部门提供应对网络安全威胁的建议和指导，牵头应对网络安全事件等。

英国政府启动了国家网络安全计划（NCSP）以防护英国免受网络安全威胁。2013年启动了网络安全信息共享合作伙伴关系（CISP），为政府、企业和组织提供了一个共享网络安全信息的可信平台，使他们可获得网络威胁早期预警和解决方案等免费服务，从而提高网络安全防护能力。启动主动网络防御计划，包含多项重要举措，旨在使各部门、组织和个人更安全地使用网络安全基础设施、产品和服务。

英国政府在3个版本国家网络安全战略中都强调了加强政府跨部门及公私部门协作的重要性，并据此指导推动和密切政府和公私部门之间的协作。"网络安全早期加速项目"和"伦敦网络"（CyLon）网络安全孵化器项目，为英国网络安全企业尤其是初创企业提供了大力支持。

英国政府重视采取措施大力加强网络安全人才的培训和教育，将人才培育作为重点写入国家网络安全战略（NCSS）。2016年版NCSS再次提出要大力培养和持续提供优秀的本土网络安全人才，解决网络安全专家与青少年人才短缺问题。为了加强青少年网络人才培育，英国政府推出多项针对青少年的教育培训项目或计划，以储备国家网络安全建设发展所需的网络安全专业人才，培养"下一代网络安全专家"。重视挖掘和培养女性网络人才，发掘和培养网络安全领域的女性群体，用以充实网络安全人才队伍，并制定了多项鼓励女性从事网络安全职业的政策。

英国政府将网络安全领域的国际交流合作列为国家网络安全战略中的指导原则和施政重点之一，以保障英国国家的网络安全。武装部队要有强大的网络防御能力和恰当的网络进攻能力。英国的网络安全战略，依然是侧重全面化，以防御为主，并没有强调主动的网络军事行动，这也是根据英国当前的情况而制定的策略。

（3）法国（欧盟成员国）网络安全：发布进攻型网络作战条令

2019年1月18日，法国武装部长Florence Parly发布了法国第1个进攻型网络作战条令。2017年《国防与国家安全战略评估》出台后，将数字主权和网络安全作为重中之重。2018年夏季，法国颁布了《军用编程法》（2019—2025）。根据该法，政府拨专款16亿欧元用于网络作战费用，在2025年之前增加1 500名网络作战人员，使网络作战总人数达到4 000人。

传统军事作战与网络作战结合，为传统军事行动提供了网络作战支持，以实现军事行动目的。

法国在网络安全和防御方面的做法与美英形成鲜明对比，法国负责网络安全的主要机构重点在于平民网络。法国军队部披露了对现有防御作战政策的摘要，防御型网络条令中包含对网络攻击的预防、预测、检测和保护。条令重点是中和控制敌方系统，而不是进攻。

进攻型网络条令还包括一些网络反击战，目的在于保护网络领域的传统军事行动，而不是以网络作战摧垮敌方。进攻型条令指出：目前用于采购坦克或潜艇，或是主流软件的流程已经不再适用当前情况，需要增设一个专门的采购流程，以满足地面作战、漏洞的研究利用和有效网络作战的需要。法国网络武器的研发是对国防采购机关（DGA）负责。目前，DGA 的流程改革适应新条令需要是一个重点，另一重点是所需要的人力资源和专业人才。为此，网络司令部计划广泛吸纳新专业人才并扩大规模。

法国仅用了 3 年时间就提出了一套综合型网络安全模式，特别是最近发布的进攻型条令，是法国网络安全战略转型的表现，代表其军队作战的新动向。在新的战略下，法国网络作战部门规模会进一步扩大和加强，以满足配合传统军事行动需要。当然，目前这样的网络军事行动其核心目的还是以防御和反击配合为主，并非打击和摧垮对手。

（4）欧盟网络安全：通过最新网络安全法案，升级防御

2019 年 3 月 15 日，欧洲议会通过了《欧盟网络安全法案》(EU Cybersecurity Act)，确立了第 1 份欧盟范围的网络安全认证计划，目的在于确保欧盟各国销售的认证产品、流程和服务满足网络安全标准。议会敦促欧盟委员会授权欧盟网络安全机（ENISA）制定认证计划，确保欧盟的 5G 网络推出符合最高安全标准。《欧盟网络安全法案》强调了除产品、流程和服务外，还必须对关键基础设施进行认证的重要性，包括能源、水、能源供应和银行系统等。

议会还通过了一项决议，呼吁在欧盟层面采取行动，从而解决他国技术在欧盟地区日益增长的影响力带来的相关安全威胁。欧洲议会议员呼吁欧盟委员会和成员国在采购 5G 设备时，就如何应对网络威胁和漏洞提供指导，例如从不同供应商采购不同的设备，引入多阶段采购流程，以及制定战略来降低欧洲对外国网络安全技术的依赖。欧盟各成员国已经对此法案达成了非正式协议。欧盟有人士认为，决议将使欧盟能够在未来数年内应对数字世界安全风险，该法案是欧洲成为网络安全全球参与者的基石，是消费者以及整个行业都需要能够信任的网络安全解决方案。

2019年4月，欧盟委员会公布了5G网络安全方面法律建议，要求欧盟成员国在2019年7月15日前向欧盟委员会与欧盟网络安全局提交相关风险评估报告，欧盟对网络安全威胁采用了评估和认证等法律工具进行规制。本次法案通过后将进一步提升欧盟网络安全的防御能力，降低网络安全风险。

（5）俄罗斯网络安全：测试断网国际网络，保障网络安全

2019年4月，俄罗斯批准了一项法案，该法案将扩大政府对互联网的控制。早在2014年时，普京总统就前瞻性地认识到了网络安全独立性的战略价值，并多次表示要建立本国自主的网络，要求各部门做好切断国际互联网的可能性和应对措施。

俄罗斯当局为此建立专门的DNS服务器本地备份系统，该备份系统于2014年和2018年进行过2次大型演习。为解决过度依赖全球DNS的问题，除建立备份系统、进行演习，还同意向网络运营商拨款用于更新设备。对此，媒体认为脱网计划是对北约的回应，因为北约此前多次扬言要对俄罗斯实施制裁，针对俄罗斯进行网络攻击。

据悉，俄罗斯监管机构正在进行实验，便于俄罗斯政府和大型互联网提供商必要的时候脱离国际互联网。俄罗斯议会于2018年12月引入一项法律草案，要求该国互联网提供商必须确保俄罗斯网络遭到侵犯时保持独立。而监管机构则会对接入的所有互联网流量进行检查，便于阻断被屏蔽的内容，确保俄罗斯用户之间的流量留在境内。

调查结果显示，超过一半的俄罗斯人表示，完全关闭互联网不会让他们恐慌。虽然被完全"断网"至少在短期内看来不太可能，但俄罗斯政府已经采取了预防措施。2019年5月1日，总统普京签署了一项建立"主权互联网"的法案，旨在保护俄罗斯互联网运行稳定性不受境外威胁。

俄罗斯之所以选择断网，也是为了本国安全的无奈之举。近年，北约不断进行网络威慑行动和演习，俄罗斯深感威胁。俄罗斯的断网并不容易，俄罗斯必须要全面提升网络硬件设备和设施的安全性，必须保证设备国产化，加强对军用计算机设备抗击打击和抗击干扰以及电磁泄漏的能力；同时，提升软件系统的安全性，建立自己独立的操作系统。更为关键的是要拥有自己主权的网络，拥有独立自主的光纤和搜索引擎，这都需要巨大的投入。对于经济形势严峻和国家费用并不充足的俄罗斯来讲，这是一个新课题。

当然，从长远来看，俄罗斯的"断网"战术可以更好地应对未来网络战争，也可以很好地提升俄罗斯的网络防御能力。

（6）日本网络安全：加强奥运安保，提升网络攻击能力

按照 2015 年 2 月日本政府"网络安全战略总部"首次会议部署，日本政府在网络安全领域的首要任务是做好 2020 年东京奥运会和残奥会网络安全防护准备工作。日本首相安倍晋三指出：为成功举办 2020 年东京奥运会和残奥会，加强网络攻击的对策不可或缺。成立政府指挥中心，应对可能在电力、通信、交通和医疗等重要服务系统发生的网络攻击，并与奥组委携手把损失控制在最低程度；新设官民迅速共享安全威胁等信息并处理的机制；公布新的网络攻击评估和公布标准，防患于未然。

2018 年 1 月，日本宣布拟成立网络和太空防卫指挥中心，其地位将与日本陆上总队、日本航空总队和日本自卫舰队一样。该中心的管理权限集中在网络与太空领域，包括组建网络防卫队和太空部队。

2018 年 12 月，日本政府批准了新版《防卫计划大纲》，强调日本自卫队将进一步强化信息等新领域的防卫能力，重视人工智能和先进网络技术的研发，并增加 8 000 万日元的费用。2019 年起着手开发相关软件，2021 年正式投入使用。自卫队引进人工智能用于维护虚拟空间安全，就是期待其在检测未知病毒、预测将要遭受到的攻击等方面发挥作用。在未来的《防卫计划大纲》和《中期防卫计划》的重新审定过程中，日本将会讨论具备网络攻击能力的利弊，以及攻击敌方基地的能力。日本防卫省希望，通过人工智能的深度学习能力能够提高解析病毒（恶意软件）的能力，并进一步将人工智能广泛应用于防御所有政府部门的网络攻击。

3. 中国实施网络强国和大数据国家战略，稳步走向网络强国

习近平总书记指出：没有网络安全，就没有国家安全。当前，中国网

络和信息化建设快速健康稳定发展，网络安全能力显著提升，并持续为全球互联网发展治理贡献中国经验、中国智慧。

2018年4月，在全国网络安全和信息化工作会议上，习近平总书记深入阐述了网络强国战略思想，并作出战略部署。习近平总书记始终强调："核心技术是国之重器"。党的十八大以来，习近平总书记从维护网络安全、掌握核心技术、汇聚网络人才、清朗网络空间、加强国际合作等方面多次部署网络强国建设。

中国实施网络强国、大数据国家战略以来，网络空间安全优势得到了巨大提升，正稳步走向网络强国。我国多项5G技术和人工智能相关专利申请量居全球前列，中国计划在未来5~10年建成全球最大规模的IPv6商业应用网络。预计到2020年，传统行业数字化改造总规模将超过40万亿元，数字经济正成为经济增长新动能。

党的十八大报告提出了要适应国家发展战略和安全战略新要求，高度关注海洋、太空、网络空间安全。2015年12月31日，中国人民解放军战略支援部队成立大会在北京举行。中国人民解放军战略支援部队是中国陆、海、空、火箭之后的第五大军种，是维护国家安全的新型军队力量。战略支援部队在设计时进行了优化，把太空、网络、电磁等战略前沿作为未来战争胜利的关键，而无人化和智能化以及隐形武器系统将扮演日益重要的角色。根据以上公开信息，战略支援部队负担了一部分网络作战任务。

美国兰德公司在《解放军战略支援部队的创建和其对中国军事太空作战的影响》报告中认为，解放军成立战略支援部队是为了发展诸如太空战、网络战和电子战新型先进作战能力，其肩负着使用太空战、网络战以及电子战能力来支援其他解放军军种进行作战保障的任务，是一支典型的由战争需求驱动的高技术作战力量。

2018年11月7日，习近平总书记在第五届世界互联网大会致贺信中指出：全球互联网治理体系变革进入关键时期，构建网络空间命运共同体日益成为国际社会的广泛共识。我们倡导"四项原则""五点主张"，就是希望与国际社会一道，尊重网络主权，发扬伙伴精神，大家的事由大家商量着办，做到发展共同推进、安全共同维护、治理共同参与、成果共同分享。

4. 人工智能：未来网络空间安全重点

随着信息化升级和物联网、人工智能技术的快速发展及应用，信息安全重要性进一步提升，随着新技术、新业态的迅猛发展，人工智能已逐渐成为新一轮产业变革的核心驱动力，被广泛应用于包括实时语音翻译、目标识别、自动驾驶、人脸识别、人机对话等领域，在反垃圾邮件、防火墙、入侵检测、网络控制、网络监视中也是大显身手。但是，人工智能时代，海量数据的诞生以及随时随地发生的数据交换，使得网络安全问题更为复杂，这些复杂的人工智能系统也面临更多的潜在风险和威胁。

人工智能进入国家安全领域，并被视为一种革命性技术。对网络安全而言，利用人工智能的计算和检索能力，能迅速排查和筛选恶意的软件、病毒攻击，进行有效网络安全防御。随着大量人工智能新模型和技术的出现，网络入侵与攻击的工具愈发多样化，网络防御也变得更加困难。人工智能是一把典型的双刃剑，既可以帮助我们进行安全防御，也可以被黑客用作攻击手段。当前，传感器脆弱易被干扰、算法不完善、软件系统被劫持等，这些都是人工智能的软肋和安全隐患。

5. 结语

大众化网络安全时代的到来，改变了国家网络安全的传统态势。在和平为基调的今天，非军事领域的网络安全依然是重点。但是，应对日益频繁的网络威胁攻击，在保障政治、经济、社会的网络安全基础上，提升增加网络攻击和作战能力是必然的趋势和走向，网络作战能力的提升和加强将是国防安全的新重点，网络阻断能力、恢复能力及独立的网络建设将是未来必然的战略选择。

网络空间安全"大国战略"
之2015新动向

　　国家战略作为最高层次的战略，是为实现国家总目标而制定的战略，也是指导国家各个领域的总战略。21世纪以来，随着计算机技术的改进和互联网的广泛应用，网络空间安全已逐渐成为各国都不敢忽视的重要国防安全阵地。习近平总书记指出"没有网络安全就没有国家安全"，可以说一针见血、高屋建瓴。今天，网络空间安全国家战略，已经被世界各大国高度重视。《孙子兵法》提到的"不战而屈人之兵"，在信息安全领域里愈来愈接近现实。当前，各国之间的网络攻击日渐频繁，在看不见硝烟的攻击中，网络空间安全已经成为一把"达摩克利斯之剑"悬在各国网络空间安全的战场上。国家的兴亡关系我们每个人的利益，是绕不开的生存课题，任何人无法置身度外。

1. 新型达摩克利斯之剑：高悬信息安全战场

美国"9·11"事件之后，国际局势变得错综复杂。观察和分析近几年的战争，可以预测未来的战争中传统的战争方式已被明显改变。在美国提出"星球大战"之后，非传统武器、非核武器开始出现。互联网和信息化技术的飞速发展，使得网络科技和网络对抗力量不断加强，网络战已经没有战时非战时的分别。在网络军事化态势下，网络空间安全的较量有可能成为未来战争的主要形式。从自然科学角度上而言，第一次世界大战可以说是化学专家的战争，第二次世界大战可称为物理专家的战争，那么21世纪的战争无疑将成为电脑专家之间的博弈，网络空间战争已成为新的战场和作战平台。

另外，伴随人类社会在网络空间的活动不断扩大，现实世界与虚拟网络的融合日益加速，网络空间的活动也更加频繁和复杂，并极大地影响了社会经济活动。中国政府提出了"互联网+"的行动计划。制定"互联网+"行动计划，推动移动互联网、云计算、大数据、物联网等与现代制造业结合，促进电子商务、工业互联网和互联网金融健康发展，引导互联网企业拓展国际市场。当今中国社会已经进入网络化时代，不仅网民队伍迅速扩大、网络活动空前活跃，人们的思想观念、消费行为习惯和社会交往及矛盾都发生了显著的变化。统计报告显示：2014年上半年，中国网民人均每周上网时长达25.9小时。每周168小时，除了工作、吃饭、睡觉等时间，可以进行业余活动的时间每人每周不超过50小时，而其中超过一半的时间用来上网，网络空间成为另一个充满生机、异常活跃的社会形态。在此情况下，网络空间安全成为互联互通必不可少的保驾护航者，其作用日趋显著。

与此同时，随着网络战威慑效果的逐步显现，各国纷纷出台网络战略，组建"网络部队"。全球网络军备竞赛不断扩展，这是自"星球大战"之后的战争新态势。据有关数据统计，目前已有20多个国家组建了"网络战部队"，各国都致力于将网络技术运用到战争中。发达国家依托网络空间的传统技术优势，试图建立网络空间霸权战略。新兴国家，则希望抓住机遇，发展网络空间战略，利于本国的政治经济发展和繁荣。世界各国之间的网络攻击日渐频繁，网络空间安全已经成为一把新型的"达摩克利斯之剑"，悬在各国网络空间安全的战场之上。

习近平总书记就明确指出"没有网络安全，就没有国家安全"。信息安全已普遍上升为世界各国重要的国家战略，目前各国都在制订新一轮的网络安全战略与政策。

2. 主要大国的网络空间安全战略及新动向

（1）美国网络空间安全国家战略：网络威慑，保障美国全球领导地位

美国是世界上最早制定信息安全法律的国家，美国人具有超强的超前意识。1946年，美国针对计算机的出现，出台了《原子能法》。1947年，出台了《国家安全法》。1966年，《信息自由法》颁布，界定了美国公民可以公开及不可以公开的信息内容，并从国家安全的角度对信息安全进行了边界设定。从这一阶段就可以看到，美国的信息安全意识开始觉醒。

1947年，美国国家安全委员会正式成立，主席由总统亲自担任，历届总统都非常倚重，它逐渐成为美国重大战略的核心组织机构。

2000年美国《国家战略发展报告》发布，信息安全战略被正式列为国家战略。2001年，"9·11"事件爆发，美国政府更加认识到了信息安全的重要性，并加大投资力度，加强打击网络恐怖的行为和加大信息安全的开支。2003年2月，美国正式发布了《保护网络空间的国家战略》，提出了三大战略目标和五项重点任务。

奥巴马政府在削减传统武器同时，大幅增加网络攻击武器的投入，并筹建网军司令部，通过网络威慑，谋求制网权。美国优势显著：在全球互联网13台根服务器中，其中10台在美国；微软的操作系统已经占据个人电脑操作系统的85%以上；思科核心交换机遍布全球网络节点；英特尔的CPU占据全球计算机90%以上的市场份额。美国对互联网的控制程度超出了任何国家，一旦网络战爆发，美国将利用独特的优势，轻松地让别国网络瘫痪。

2015年2月6日，美国联邦政府发布了2015年版《国家安全战略》。白宫网站说明了该战略为利用美国强有力并且可持续的领导地位来促进美国国家利益、普世价值和基于规则的国际秩序提供了愿景和策略。该战略还首次公开表示美国国防司令部，可以用网络行动来破坏敌人的指令和与军

方相关的关键基础设施、武器，展示了美国对网络攻击的进攻和打击网络进攻者的决心。这是美军自从成立网络司令部以来，首次在国家战略中提出网络作战的明确指示。美国还将加强网络攻击情报收集能力，加强与亚太区的盟国合作，扩大在美军网络空间的军事作战能力和综合实力，美军网络作战的支持力量再次加强。

（2）俄罗斯网络空间安全国家战略：争夺世界领先舞台

俄罗斯高度重视网络空间对国家安全的重要性，并建立了专门机构和颁布相关法规。1992 年 1 月成立的俄罗斯国家技术委员会领导国家信息安全，主要负责执行统一的技术政策，协调信息保护领域的工作。1995 年，俄罗斯宪法把信息安全纳入国家安全管理范围，颁布了《联邦信息、信息化和信息网络保护法》。

普京总统多次强调："信息资源和信息基础设施已经成为争夺世界领先地位的舞台，未来的政治和经济将取决于信息资源。"进入 21 世纪，俄罗斯将信息安全纳入国家安全战略。俄罗斯建立了完善的信息保护国家系统，将信息安全策略分为全权安全政策和选择性安全政策两类，只有当主体的现时安全能力不低于客体临界标记时，信息方可"向上"传输。2014 年 1 月 10 日，俄罗斯联邦委员会公布了《俄罗斯联邦网络安全战略构想》，确定了保障网络安全的优先事项；明确规定了网络安全保障方向，采取全面系统的措施保障网络安全。

根据报道，俄罗斯军方拥有大型"僵尸网络"、无线数据通信干扰器、扫描计算机软件、网络逻辑炸弹等多种网络攻击手段。俄军正在研发的远距离病毒武器，能对敌方的指挥控制系统构成直接威胁。俄军的网络作战能力具有较强的网络对抗侦察、渗透能力和整体破网能力。

俄军把防止和对抗网络信息侵略提高到国家战略高度，成立了向总统负责的总统国家信息政策委员会，陆续制定了网络信息战相关规划，以加强对信息化建设的领导和协调，加快信息基础设施建设。俄军建立了特种信息部队，负责实施网络信息战攻防行动。网络信息战已经被俄军赋予了极高的地位——"第 6 代战争"，由此可见俄军对网络作战的重视程度。

（3）欧盟网络空间安全战略：提高抗打击能力，共享预警信息

2007 年，爱沙尼亚遭受网络攻击后，于 2008 年发布了欧盟成员国中第

1份网络安全战略，其后各国陆续制定同类战略。由于欧盟各国的国情不同，制定的网络安全技术标准、术语等有差异化，处于各自为战状态，无法进行统一安全保障工作。

2013年，欧盟各国达成共识，《欧盟网络安全战略》正式发布。该战略从国家、欧盟和国际三个层面，明确了各利益相关方在维护网络安全过程中的角色。欧盟的网络安全战略中，还附带颁布了巩固欧盟信息系统安全的立法建议，使得人们增强了网络购物的信心，刺激了经济增长，这是其创新所在。

为了打击网络犯罪，欧盟制定并实施了相关法规并支持业务合作，这也是欧盟当前网络安全战略的一部分。2013年1月，欧盟在其下属的欧盟刑警组织成立了欧洲网络犯罪中心，以保护欧洲民众和企业不受网络犯罪侵害。

欧盟委员会2014年11月公布了新的网络安全战略，对预防和应对网络中断和袭击提出规划，以确保数字经济的安全发展。欧盟把提升网络的抗打击能力、大幅减少网络犯罪、在欧盟共同防务的框架下制定网络防御政策和发展防御能力、发展网络安全方面的工业和技术、为欧盟制定国际网络空间政策作为五项优先工作。

新战略提出立法建议并要求关键机构在遭受网络袭击时要迅速向欧盟汇报，包括重要基础设施的提供商、关键的网络企业及公共行政部门。欧盟还要求各成员国制定相应战略，成立专门机构以预防和处理网络安全风险和事故，并与欧盟委员会共享早期风险预警信息。

（4）英国网络空间安全国家战略：促进经济繁荣、国家安全和社会稳定

英国的网络建设和信息化发展很快，已经处于世界先进水平。2000年，英国前首相布莱尔推动创建了"电子英国"计划，即以信息化带动英国经济和社会的发展。英国政府高度重视信息安全，从2009年到2011年，连续2次出台了国家网络安全战略。

2011年11月25日发布的《英国网络安全战略》提出了未来4年的战略计划以及切实的行动方案，对英国信息安全建设做出了战略部署和具体安排。《英国网络安全战略》的总体愿景是在包括自由、公平、透明和法治等核心价值观基础上，构建一个充满活力和恢复力的安全网络空间，并以此来促成经济大规模增长以及产生社会价值，通过切实行动促进经济繁荣、国家安全以及社会稳定。其设立的四个战略目标分别为：应对网络犯罪，使英国成为世界上商业环境最安全的网络空间之一；使英国面对网络攻击的恢复力更强，并保护其在网络空间中的利益；帮助塑造一个可供英国大众安全使用的、开放的、稳定的、充满活力的网络空间，并进一步支撑社会开放；构建英国跨层面的知识和技能体系，以便对所有的网络安全目标提供基础支持。

在网络战方面，英国成立了国家网络安全办公室，直接对首相负责，主要负责制定战略层面的网络战力量发展规划和网络安全行动纲要。英国网络战部队主要有：网络安全行动中心和网络作战集团。前者隶属于国家通信情报总局，负责监控互联网和通信系统，维护民用网络系统，以及为军方网络战行动提供情报支援；后者隶属于英国国防部，主要负责英军网络战相关训练与行动规划，并协调军地技术专家对军事网络目标进行安全防护。

2015年8月，英国《卫报》报道，英国知名手机零售商"汽车手机仓库"日前承认最近遭到"蓄意策划"的网络黑客袭击，导致大约240万用户的个人信息及9万用户的信用卡资料泄露，相关网站的信息也可能遭到黑客破坏。英国信息监管局在接到报案后，联合警方展开了调查。英国政府反应迅速，立即适时推出了一个总额6.5亿英镑的"网络安全战略"，意在整体提升国家的网络安全水平，净化和优化民众的上网环境，为公司和个人的网络安全信息数据构筑一道安全屏障，这是英国网络安全战略民用化的新动向。

（5）日本网络空间安全国家战略：确保网络空间安全，参与国际网络制定

2010年5月11日，日本信息安全政策会议通过了《日本保护国民信息安全战略》，旨在保护日本公众日常生活正常运转不可或缺的关键基础设施的安全，降低日本民众在使用IT技术时所面临的风险。

2013年6月，日本政府发布《网络安全战略》，旨在保护日本信息化社会正常运转不可或缺的关键基础设施的安全，维护网络空间安全，降低互联网使用风险。2014年11月6日，《网络安全基本法》获得国会通过后，日本政府于2015年1月9日设立了由阁员组成的"网络安全战略本部"。

另据日本媒体的报道，日本政府于2015年5月25日上午，在首相官邸举行由阁员组成的"网络安全战略本部"会议中制定了新的《网络安全战略》，提出要以此确保网络空间的自由和安全，明确提出要积极参与制定网络空间的国际规范，体现了日本参与国际网络空间战略的意图。

日本首相安倍晋三在会上致辞并宣称为成功举办2020年东京奥运会和残奥会，加强网络攻击对策不可或缺。他强调称"威胁日益严重，（网络攻击对策）是国家安全和危机管理上的重要课题。"日本为加强应对网络攻击，政府将现行的阁僚会议升级为"网络安全战略总部"，而统管行政机构的首相官邸秘书处将作为"内阁网络安全中心"被赋予法律权限。这是为迎接2020年的东京奥运会和残奥会而完善防御网络攻击的措施。

安倍晋三强调确保网络空间的安全，是实现增长战略必不可少的基础。他呼吁日本经济界转换思维，要将网络攻击的措施作为"投资"而不是视为"成本"。

3. 全球网络空间安全呈现新态势

各大国网络战略的目标并不仅仅是本国网络安全，更着眼于现实世界中的战略竞争，抢抓网络规则制定权，争夺网络空间战略优势，并且把争夺经济利益也作为一个重点。当前全球信息网络安全呈现新态势：

（1）各国更加重视和改进网络国家安全战略，从而寻求差异化优势和技术

传统的欧美网络资源基础优势在新网络空间格局形式下，已经开始变化。各国已经看到了未来战争中网络战的作用，因此都在不断加强网络军事力量，加快推进战略步伐，在保护本国信息安全的同时，参与互联网的国际治理与管理是一致的目标，这也是公认的应对网络空间竞争的最有效手段之一。

（2）网络攻击规模化，网络泄密事件大面积爆发

目前，各大国都遭受了黑客的攻击。尤其是政府和军事有关的网站和服务器，不断遭受攻击，并呈规模化和集中轰炸进攻的特点。一个进攻点上，短时间内达到数千次的攻击，使得网络泄密事件连续爆发。

其他的网络泄密事件，来源于人为因素，但是爆出了个人信息安全的严重性。2013年6月，前中情局（CIA）职员爱德华·斯诺登将2份绝密资料交给英国《卫报》和美国《华盛顿邮报》，披露了棱镜计划（PRISM）是一项由美国国家安全局（NSA）自2007年开始实施的绝密电子监听计划。据英国《卫报》和美国《华盛顿邮报》2013年6月6日报道，美国国家安全局和联邦调查局（FBI）于2007年启动了一个代号为"棱镜"的秘密监控项目，直接进入美国网际网络公司的中心服务器里挖掘数据、收集情报，包括微软、雅虎、谷歌、苹果等在内的9家国际网络巨头皆参与其中。根据斯诺登披露的文件，美国国家安全局可以接触到大量个人聊天日志、存储的数据、语音通信、文件传输、个人社交网络数据。

以斯诺登事件为代表的网络监控泄密事件的频发，再次证明世界网络安全的严峻性，显示了信息网络安全的深层次背景和对国家战略带来的威胁因素。这样的泄密事件，在移动互联网与云存储、信息定位和无线网规模及应用不断变化中，越来越难以控制，也对信息安全提出了更有难度和挑战的课题。可以说日新月异的网络应用技术，开始模糊民用领域和军用领域的界限，网络安全的内涵有可能被重新改写。

（3）网络军事化趋势强化，各国不断强化网络军事力量

2010年，美国率先成立网络司令部。美军袭击伊朗布什尔核电站的"震网"病毒，也被视为美国和以色列联合研发的网络武器。2015年5月，美国国防部发布新网络战略，摆出积极防御和主动威慑的姿态，为美军确定网络空间作战的中长期任务。新战略包含了一系列在网络空间实施进攻和威慑的新设想和具体措施。

（4）网络犯罪和恐怖主义，成为人类社会的公敌，对各国都形成巨大威胁

目前网络规模化的犯罪和攻击日益严重，事件频发。网络恐怖主义已经形成规模化和系统化。在大国将网络空间列为军事作战领域，网络恐怖主义逐渐成为各国的公敌。在和平年代，各国之间的攻击主要体现在国家意志在背后的经济利益方面。在打击恐怖主义方面，各国应该联合起来。

（5）黑客目标转向智能终端和工控系统

最近几年，网络空间安全领域发生了巨大变化，移动智能终端和工业控制系统成为新的信息安全战场。工控系统直接威胁到了国家的基础网络设施安全，目前，由于各国军事目标还未被攻击，尚未引起重视，但未来会形成一个巨大的攻击点。OPM数据泄露事件无疑是2015年影响最大的一次黑客攻击事件。2015年6月，美国人事管理局（OPM）的服务器被攻破，约有400万名联邦雇员的个人信息被盗，其中不仅包括雇员的姓名和地址，还包括社保号码。因为这次数据泄露事件，美国人事管理局局长不得不引咎辞职。

4. 中国网络空间安全形势不容乐观

国家互联网应急中心（CNCERT）的最新数据显示，中国网站被境外攻击十分频繁，主要体现在两个方面：一是网站被境外入侵篡改；二是网站被境外入侵并安插后门，中国遭受来自境外的DDoS攻击也十分频繁。数据显示，2013年1月1日至2月28日不足60天时间境外6 747台木马或僵尸网络控制服务器控制了中国境内190万余台主机。此外，中国85个重要政府部门重要信息系统、科研机构等单位网站被境外入侵。

随着互联网消费行为的扩大，中国社会的信息安全形势更加复杂，漏洞不断出现，用户利益受到损害。

2015年春运期间，"12306"火车票订票网站用户数据信息发生大规模泄漏。大量用户数据在互联网遭疯传，包括用户账号、明文密码、身份证号等。此次遭泄露的"12306"账户总数超过13万个。随后，中国铁路客户服务中心迅速在其官方网站发布公告确认用户信息泄露事件，称此次泄露信息全部含有用户的明文密码，提醒用户不要使用第三方抢票软件购票或委托第三方网站购票，以防止用户个人信息外泄。

2015年4月，超过30个省市曝安全管理漏洞，数千万社保用户敏感信息或遭泄露。据报道，涉及重庆、上海、山西、沈阳、贵州、河南等超30个省市卫生和社保系统出现大量高危漏洞，数千万用户的社保信息可能因此被泄露。

2015年5月12日，网易旗下包括网易云音乐、易信、有道云笔记等在内的数款产品以及全线游戏出现了无法连接服务器的情况，该情况一直持续到了次日凌晨6时左右。

2015年5月21日，在补天漏洞响应平台上观察发现，有专业级别的网友披露中国人寿广东分公司系统存在高危漏洞，10万客户信息存在随时大面积泄露的可能性。保单信息、微信支付信息、客户姓名、电话、身份证、住址、收入多少、职业等敏感信息一览无余。在发布漏洞信息 5 天之后，5 月 26 日下午 3：37，中国人寿对漏洞信息进行了确认，并对发现漏洞的网友表示感谢："已确认漏洞，非常感谢！"但是，平台处理过程显示条显示，对于这一漏洞，中国人寿长时间未修复。

2015 年 9 月 1 日，中国最大的云主机服务商阿里云再次出现重大安全事故，大范围用户出现系统命令及可执行文件被删除的情况。多位网友在微博上公开爆料，在阿里云 ECS 机器上每执行一个命令，系统就会删除一个命令，这已经严重影响他们的日常运维工作。事件当天阿里云发布公告称："因云盾安骑士 server 组件的恶意文件查杀功能升级触发了 bug，导致部分服务器的少量可执行文件被误隔离。系统在第一时间启动了回滚，目前被误隔离的文件已基本恢复。我们正在回访个别尚未恢复的客户，协助尽快恢复。对于受影响的客户，我们将立即启动百倍时间赔偿，并避免类似失误再次发生。我们深知这一失误对您业务带来的影响和损失，再次致以最深刻的歉意。"

可以很明确看到：随着云计算、物联网、移动互联网、大数据、智能化等网络信息化新兴应用持续拓展，未来中国网络安全威胁还将持续扩大。中国应该在思想观念、法律法规、政策扶持、技术自主创新、产业升级等方面，升级自己的治理和发展思路，以确保社会和国家的信息安全。

5. 我国网络空间安全国家战略全面启动

2013 年 11 月 12 日，中央国家安全委员会成立。中央国家安全委员会简称"国安委"，全称为"中国共产党中央国家安全委员会"，是中国共产党中央委员会下属机构，由中共中央总书记习近平任主席。中央国家安全委员会作为中共中央关于国家安全工作的决策和议事协调机构，向中央政治局、中央政治局常务委员会负责，统筹协调涉及国家安全的重大事项和重要工作。中国决定成立国家安全委员会的目的就是完善国家安全体制和国家安全战略，确保国家安全。

2014 年 2 月 27 日，中央网络安全和信息化领导小组宣告成立，中共中央总书记、国家主席、中央军委主席习近平担任组长。这是中国共产党落实十八届三中全会精神的又一重大举措。

在中央网信领导小组第一次会议上，习近平总书记发表重要讲话指出："网络安全和信息化是事关国家安全和国家发展、事关广大人民群众工作生活的重大战略问题"；"没有网络安全就没有国家安全，没有信息化就没有现代化"；"建设网络强国，要有自己的技术，有过硬的技术；要有丰富全面的信息服务，繁荣发展的网络文化；要有良好的信息基础设施，形成实力雄厚的信息经济；要有高素质的网络安全和信息化人才队伍；要积极开展双边、多边的互联网国际交流合作。建设网络强国的战略部署要与'两个一百年'奋斗目标同步推进，向着网络基础设施基本普及、自主创新能力显著增强、信息经济全面发展、网络安全保障有力的目标不断前进。"由最高领导人亲自担任组长，既表明了网络信息安全目前面临的形势任务复杂和所处地位的重要，也标志着中国已把信息化和网络信息安全列入了国家发展的最高战略方向之一。

2015年7月，中国国务院学位委员会和教育部共同发布《关于增设网络空间安全一级学科的通知》。为实施国家安全战略，加快网络空间安全高层次人才培养，根据《学位授予和人才培养学科目录设置与管理办法》的规定和程序，经专家论证，国务院学位委员会学科评议组评议，报国务院学位委员会批准，国务院学位委员会、教育部决定在"工学"门类下增设"网络空间安全"一级学科，学科代码为"0839"，授予"工学"学位。这意味着中国的网络空间安全人才培养全面进入正规渠道，有利于自主知识产权的形成、核心可控技术的掌握及专业人才队伍培养建设，未来将大大提高中国网络空间的综合实力。

2014年7月21日，中国互联网络信息中心（CNNIC）在京发布第34次《中国互联网络发展状况统计报告》显示，截至2014年6月，中国网民规模达6.32亿，其中，手机网民规模5.27亿，互联网普及率达到46.9%。网民上网设备中，手机使用率达83.4%，首次超越传统PC整体80.9%的使用率，手机作为第一大上网终端的地位更加巩固。2014年上半年，网民对各项网络应用的使用程度更为深入。移动商务类应用在移动支付的拉动下，正历经跨越式发展，在各项网络应用中地位愈发重要，这使得大众化信息网络安全需求更加迫切，建议未来国家在新的信息安全战略中关注到这一点。

　　2015 年 6 月，第十二届全国人大常委会第十五次会议初次审议了《中华人民共和国网络安全法（草案）》。网络安全法草案 7 月 6 日起在中国人大网上全文公布，并向社会公开征求意见。草案为保护公民个人信息安全作如下规定：网络运营者不得收集与其提供的服务无关的公民个人信息，不得违反法律、行政法规的规定和双方的约定收集、使用公民个人信息。草案设“监测预警与应急处置”专章，规定因维护国家安全和社会公共秩序，处置重大突发社会安全事件的需要，国务院或者省、自治区、直辖市人民政府经国务院批准，可以在部分地区对网络通信采取限制等临时措施。相信不久即可看到正式法律的出台，也更加期待中国网络空间安全战略的出台。

　　2015 年 9 月 3 日，在“中国人民抗日战争暨世界反法西斯战争胜利 70 周年”纪念大会上，习近平总书记发表重要讲话，宣示中国对和平、历史、世界安全、国际秩序和人类文明等方面的看法。

　　我们在此也衷心祈盼并祝福：中国的网络空间安全国家战略更加完善，中国愈来愈繁荣强大；未来人类的网络空间安全与秩序，走向更加和平与文明。

参考文献

［1］https：//www. whitehouse. gov/.

［2］http：//council. gov. ru/.

［3］http：//council. gov. ru/.

［4］https：//www. gov. uk.

［5］http：//www. jnto. go. jp/.

［6］中共中央政治局研究决定中央国家安全委员会设置［OL］.（2014-01-24）［2015-08-30］. http：//www.gov.cn.

［7］中华人民共和国网络安全法（草案）［OL］.［2015-07-06］. http：//www.npc.gov.cn/.

助力"互联网+"行动：中国企业网络安全解读

第二部分

解读华为的网络安全

华为积极响应我国网络空间安全国家战略，助力"互联网＋"行动。华为在16年前布局信息安全，至今厚积薄发，成为中国移动、中国电信骨干网络部署防火墙设备数量最多的厂商，并成功为上海政务外网等政府项目提供安全服务。华为的信息安全战略是：通过提供泛在的安全产品和整体的深度防御，以及可靠的安全服务运营体系，为用户构建安全的全连接世界。为此，华为常年来投入巨额研发资金，以安全大数据能力为中心，构建了涵盖"云一管一端"的一体化安全解决方案以及完善的安全服务运营体系。

1. 华为积极响应中央战略，参与"互联网+"行动计划

2016年4月19日，习近平总书记在京主持召开网络安全和信息化工作座谈会并发表重要讲话，指出在中国"互联网+"行动计划之下，要着力推动互联网和实体经济深度融合发展，建设网络良好生态，依法加强网络空间治理，同时要把更多人力物力投向核心技术研发。习近平总书记强调，网络安全和信息化是相辅相成的。安全是发展的前提，发展是安全的保障，安全和发展要同步推进。要树立正确的网络安全观，加快构建关键信息基础设施安全保障体系，全天候全方位感知网络安全态势，增强网络安全防御能力和威慑能力。网络安全为人民，网络安全靠人民，维护网络安全是全社会共同责任，需要政府、企业、社会组织、广大网民共同参与，共筑网络安全防线。

华为技术有限公司（简称"华为"）CEO任正非先生出席了此次座谈会，与参会人员就实现信息化发展新跨越、加快构建信息领域核心技术体系、加强网络信息安全技术能力、建设顶层设计等议题提出了意见和建议。华为将网络安全保障作为公司的重要工作，与政府、客户及行业伙伴以开放和透明的方式，共同应对安全方面的挑战，共同构筑"互联网+"的安全屏障。

华为作为一家中国本土企业，全球每天超过20亿人使用华为的设备通信，在150多个国家拥有500个客户，70%营业收入来自海外。

"互联网+"的本质是传统产业的在线化、数据化，人、商品、交易行为迁移到互联网上，在产业上下游、协作主体之间以最低的成本流动和交换，最大限度地发挥数据的价值。"互联网+"的过程，是传统产业转型升级的过程。"互联网+"带来了积极的影响，开放的网络连接端到端的产业链，13亿人口连接百亿的机器，推动生产生活更加便利，促进国家经济快速发展。

互联网在以惊人的速度发展，给人们带来巨大利益的同时，网络犯罪也在以惊人速度增加，破坏性也从虚拟世界扩展到真实世界。近年来，大量的网络安全事件逐渐引发全球关注：斯诺登事件引起多个国家的外交关系异常；乌克兰电网被攻击造成70万人在圣诞节前夕断电；东南亚政府和印度政府遭到间谍组织常年的网络渗透……网络犯罪日益猖獗并深入世

界的每一个角落，对政治和经济都造成严重影响，甚至形成了地下黑色产业链。

网络犯罪的攻击面和攻击方式在持续增长，网络犯罪分子越来越熟练地进行无法探测的访问，并成为IT环境中一个持续、低调、长期的存在。攻击无孔不入，无处不在；攻击造成的破坏性越来越大，破坏时间越来越短。

2015年底乌镇第二届全球互联网大会上，习近平总书记提出了"互联互通、共享共治，构建网络空间命运共同体"这一重要主张，呼吁各国加快全球网络基础设施建设，促进互联互通，有利于加强经济文化交流，共享发展机遇。习近平总书记同时强调："安全和发展是一体之两翼、驱动之双轮"，"网络监听、网络攻击、网络恐怖主义活动已成为'全球公害'，各国应该共同遏制信息技术滥用，反对网络监听和网络攻击，保护互联网的安全。"互联网的安全保障，是"互联网+"行动计划顺利推进的前提。华为打造了"云—管—端"一体化的安全产品和解决方案，拥有一支超过1 000名安全专家的队伍和全球的安全服务运营体系，以开放合作的态度，希望与安全产业共同协作，助力"互联网+"行动计划的落地和实施，真正实现网络互联互通、共享共治、构建网络空间命运共同体。

2. 华为信息安全之路：厚积薄发、艰苦奋斗、客户为中心

2016年3月，美国RSA大会期间，华为获得全球最权威的第三方信息安全评测机构NSS实验室所颁发的NGFW下一代防火墙"推荐级"。NSS实验室的推荐级，只有顶级的技术产品才有资格获得。这表明华为防火墙通过了独立的第三方验证，达到业界一流水平。提到华为安全，大家首先想到的可能就是防火墙了。获得国际专业机构的殊荣，正是这些年来华为安全产品所取得成绩的一个缩影。近20年来，在安全产品领域，华为围绕网络层的硬件安全产品，逐步拓展建立起完善的软件、服务体系，并已逐步覆盖企业网络与数据中心安全、云安全、终端安全、网络安全、应用安全、安全管理和安全服务等多个业务领域。

（1）厚积薄发

华为安全团队最早可以追溯到2000年初。当时华为已经是电信制造

业的佼佼者，主要服务的客户是全球运营商。客户在购买路由器等传统数通产品的同时，对骨干网络的传输安全加密产生大量需求，同时由于IPv4地址开始耗尽，大规模NAT地址转换也成为刚需。华为安全业务团队基于VRP平台，开始研发硬件安全网关，首先提供给大型运营商，并没有奢求开始就铺开产品系列。由于并不服务于电信之外的其他用户，这种聚焦的战略在几年之后其技术优势开始显现。2004年，华为研发出基于NP的防火墙，2008年又首次推出万兆分布式防火墙。后来，华为和业界知名安全公司赛门铁克成立了华为赛门铁克合资公司，进一步引入了赛门铁克的安全技术，并逐渐走向国际市场和覆盖除了电信用户外的企业用户。2012年，华为又发布了业界首款T级性能的高端防火墙。通过技术上的不断突破，满足了在大数据、云计算发展的大背景下，电信为主的用户流量爆发增长对安全防护的高要求。

正是由于这种厚积薄发，目前，华为成为在中国移动、中国电信骨干网络部署防火墙设备数量最多的厂商。截至目前，每年发货的硬件设备超过10万台套，成为第一个进入Gartner咨询公司防火墙魔术象限报告的中国厂商，服务超过70个国家的用户。

（2）艰苦奋斗

华为安全业务创立初期，深受公司整体艰苦奋斗的企业文化影响，奉行"垫子文化"。即在项目周期紧张、客户交割的时刻，为了保障产品的按时交付和业务顺利上线，项目组的研发和市场人员通宵达旦地工作，累了就在工位下面放一个床垫子，躺下休息一会再爬起来继续工作。因为他们清醒地认识到，整个信息产业都在逐渐转变为低毛利规模的传统产业，用于电子工业的生存原料是取之不尽的河沙、软件代码、数学逻辑。因此，让华为人始终保有危机感。后退就意味着消亡，要想在这个产业中生存，只有不断创新和艰苦奋斗才能不被淘汰。虽然现在的垫子已经用于午休，但创业初期形成的"垫子文化"承载了华为人奋斗和拼搏的精神，时至今日仍然是持续传承的精神财富。

在经营海外市场中，竞争对手是来自全球各个发达国家地区世界级的安全企业，他们拥有几十年的商业底蕴积累、雄厚的资金保障、全球知名的品牌、世界一流的专业团队，以及深厚的市场地位和客户基础。面对如此高超的技术和市场壁垒，华为的安全团队没有多少经验可以借鉴，只有经过千辛万苦，一点一点地争取到订单和边缘市场，然后把收入又拿出来继续投放到研发上，在摸爬滚打中积累经验。正是靠这种"不抛弃、不放弃"的艰苦奋斗精神，才使得今天华为安全市场逐步在全球打开了局面，海外销售收入占比能够达到总收入的一半。

（3）以客户为中心

对于企业来说，硬实力相当于冰山上的一角，而水下的部分虽然看不见却更重要，那就是企业的文化和核心价值观。除艰苦奋斗外，以客户为中心正是华为的核心文化和竞争力。开展企业客户业务后，各种行业客户的需求纷至沓来。华为内部有强大的平台支撑分析客户诉求，业务线始终站在客户的立场上比客户多想一步，而不是一味地追求华为利益的最大化。举例来说，前两年各地政务网络纷纷建立自己的数据中心和专网，用户在出口需要部署安全网关来保证政务网的稳定运行。国内信息安全厂商品牌众多，有的设备做地址转换，有的做4~7层的安全防护，有的做入侵检测，网络非常复杂，却没有一家可以将这些安全功能整合起来。华为经过调研分析，认为完全可以把各种安全业务合一，替换掉原有性能不足的老旧设备，同时也不用做大的投资购买多台设备。近年来，网络攻击也发生了变化，以高级可持续性攻击（APT攻击）为代表的未知威胁对敏感信息的精准窃取给政府和企业带来了不可估量的损失。这种威胁易攻难守。华为安全业务团队组建了独立的研发团队，并聘请欧洲研究所的专家，不惜牺牲短期亏损而向此领域投资。正是这种以客户为中心的理念，支撑华为安全业务团队能始终站在客户需求前面，给客户带来最新的解决方案。

3. 华为全球信息安全情况和国内市场案例

作为全球领先的信息与通信解决方案供应商，华为始终保持在网络安全领域的耕耘投入和建设。2013年，华为安全推出下一代防火墙产品；2014年，USG9500高端防火墙系列获得了NSS实验室的最快防火墙评价；2016年，USG6000中低端下一代防火墙获得安全业界国际最高水平的CC EAL4+认证、NSS实验室推荐级评价以及ICSA实验室IPSec和SSL–TLS双认证。

通用准则（Common Criteria，CC）及评估保证级别（Evaluation Assurance Level，EAL）等级，主要用于评估IT产品或解决方案的安全性、可靠性以及对信息隐私的保护，是目前公认的全球标准。政府和机构在建设IT解决方案时，CC认证可作为产品安全性评估的重要依据。在CC认证的评估过程中，会对产品的安全性、脆弱性等各方面进行针对性的评估和测试。作为目前网络产品可获得的最高评级，EAL4+级的评估程序更为严谨，甚至包括产品的代码审视。在防火墙产品领域，华为是国内首家也是目前唯一通过CC EAL4+级评估的厂商，表明华为下一代防火墙的安全稳定性已经达到国际领先水平。

NSS实验室是业界公认的独立安全产品测评与研究领域领先者，在安全领域内拥有无可置疑的权威性。因其独立性和先进的测试方法，被全球的企业和组织广泛认可。本次NGFW测评，NSS实验室采用了最新的测试方法学V6.0标准，引入了网络高级告警系统（Cyber Advanced Warning System，CAWS）现网测试环节，用于评估产品对最新威胁的防护能力。RSA2016大会上，华为宣布防火墙产品在最新的NSS实验室下一代防火墙（Next Generation Firewall，NGFW）评测中表现出色，获得最高的"推荐级"评价。本次NGFW群组测评囊括了13个业界领先安全厂商的产品。NSS实验室的推荐级只有顶级的技术产品才有资格获得。这表明华为防火墙通过了独立的第三方验证，达到业界一流水平。华为USG6650下一代防火墙100%通过了"防火墙策略""应用控制""防躲避""稳定性与可靠性"测试。在安全有效性方面表现出色，CAWS威胁检测率达到99.95%，综合安全有效性达到98.1%。

ICSA（International Computer Security Association）实验室是业界知名的第三方安全产品测试和认证机构。20多年来，ICSA为许多世界顶级的安全产品开发商和服务商提供兼容性、可靠性、性能测试和认证，其客观公正的测试方法及认证标准赢得了各大企业的信任。华为下一代防火墙已经累计通过4项ICSA认证，获得一次大奖。第1次是获得ICSA Firewall和IPS双认证；第2次是于2015年RSA大会现场获ICSA"10年EIST卓越信息安全测试大奖"；第3次就是2016年获得的IPSec和SSL-TLS双认证。每次提交认证的设备最终都会被保留在ICSA实验室中继续进行长期稳定性测试，累计一年多的测试，华为下一代防火墙赢得了好的口碑。ICSA实验室负责人

Brian MonkMan对此深有感触："ICSA实验室严格的测试标准确保我们的客户的解决方案满足其用户的高标准要求。华为的持续测试表明其在质量保障流程方面的承诺。"

据IDC发布的《中国IT安全硬件市场2015—2019预测与分析（2014年下半年）》报告显示：华为在中国防火墙市场以18.9%的市场份额排在第一位。在安全硬件市场占比总和超过六成的防火墙和统一威胁管理（United Threat Management，UTM）2个领域，2014年市场占有率之和继续保持第一。自2014年底起，华为抓住了"安全产品国产化"的市场机会，在中国的行业市场持续发力，贴近客户的业务需求，推出系列场景化的解决方案。例如：在金融市场，围绕数据中心建设，推出了数据中心安全解决方案；在运营商市场，持续入围电信及移动集采项目，并取得较高份额；在中小企业市场，大力发展渠道，与广大渠道伙伴一起共同为行业及商业市场客户服务。IDC发布的《中国IT安全硬件市场2015上半年》报告显示：华为在中国防火墙+UTM硬件市场中排名第一，尤其在企业级市场中表现抢眼。2015年上半年，中国区总体安全业务营业收入同比增长63.7%，已经逐步成为中国IT安全市场的领军厂商。目前中国区数通（含安全）产品的渠道商已超过160家，华为认证网络安全工程师超过700人。

华为安全产品服务于全球10万多企业客户，遍布北美、欧洲、拉美、非洲、亚太等各个区域，在互联网、金融、教育、政府、能源、大企业等行业得到普遍应用，尤其在保障政务和高校的网络业务顺利开展上作出巨大贡献。

上海电子政务的信息化建设一直处于全国领先的地位，政务外网承担着协同办公、政务公开、互动服务的职责，是政务协作的平台、政务公开的窗口。经过3个5年计划的发展，上海政务外网已汇集市委、市政府、市人大、市政协等单位，并覆盖包括市级各委办局、管委会及其直属单位等在内的1 200多家市级单位；汇接17个区县政务外网，涵盖区县内各委办局、乡镇及街道办事处，并延伸到居委会、村委会和社区中心，电脑终端8万多台，同时负责统一落实政务外网安全防护体系架构及互联网统一出口建设。通过深入了解客户需求日渐清晰，华为推出了高可靠、高并发、高安全、高可扩展的安全解决方案。

可靠性对政务外网来说是绝对的制高点。设备的可靠性决定了网络的可靠程度，任何一个节点的故障，都可能导致政务外网业务中断、接入单位使用体验差。华为的USG 9500高端防火墙通过电信级硬件平台、关键器件冗余、板间备份、双机热备、双站点备份等一系列可靠性手段，能够最大限度地保障政务外网的稳定正常运行。

1 200家单位、8万终端的互联网流量汇聚，为互联网出口带来巨大的并发压力。一方面要尽可能满足所有访问需求；另一方面要避免造成网络的性能瓶颈，使网络质量变差。华为USG 9500高端防火墙提供优异的处理性能，整机可达到480G处理能力，充分满足政务外网当前和未来几年的网络发展需求。

作为出口安全网关，安全能力是基础也是关键。电子政务网涉及众多政府敏感信息的交互。互联网出口一方面要应对公网上无数的安全威胁；另一方面在内部多个委办局的安全隔离、访问控制上也需要有全面的考虑。

华为的USG 9500高端防火墙具备强大的安全能力，除了传统的防火墙、NAT、VPN能力外，同时提供智能选路、流量管控、入侵防御、用户管理、应用识别、内容审计、防DDOS攻击等一系列应用层安全防护功能，并通过全球安全能力中心应对瞬息万变的互联网威胁。

政府信息化进程的不断推进，要求任何当前建设都能满足5年内网络和用户的扩容需求。在有效保护政府投资高利用率的同时，更关注网络的稳定可持续运行。华为的USG 9500高端防火墙作为框式设备，能够通过接口板、业务板的灵活配置，灵活满足按需配置、动态扩容的可持续性需求。以USG 9500的业务板来说，一块单板最少可支持40G处理性能，最大支持160G性能，整机最大可扩展到480G容量，充分满足上海政务外网未来5年的高强度要求。

华为USG 9500防火墙进驻上海政务外网，在张江、广纪核心机房各配置了2套。USG 9500就如同尽职的门卫，默默守护上海政务外网这张大网，为上海市1 200多家委办局单位的互联网访问保驾护航。

"晋城在线"是晋城市政府对外宣传的主要信息窗口和晋城市人民获取信息的重要渠道，也是政府与社会交流、方便市民办事的公共信息平台。"晋城在线"集电子政务、新闻发布于一体，晋城市人民可以通过该平台进行网上咨询、网上互动、网上申请、查看网上审批进度等，形成了多功能、多形式的政务网络平台。"晋城在线"的日均点击量达300万次以上，在当地具有重要的社会地位和影响力。

经过严苛的实验室测试和长达半年的现网考验，华为USG 9500 T级防火墙凭借高性能、高可靠、灵活扩展、精细流量管理、全面安全防护等出色的现网表现和极佳的用户体验，一举赢得用户青睐，成为晋城信息中心网络出口防火墙更新换代的最佳选择。

华为USG 9500 T级防火墙采用专用的多核处理芯片以及分布式硬件平台，提供4 000万到9.6亿的并发连接数，整机性能从40G可平滑扩展升级到1T吞吐量，可满足"晋城在线"未来3~5年的业务发展需求；所有部件均采用全冗余技术，提供单机高于25年的平均无故障时间和运营商级99.999%可靠性，从而进一步保证高速网络环境下的业务连续性；针对链路中可能出现的单点故障隐患，华为USG 9500 T级防火墙采用双主控主备倒换和链路捆绑等技术，提供小于1秒故障倒换时间，确保业务持续稳定运行。华为USG 9500 T防火墙提供全面的安全防护能力，可以有效抵御黑客入侵，防范病毒、特洛伊木马、蠕虫等恶意软件的传播与扩散；通过云端实时升级特征库，可以迅速检测并阻断最新的攻击行为与未知威胁，为"晋城在线"业务提供全方位的安全防护。针对信息中心不同管理员的使用习惯，华为USG 9500 T级防火墙提供多种运维管理方案，包括命令行配置、Web配置和网管配置，分级的用户权限管理、操作日志管理、命令行在线帮助及命令注释等功能，极大地简化了操作，使得运维管理更加方便。

华为USG 9500 T级防火墙上线部署一年以来，一直运行良好，稳定可靠；在吞吐量和并发会话数等方面表现优异，大幅提升了"晋城在线"的访问体验；全面的安全防护功能，有效抵御木马、蠕虫和恶意软件的侵袭，确保信息中心网络业务安全稳定运行。

此外，华为防火墙全力守护广东省电子政务外网安全，助力广州电子政务云安全建设。T级数据中心防火墙更是保障中国工商银行380万亿在线业务的安全。在华为安全产品和解决方案的帮助下，北大燕园实现公网加速以顺利传递知识力量，上海交通大学校园网有了全方位安全防护盾。

随着ICT变革的不断深化，华为安全将为企业客户提供云化、移动化的全网安全协同和主动威胁防御，致力于构建安全的全连接网络并打造并重点打造更加开放的生态系统。

4. 基于"互联网+"的华为信息安全战略

在"互联网+"背景下，为了应对日益增长的网络威胁和犯罪，保障良好的网络环境，安全产业的防护理念已经从传统的被动防御转换为积极的主动防御。保护、检测、响应模型是体现主动安全防御思想的业界广为认可的安全模型。保护就是采用一切可能的措施来保护网络、系统以及信息的安全。常采用的技术及方法主要包括加密、认证、访问控制、防火墙以及防病毒等。检测可以了解和评估网络和系统的安全状态，为安全防护和安全响应提供依据。主要包括入侵检测、漏洞检测以及网络扫描等技术。响应在安全模型中占有重要地位，是解决安全问题的最有效办法。解决安全问题就是解决紧急响应和异常处理问题，建立应急响应机制，形成快速安全响应的能力，对网络和系统而言至关重要。

为了助力"互联网+"行动计划的落地，与安全产业共同支撑"互连互通、共享共治、构建网络空间命运共同体"，华为制定了全新的安全战略：通过提供泛在的安全产品和整体的深度防御，以及可靠的安全服务运营体系，为用户构建安全的全连接世界。

华为的信息安全战略全面体现了保护、检测、响应的安全理念。泛在的安全产品指云管端一体化。华为安全解决方案能够完整覆盖移动终端、分支、广域网、园区和数据中心的防护，实现网络和IT基础设施端到端的保护。整体的深度防御指安全大数据检测和分析。华为安全解决方案以安全大数据平台为大脑，实现对复杂威胁的深度感知和检测。可靠的安全服务运营体系指由资深安全专家构成的安全团队、全球部署的安全智能中心，时刻为用户提供应急处理和快速安全响应。

同时，华为作为世界500强以及ICT行业的领导者，坚守企业责任，在开放透明的合作、安全和隐私的法规遵从、国际认可的验证、员工安全意识和责任的培养等多个方面着手，建立全面的网络安全体系，保障客户业务的稳定、安全的运营以及用户隐私的保护，让人民能够安全、便捷、平等地享用信息服务。

（1）打造符合"互联网+"需求的一体化安全解决方案

网络安全的建设是一个系统工程，需要系统各个环节进行统一的综合考虑、规划和构架，并要时时兼顾组织内外不断发生的变化，任何环节上的安全缺陷都会对系统构成威胁。木桶原理同样适用于网络安全，一个组织的网络安全水平将由与网络安全有关的所有环节中最薄弱的环节决定。数据资产的生命周期过程中包括产生、收集、加工、交换、存储、检索、存档、销毁等多个事件，表现形式和载体会发生各种变化，这些环节中的任何一个都可能影响整体网络安全水平。要实现网络安全目标，必须使构成安全防范体系这只"木桶"的所有木板都要达到一定的长度。

华为依托强大的技术研发积累，打造了以安全大数据平台为中心、涵盖云管端的安全产品和解决方案，提供全网协同的安全防护，同时每个产品系列都有业界领先的竞争力，组成没有短板的"木桶"。

（2）华为安全大数据平台

挑战：安全防御的重心从传统的防护向检测与分析转移。Gartner预测，检测分析占安全的投资比例将从2014年的不到10%上升到2020年的60%。不能检测分析出威胁，则无法进行响应和保护。

针对检测分析所需要的安全数据，有三个方面的挑战难以规避：

①数据量越来越大。网络已经从千兆迈向了万兆，网络安全设备要分析的数据包数据量急剧上升。同时，随着NGFW的出现，安全网关要进行应用层协议的分析，其分析的数据量更是大增。与此同时，随着安全防御的纵深化，安全监测的内容不断细化，除了传统的攻击监测，还出现了合规监测、应用监测、用户行为监测、性能检测、事务监测等等，这些都意味着要监测和分析比以往更多的数据。此外，随着APT等新型威胁的兴起，全包捕获技术逐步应用，海量数据处理问题也日益凸显。

②速度越来越快。对于网络设备而言，包处理和转发的速度需要更快；对于安管平台、事件分析平台而言，数据源的事件发送速率（Event Per Second，EPS）越来越快。

③种类越来越多。除了数据包、日志、资产数据，安全要素信息还加入了漏洞信息、配置信息、身份与访问信息、用户行为信息、应用信息、业务信息、外部情报信息等。

安全数据的数量、速度、种类的迅速膨胀，不仅带来了海量异构数据的融合、存储和管理的问题，甚至动摇了传统的安全分析方法。

当前绝大多数安全分析工具和方法都是针对小数据量设计的，在面对大数据量时难以为继。新的攻击手段层出不穷，需要检测的数据越来越多，现有的分析技术不堪重负。面对天量的安全要素信息，如何才能更加迅捷地感知网络威胁态势？

传统的分析方法大都采用基于规则和特征的分析引擎，必须要有规则库和特征库才能工作，而规则和特征只能对已知的攻击和威胁进行描述，无法识别未知的攻击，或者是尚未被描述成规则的攻击和威胁。面对未知攻击和复杂攻击如APT等，需要更有效的分析方法和技术。面对天量安全数据，传统的集中化安全分析平台（譬如SIEM、安全管理平台等）也遭遇到了诸多瓶颈，主要表现在以下几个方面：

- 高速海量安全数据的采集、存储、管理变得困难；
- 威胁数据源较小，导致系统判断能力有限；
- 趋势性预测较难，早期预警能力差；
- 安全系统相互独立，无有效手段协同工作；
- 分析的方法较少；
- 安全事件查询响应效率太低；
- 系统交互能力有限，数据展示效果有待提高。

安全数据的大数据化以及传统安全分析方法的缺陷，自然引发人们思考如何将大数据技术应用于安全领域。

华为打造安全大数据平台，作为整个华为安全解决方案的大脑，为安全设备、软件和服务提供更强的检测分析能力、更全面的威胁态势感知、更完善的安全防御，践行了保护、检测、响应的主动防御理念。

华为大数据检测平台，负责收集安全设备日志、终端行为、网络流量等信息，通过关联分析、离线分析、异常分析和机器学习等方法，感知威胁态势，掌握攻击路径，并可提供智能检索和威胁情报管理共享等功能，有效协助安全设备进行响应和防护。

大数据处理效率是大数据安全平台的基础能力，华为大数据平台在业界主流的开源Hadoop基础上经过多年的商业优化，其分布式存储数据、分布式索引、分布式并行计算性能都在业界领先。

分析与检测是大数据安全平台的核心能力，华为的分析能力源自多年的网络流量和安全能力积累，仅仅异常分析就包含基于统计、距离、密度、深度、偏移、高维数据等多种分析算法，能够最大限度发现异常行为。

大数据安全平台是安全解决方案的大脑。在网络的不同位置，部署不同的大数据平台组件，比如在终端部署的是终端探针，采集终端的各种行为，包括流量行为、进程行为以及相关的日志信息等；而在关键网络部署位置，则部署了流探针，采集全流量；在一些关键设备采集日志信息；最终这些信息作为大数据分析平台的输入进行异常检测。所有异常检测的结果以及响应的防护策略将下发给防火墙等安全设备，使得安全设备能够及时响应和阻断威胁。

华为大数据安全平台不仅支持华为的安全产品，第三方厂商也能够在大数据安全平台的数据和检测能力基础上提供安全呈现产品和安全防护产品，与华为携手共同实现一体化的安全防御。

（3）华为管道安全解决方案

挑战：随着云计算、BYOD、移动互联网、Web2.0等各类新技术的发展和应用，管道网络出现了巨大的变化——移动化、扁平化和大带宽。移动化是指Wifi和LTE技术的发展使得越来越多的移动终端被使用；扁平化是指全IP技术使得接入网络与核心网络的层级更加接近，网络的边界更加模糊；大带宽是指视频、应用等各种服务快速增长使得管道内的流量以几何级别增长。网络和应用不断复杂化。

复杂的网络面临着来自多个网络的各种安全威胁，网络安全事件频频发生，主要集中在病毒、蠕虫、恶意代码、网页篡改、垃圾邮件等方面，政府网站常常成为攻击目标。移动终端的广泛接入，导致威胁的攻击点增多，威胁防不胜防，传统防御手段无法准确识别用户的位置，难以做到有效保护；全IP化的扁平网络使得攻击更加容易，IP化的物理接口很容易获得，数据存在泄露风险；大带宽应用，传统的防御手段无法准确识别应用层威胁，或者在大带宽之下启用应用层防护会明显影响其性能。攻击手段变化多样而且攻击工具更容易获取，以及基于僵尸网络DDoS攻击的出现，使得基于网络层的攻击层出不穷。主要的攻击包括：ARP Flood、ICMP Flood、IP Spoofing、UDP Flood、Synflood、Smurf、Land、超大ICMP、Fragile、Ping of Death、Tear Drop、Ping Scan、Port Scan，以及IP路由选项攻击、Traceroute攻击等等。

网络层攻击的目标主要包括带宽攻击、主机或者网络设备攻击。带宽攻击指通过大量的攻击数据包占用正常业务数据的带宽，导致网络带宽拥挤，正常业务受到影响；主机或者网络设备攻击指的是攻击者通过攻击主机或者网络设备的某个应用端口导致被攻击设备处理不过来或者瘫痪使其不能处理正常业务数据。

针对移动化、扁平化、大带宽的演变，华为的管道安全解决在广域网、园区网多层级部署防火墙、入侵防护系统（IPS）、网络接入控制设备（NAC）、DDoS清洗设备、VPN加密等多种安全防护设备，确保了整体网络的安全。

华为管道安全解决方案拥有业界网络准入控制环境适应能力最强，应用识别能力最高的安全准入解决方案；拥有全面融合、功能丰富、性能可靠、安全性高的远程安全接入解决方案；拥有全面防护、高性能、高检测率、高攻击响应、高可靠性，并能足够细致地评估和保证企业安全解决方案合理的攻击防护安全解决方案；拥有提供完整防火墙功能和UTM扩展能力、高病毒检测率、涵盖有线到无限统一安全接入的边界防护安全解决方案；拥有领先的全面设备日志采集性能，强大的关联分析引擎感知安全态势，完善的安全服务体系，可视化和高效率的安全设备管理，全面审计安全行为的安全管控、管理和审计安全解决方案。

（4）华为云数据中心安全解决方案

①挑战：随着"互联网+"进一步深化，线上业务快速发展，云数据中心越来越成为IT建设的主流选择，可以提供创新的虚拟数据中心云服务，实现数据中心物理与虚拟资源分离，实现数据中心即服务，带来全新的使用体验。

云数据中心的快速发展，带来四个涉及安全的挑战：

第一，传统安全不适应应用弹性扩展。新增一个业务，需要在数据中心网络边界、内网涉及数台安全设备配置访问策略，耗时长、效率低；传统安全于IP的访问控制策略，无法适应数据中心内虚拟化设备不断频繁的变化。

第二，虚拟化打破传统网络安全便捷。虚拟化二层网络下，虚拟化二层流量直接通过虚拟交换机交互，流量不可视、不可控，虚拟主机跨数据中心或跨公有云迁移，扩大了网络犯罪者的活动范围，可信区域不复存在。

第三，云中心成为僵尸网络发起地。越来越多的攻击源自数据中心，数据中心服务器成为"肉鸡",借助数据中心极大的攻击带宽制造大型多源攻击,最终导致威胁进一步升级。

第四,安全管理复杂。计算资源共享、数据存储位置未知、网络边界崩溃、不可控的外部供应商等多个因素导致可审查性、取证困难;部署依赖手工,基于IP的安全策略不体现业务导致策略管理复杂;传统安全缺乏宏观的安全态势感知和呈现,只能"事后感知"而无法"事前防护"。

②华为云数据中心解决方案采用分层模型,分为物理设施安全、网络安全、主机安全、应用安全、虚拟化安全、数据安全、用户管理、安全管理等几个层面,全面满足用户的各种安全需求。该架构中包含以下安全层面的能力:

物理设施安全。通过门禁系统、视频监控、环境监控等确保数据中心环境、物理访问控制等物理设施层面的安全。

网络安全。从防火墙、IPS、SSL VPN、Anti-DDoS、IDS/IPS、网闸等技术手段确保云DC边界和内部系统、数据和通信的隔离和安全,因偶然的或者恶意的原因而遭受到破坏、更改、泄露,系统连续可靠正常地运行,网络服务不中断。数据中心网络设备(路由器、交换机、安全设备防火墙等)在整个云数据中心起承上启下作用。一方面,它对外担负着云数据中心与外界其他网络系统,如互联网、专网等互连互通的功能;另一方面,它对内承载着各种业务系统。安全设备部署在云数据中心各网络层内,防范来自外部互联网的攻击和保障内部网络和业务的正常运行。传统的物理边界的防护已经不能适应云数据中心以云DC为主体的应用场景。华为云DC安全解决方案中,安全池云化管理,安全产品支持虚拟化,自动自助提供云DC边界和内部的网络安全逻辑隔离,很好地解决了网络安全威胁,诸如DDoS攻击、入侵攻击、安全隔离的问题,而且针对未知威胁APT攻击也能起到很好的防范效果。

主机安全。保护主机层操作系统的安全,通过主机加固、防病毒软件、主机IPS、主机补丁管理等技术手段确保主机免受攻击。

虚拟化安全。从虚拟机隔离、虚拟层加固、Cloud管理应用加固、虚拟机防护、虚拟机可信计算等技术手段确保虚拟化的安全。

计算和网络资源虚拟化后,带来的最大问题除了引入新的云平台漏洞、不安全的API、共享风险等,最大的不可控在于两层流量直接通过软件虚拟交换机交互，不通过传统物理安全设备。这部分不可控流量形成安全防护的盲点，使得虚拟主机很容易成为黑客攻击的跳板，控制虚拟权限，进而对Hypervisor实施攻击，或直接攻击相邻主机，篡改数据，导致虚拟主机不能正常提供服务。

应用安全。从电子邮件防护、Web应用防护等技术手段对应用层面的数据进行保护，保障用户的应用数据能够不受破坏、更改、泄漏、篡改。华为应用安全解决方案在安全池中集中部署邮件安全网关、Web应用防火墙和网页防篡改系统，分别保护电子邮件安全、Web应用安全和网页防篡改，并提供应用安全事件日志与报表给大数据关联分析系统进行统一事件管理和分析。同时，信誉体系对某一互联网公共IP地址或者子网，从Web安全和邮件安全的角度，给出其在某一段时间内的安全评价。

数据安全。从数据加密、数据销毁、数据防泄漏、数据备份等技术手段保障数据安全。

用户管理。通过统一认证、授权、访问控制、特权用户访问审计、双因素认证等保障用户管理安全。

安全管理。通过安全信息时间管理、安全合规审计、安全策略统一管理、弱点管理等进行统一安全管理。其中，网络安全、虚拟化安全、应用安全、安全管理是云数据中心不同于传统数据中心的关键点。云DC内部部署了大量基础网络设备、安全设备、工作站和服务器、数据库、应用程序和大型机，这些设备形成各个"安全信息孤岛"。有限的安全管理人员面对这些数量巨大、彼此割裂的安全信息，越来越束手无策，难以发现真正的安全隐患。同时，政府和企事业单位也面临对信息系统审计和内控要求、等级保护要求，如何满足这些安全合规方面要求也迫切需要解决。华为在云数据中心安全框架中，大数据关联分析系统负责收集主机、服务器、交换机、路由器及安全设备收集日志与事件等信息，并负责大数据的关联分析，以发现潜在的安全威胁；控制中心主要负责下发策略指令，同时能够接收沙箱检测与大数据关联分析系统的结果，负责分布式云数据中心中虚拟机、应用跨物理数据中心迁移的安全策略随迁等。控制中心接收到大数据关联分析发现的潜在的安全威胁，能够根据管理员预先配置的策略，结合已知的网络拓扑、地址、设备类型等现网信息，转换成相关设备所能识别的设备配置并进行统一下发，达到全网自动防护的目的。

华为通过分布式部署在Hypervisor层，或者独立安全VM中部署软件虚拟防火墙，对两层流量实现过滤和监控，并与传统集中部署在三层的安全设备形成联合防护，通过统一的控制中心，实现"传统集中式安全控制+虚拟化分布式安全控制"的立体资源池方案。通过统一的安全控制中心实现三层和虚拟化两层数据流的按需指定路径进行过滤和编排，是业界最普遍和先进的有效方案。

（5）华为移动安全解决方案

挑战：移动互联网化正以不可阻挡之势改变着人们的工作方式，成为办公手段的一个必要补充。我们可以利用更多的时间碎片收发电邮、发掘销售机会点，将企业的信息化管理推向前端，使客户的界面变得更扁平化，提升决策效率和响应速度。

移动终端办公使得企业办公环境边界进一步延伸。企业用户可以在同一台移动终端上处理工作，或者下载游戏等个人应用，个人应用和企业应用的界限越来越模糊。同时，移动办公也带来新的问题。开放、智能的移动平台使移动终端成为新的安全缺口，容易引入恶意代码植入、个人应用和企业应用混合、数据泄密、多平台的异构管理等问题。这些问题给企业IT管理带来极大挑战。

基于传统PC的安全策略和管理技术很难移植到移动设备，特别是非公司所拥有和管理的员工个人设备。企业必须建立针对个人设备的战略，包括策略的定义和新的管理方法。

移动终端通过网页浏览、下载应用、收发邮件等方式访问公司信息时，完全处于无保护状态。移动终端智能化使应用程序更容易遭受恶意攻击。由于Root权限滥用和黑客技术的应用，移动终端成为新的孕育安全风险的温床。

如何简单、快捷地将企业的应用移植到千差万别的移动终端上，避免复杂的自开发带来的高成本，快速实现价值，以及帮助企业IT部门应对复杂的移动环境已成为一大挑战。

移动终端体积小，极易丢失或被盗窃。移动终端丢失不但意味着敏感商业信息的泄漏和丢失，而且可能给企业带来法规遵从的风险。

针对当前移动办公的需求、特点和挑战，华为提供了AnyOffice解决方案。

针对企业员工个人需求和企业策略遵从之间的矛盾，华为提供有效的平衡方案，使得员工在设备选择上拥有更大的个性化自由，在任何时候、任何场所，使用任何设备便捷地访问公司内网，运行企业应用，并确保安全策略不妥协。

华为移动安全解决方案中融合了AnyOffice客户端、AnyOffice管理平台（包括SM\SC\AE）、数据库以及网络连接所必须的防火墙等设备，实现统一的网络接入控制、全面的数据安全和威胁防护、基于生命周期的移动设备管理（如图1所示）。

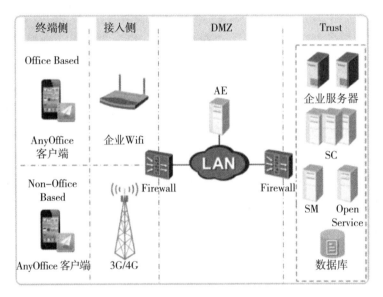

图1 移动解决方案

统一的网络接入控制：在终端认证授权方面，AnyOffice解决方案充分考虑了移动办公的特点，除传统的认证方式外，还提供了移动终端硬件特征绑定的手段，既安全又便于用户操作。同时，基于企业用户的不同角色和设备归属精细地控制用户访问企业内网资源的不同权限。

全面的数据安全和威胁防护：在链路安全方面，AnyOffice可提供高强度加密传输，保证数据隐秘性安全，防止数据的恶意嗅探和篡改。在数据保护方面，AnyOffice客户端开创性地通过沙箱技术，在同一台移动设备上创建了一个个人与企业分离的安全地带，轻松解决了个人和企业之间因应用和数据混合带来的数据泄密和病毒感染等风险，在个人需求和企业策略强制的冲突中实现平衡。

基于生命周期的移动设备管理：支持各主流移动终端的各项通用EMM（Enterprise Mobile Management）功能，包括应用管理、资产管理、安全管控、数据管理和设备管理等。同时，从移动终端的获取、部署、运行及回收四个生命周期环节提供了完善的策略和手段，确保每个环节都能顺畅、安全地实施和开展。

5. 构建助力"互联网+"行动计划的安全运营体系

（1）全球安全智能中心

华为为了支撑全连接的安全战略，构筑了世界级安全智能中心，提供全球化安全运营和维护能力，包括信誉查询、知识库升级、维护、应急响应等服务（见图2）。

图2　智能中心结构

信誉查询和知识库升级，背后是华为拥有并不断更新的安全大数据积累。其中，恶意代码智能分析依靠大数据安全平台和云端沙箱，具备被动扫描技术的威胁跟踪能力和IP/Web/Mail/File链式信誉计算能力。华为强大的知识库包Web分类库、Web信誉库、IPS签名库、恶意软件特征库、病毒特征库等深厚的安全积累。

华为专业研究团队分布在深圳、北京、杭州和印度班加罗尔，1 000多名资深安全专家在研发、交付、维保中为客户提供可靠的安全产品和服务。华为的安全响应中心可在一周内进行新的样本分析和业务识别，可提供小于24小时的应急响应，以及7×24小时的信誉查询服务。

（2）安全生态

在"互联网+"的背景之下，安全越来越走向开放合作，安全产业的众多成员联合起来共同抵御网络犯罪。华为长期与合作伙伴深度联合，共同提供完善的安全产品和服务，践行"互联互通、共享共治、构建网络空间命运共同体"的理念。

开放的BYOD生态：华为BYOD解决方案联盟致力于构建开放、共赢BYOD生态联盟系统，成员包括集成商、ISV、电信网络运营企业、应用开发团队、咨询公司等。华为在BYOD领域聚焦其擅长的移动办公安全平台，为企业客户、合作伙伴、创业团队提供AnyOffice基础平台；上层行业应用则由更多的合作伙伴以及创业团队提供，从而形成完整的移动办公解决方案生态链。

全球化的云清联盟："云清"的含义是基于云端的流量清洗方案，联盟的含义是指将全球MSSP服务提供商和IDC服务提供商的资源进行整合，构成一个云端的"DDoS防御生态系统"，统一管理和调度。在上游更加彻底解决大流量DDoS攻击问题，主要面向的客户群体为政府、运营商、企业等。华为建立的云清联盟是业界第一个旨在解决全球范围大规模DDoS攻击的联盟组织，通过有效整合所有合作伙伴的数十个清洗中心的清洗能力，提供超过2T的清洗带宽，具有近源清洗、节约资源、开放扩展等特点，是针对DDoS攻击防御的多方受益的创新商业模式。

深度的安全大数据合作：威胁情报是大数据安全能力的输入。威胁情报的种类广泛，包含信誉库、特征库、日志、告警、恶意文件样本等等。威胁情报的共享，有利于安全产业及时发现威胁、分析威胁，从而对威胁进行及时防护，对安全生态有着重要意义。华为通过与政府机构、高校科研院所、安全厂商、运营商建立合作关系，共享威胁情报，共同使用大数据平台进行分析检测，共同抵御网络攻击和威胁。华为同时倡议安全产业各厂商、组织、团体加强安全大数据合作，助力"互联网+"行动计划的稳步推进。

无所不在的网络正在改变人们的生活方式。这场革命带来了很多机会，但也对全球安全提出了新的挑战。面对如此复杂的要求和风险，华为制定了端到端的网络安全保障体系。业界客户可以通过系统提问，确保作出明智的决策。华为的端到端安全系统覆盖11个关键维度。作为全球领先的ICT供应商，一直致力于确保数字化未来的安全。为了实现这一目标，必须在全球层面开展合作，携手创建一个更美好的全联接世界。

6. 总结

华为从防火墙起步，经过长期的努力，构筑了以安全大数据为中心覆盖云管端的整体安全解决方案，以及覆盖全球的安全运营能力。华为同时以开放合作的姿态，与安全产业厂商和组织、团体充分合作，共同打造和谐稳定的互联网环境。华为的进步是中国经济快速发展的一个窗口，华为安全的进步是中国"互联网+"行动计划之下的一个缩影，华为和中国其他ICT企业和安全厂商，依靠中国国力的强大后盾，一定能够在未来取得更大的成绩。

解读中兴通讯的网络安全

　　2015年12月16日，习近平总书记在第二届世界互联网大会上特别提出：保障网络安全，促进有序发展。安全和发展是一体之两翼、驱动之双轮。

　　中兴通讯的发展顺应了"互联网+"时代的需求。2014年6月，中兴通讯首次提出了M-ICT战略即万物移动互联战略。

　　中兴通讯一贯重视信息网络安全，在产品设计、研发、交付过程中，遵循信息安全设计原则和方法，严格保证产品符合国际和国内相关安全标准。2015年初，中兴通讯联合腾讯、阿里云、卫士通、中国信息通信研究院等安全机构发起成立中国智能终端安全产业联盟，着力打造安全终端产业链；中兴通讯"天网"智慧城市网络与信息安全解决方案，坚持整体安全、自主可控的理念，通过整体安全策略，依托大数据云的扩展能力，实现体系内多变安全威胁的实时防御。

1. 中国实施三大网络国家战略中兴实施新的运营战略

2015年中共十八届五中全会提出了创新、协调、绿色、开放、共享的发展理念。"十三五"时期，中国将大力实施网络强国战略、国家大数据战略、"互联网+"行动计划，发展积极向上的网络文化，拓展网络经济空间，促进互联网和经济社会融合发展。

习近平总书记在第二届世界互联网大会上指出：中国正处在信息化快速发展的历史进程之中。中国高度重视互联网发展，自21年前接入国际互联网以来，我们按照积极利用、科学发展、依法管理、确保安全的思路，加强信息基础设施建设，发展网络经济，推进信息惠民。同时，我们依法开展网络空间治理，网络空间日渐清朗。目前，中国有6.7亿网民、413万家网站，网络深度融入经济社会发展、融入人民生活。我们的目标就是要让互联网发展成果惠及13亿中国人民，更好造福各国人民。

习近平总书记在第二届世界互联网大会上还特别提出：保障网络安全，促进有序发展。安全和发展是一体之两翼、驱动之双轮。安全是发展的保障，发展是安全的目的。

成立30年来，中兴通讯只有2012年是亏损的，2013年、2014年快速恢复盈利。中兴通讯创始人侯为贵先生认为企业要健康稳健发展，是要能够抓住一些机会，不要在换代时掉队，这是最关键的。中兴通讯在第二届世界互联网大会"互联网技术与标准"论坛"万物互联驱动产业变革"议题中提出了未来的万物移动互联，移动互联成为中兴的战略布局重点。

随着M-ICT时代的到来，万物互联、移动互联已经成为业界的努力方向。运营商需要满足这种挑战和机遇，对网络建设提出了更高的要求，如何以最小的投入实现最大的回报，也成为全球运营商网络发展选择的重要方向。

为有效应对网络变革带来的挑战，中兴通讯将基于SDN/NFV技术的网络重构作为未来网络发展战略，以弹性、云化和开放为目标，提出了云管融合的ElasticNet弹性网络目标架构及综合解决方案，有力支撑了未来网络创新和业务创新。中兴通讯云管融合弹性网络方案以控制集中化、功能虚拟化和网络自动化为切入点，改变传统网络烟囱式的封闭建设方式，对网络进行水平功能划分，构建三层架构，引入多级DC部署方式，以SDN/NFV技术双轮驱动、MICT-OS统一管控的形式，形成电信级的未来网络架构来按需提供服务。

2. 中兴M-ICT战略：万物移动互联战略

"互联网+"通俗来说就是"互联网+各个传统行业"，但这并不是简单的两者相加，而是利用信息通信技术以及互联网平台，让互联网与传统行业深度融合，创造新的发展生态。

2016年4月5日，中兴通讯完成董事会换届和新管理层聘任。中兴通讯董事长兼总裁在给全体员工鼓劲的一封内部信中提到，要继续坚持M-ICT大方向不变，阶段目标不变，员工激励承诺不变，同时还提到"从我做起，做最好的自己"。

中兴通讯历经了CT时代到ICT时代，在三十而立的企业发展之际，中兴通讯需要静下来重新思考未来，洞察我们所面临的这个新时代的特征，制订面向未来的战略，即M-ICT战略。可以说中兴通讯的发展正顺应了"互联网+"时代的需求，在2014年6月的中兴通讯第十届全球分析师大会上，中兴通讯首次提出了M-ICT战略。

中兴通讯是全球领先的综合通信解决方案提供商。公司通过为全球160多个国家和地区的电信运营商和企业网客户提供创新技术与产品解决方案，让全世界用户享有语音、数据、多媒体、无线宽带等全方位沟通。公司成立于1985年，在香港和深圳两地上市，是中国最大的通信设备上市公司。中兴通讯拥有通信业界最完整的、端到端的产品线和融合解决方案，通过全系列的无线、有线、终端产品和专业通信服务，灵活满足全球不同运营商和企业网客户的差异化需求以及快速创新的追求。2014年中兴通讯实现营业收入814.7亿元人民币，净利润26.3亿元人民币，同比增长94%。目前，中兴通讯已全面服务于全球主流运营商及企业网客户，智能终端发货量位居美国前4位，并被誉为"智慧城市的标杆企业"。

中兴通讯坚持以持续技术创新为客户不断创造价值。公司在美国、法国、瑞典、印度、中国等地共设有18个全球研发机构，近3万名国内外研发人员专注于行业技术创新；PCT专利申请量近5年均居全球前三,2011年、

2012年PCT蝉联全球第一。公司依托分布于全球的107个分支机构，凭借不断增强的创新能力、突出的灵活定制能力、日趋完善的交付能力赢得全球客户的信任与合作。

截至目前，中兴通讯服务的智慧城市包括全球40多个国家的140个城市。不止国内，国际市场在智慧城市推广过程中也存在巨大机遇。2015年半年报显示，集团国际市场实现营业收入215.38亿元人民币，占集团营业收入的46.92%。"通过大数据平台、跨境电商交易平台等来促进人流、物流、信息流、资金流的快速汇集，激活本地区的贸易投资活动，提升自身配套服务能力，是产业转型重要的保证。这也正是中兴通讯三大业务主线"电信设备、政企网、移动终端"中"政企业务"的重要发展战略，中兴通讯欲通过数据共享平台建立起智慧城市3.0时代的优势。

M-ICT即万物移动互联。M有两层意思：一方面是指代万物互联，M2M（man-man，man-machine，machine-machine）；另一方面是指移动网络，M（mobile Internet）。ICT（Information Communication Technology）则是指信息通信技术。M-ICT时代，数据通信从"人—人"向"人—物、物—物"方向发展，网络连接数量达到千亿。前所未见的需求推动着前所未有的电信网络不断发展，改变着科技、商业与社会。

这是一个信息瞬息万变的时代，科技在造就信息、丰富人类沟通生活的同时也带来了信息大爆炸，正所谓"这是最好的时代，也是最坏的时代。"M-ICT战略能结合中兴通讯30年的传统电信市场与技术优势，预计未来3年将带来10倍以上的广阔发展空间，中兴通讯也必将严阵以待，为进入新一轮黄金发展期而努力调整。中兴希望"互联网+"形势下M-ICT的讨论和战略制定，让公司内外的品牌形象认知"更酷""更绿色""更开放"，让企业增加更大潜力，员工燃烧更高激情。

从贴近客户痛点，甚至是客户的核心痛点来找到市场引爆点，为此必须重塑一家酷公司。面对极度注重体验和情怀的"90后"消费者，终端决不能墨守成规，冷眼端看的态度只是无知的另一个代名词。强推硬塞的销售模式已经距离时代真相太远，需要通过极致的产品体验、创新的商业模式把用户吸引到自己的生态圈，需要聚焦引爆点实现品牌重塑。绿色不仅仅意味着节能环保、自然生态友好，还意味着生机勃勃的创新环境。从狭义来说，政府、企业以及组织，特别是运营商客户从没有像今天这样珍视环境、重视节能减排。从广义上来说，必须通过技术创造更加生机勃勃的发展原动力，让新的客户价值在这里萌发。CGO（cool，green，open）实验室成立，目的不是像以前一样追求集成创新、微创新，而是为了面向更长远的未来进行基础创新，也探索符合人性的体验创新。中兴通讯有3万研发人员，有注重创新的企业传统和30年坚守，这是公司最大的财富。中兴通讯坚持Open，坚决全面开放，打造产业新生态，构建全新组织能力。面对政企网市场、特别是智慧城市这么庞大复杂的需求，要成为价值的整合者，让每个市民都能做"超级市民"，就需要着力打造自己的核心产品，广泛开放共赢。为此，就必须开放、吸引各方面的客户、上下游、专家、合作伙伴共同参与到一个价值链中。只有靠价值"吸引"而不是靠宣导"推送"，开放才能取得的成功。

2015年1月6日，中兴通讯发布M-ICT年度趋势报告，"跨界、服务&体验至上、开放、协同"是各行业与信息产业融合中的主流。其中，关键中的关键是："云+管+端"协同发展、"无线宽带+固网宽带"协同发展、"信息安全+网络安全"协同发展、"闭源系统+开源系统"协同发展。互联网、物联网和云计算必将实现跨界和有机整合，大数据将从初始阶段的与SaaS结合逐步过渡到与PaaS以及IaaS的紧密结合。"体验至上"将深刻影响到5G网络的顶层设计。5G将致力于支持"超快速响应"等应用，比如基于增强现实的"触觉互联网"，还要将3GPP、WIFI、M2M/IOT、D2D等多种制式进行无缝整合，打造一种极为和谐的、不带任何歧视的"新型无线局域网"。"云网络"的概念正式得到认可和确立，正在大力商用化的SDN和NFV是"云管跨界"的典型例证，最终实现"云管合一、相生相克"的至高理念。

中兴通讯从网络建设、网络管理以及网络盈利三大方面，集中展示了行业领先的系列创新解决方案。Pre5G方案在不改变现有4G商用终端的前提下，引用部分5G技术，可为用户提供类似5G的接入体验，为移动运营商提供更为平滑和高效的5G演进之路。4G增强解决方案，集合Cloud Radio、Magic Radio、载波聚合、Hetnet、Qcell、SON等组合方案，从各个维度优化4G网络性能，全方位提升4G网络竞争力。基于SDN/NFV云管融合的ElasticNet弹性网络解决方案，运营商网络运作得更易管理、更具弹性、更开放，更能降低运维成本，从而在激烈的竞争中赢得先机。Big

Broadband 解决方案全力打造按需部署的极速、智简网络，提升网络价值。云承载解决方案，以云为中心，借力SDN技术，重构未来承载网络架构。云iCDN、智慧家庭等更多特色业务的创新，释放运营商网络盈利能力，助力运营商成功转型。

中兴通讯M–ICT战略自实施以来已有多项成果落地，帮助运营商实现网络价值、变革破局，爆发新的生命力。目前，中兴通讯已与中国移动、日本软银、韩国KT、马来西亚U Mobile等多家高端运营商展开5G研发和合作，中兴通讯被德国电信列入首批5G创新实验室合作伙伴名单。中兴通讯Qcell规模部署，4G载波聚合获商用，2015年6月，Qcell荣获2015年度LTE Awards创新大奖。2015年7月，中兴通讯正式签约成为中国移动OPNFV实验室首批合作伙伴。近日，据全球知名咨询机构OVUM最新报告显示，中兴通讯固网市场占有率增速与DSL产品市场占有率增速均全球居首。

2016年1月19日，中兴通讯（000063.SZ，0763.HK）发布业绩快报，2015年实现营业收入1 008.25亿元人民币，较上年增长23.76%，归属于上市公司普通股股东的净利润为37.78亿元人民币，较上年增长43.48%。这是中兴通讯收入首次实现跨越千亿元，净利润也创历史最好水平。同时，这也标志着中兴通讯M–ICT战略实施一年以来初见成效，以芯片、政企、物联网、车联网、云计算、大数据、大视频等为代表的新兴业务呈现强劲增长趋势。

2015年度中兴通讯实现了营业收入及毛利的双重提升。在运营商网络方面，随着国内外4G项目的建设，4G系统设备营业收入和毛利均增长。此外，国内运营商在光接入系统、100G光传送的投入加大，光接入和光传送产品营业收入和毛利均增长，国际市场高端路由器实现较大规模的商业布局，营业收入和毛利均增长；政企业务方面，公司智慧城市签约项目持续增加，在云计算、数据中心及物联网等面向政企用户市场的产品获得持续性增长和突破，包括云桌面、基于自主研发的分布式数据库、数据中心业务、ICT业务不断增长，轨道交通业务营业收入稳步上升，政企业务营业收入及毛利均增长；消费者业务方面，国际4G手机收入持续上升，AXON天机高端商务形象已初步形成，与此同时，随着国内外市场的持续开拓，家庭终端产品营业收入和毛利均增长。

2015年末，中兴通讯资产负债率为63.90%，较上年末的75.25%下降了11.35个百分点，同时因为加强现金流管理，加大销售收款力度，销售商品提供劳务收到的现金超过1 050亿元人民币，经营活动现金流入及经营活动现金净流入较上年均有较大增长。2016年，中兴通讯将进一步深化M-ICT战略，提升管理效率，力求在关键市场取得重要突破；同时，深化跨界合作与人才引入，打造M-ICT的良性"生态圈"，继续保持快速稳健发展。

3. 信息安全之路：从中兴网信到智能终端安全产业联盟

我国从2003年便已开始实行信息安全等级保护策略，对信息安全内容进行规范化的安全等级划分及安全要求描述。2008年，对于国家信息安全及电子政务建设方面，更是建立了信息安全风险评估体制，全方位保障其网络及信息安全。

中兴通讯作为全球领先的综合性通信设备商和通信解决方案提供商，一贯重视信息网络安全。在产品设计、研发、交付过程中，遵循信息安全设计原则和方法，严格保证产品符合国际和国内相关安全标准。

中兴通讯早期自主研发的通信核心芯片、操作系统、服务器、存储设备等，都已经实现了规模商用。2009年，中兴通讯专门成立了专注于网络安全市场的子公司中兴网信，从事防火墙、统一安全威胁UTM、VPN网关、日志审计、安全运维等专业安全产品的研发和经营。同时，在智能终端方面，中兴通讯推出了专门针对电子政务市场的安全政务本，以及主打网络及信息安全的天机智能系列手机，从天机1代、2代、3代，到如今的在手机市场备受追捧的天机AXON。

中兴微电子经过10多年的积累，在有线IC方面，已经成功推出有分组交换套片、网络搜索引擎、网络处理器、以太网交换、OTN Framer、空分交叉芯片、G/EPON OLT处理器、终端ONU/MDU等40多颗芯片，目前正在积极推进产品系列化和产业化。制程工艺上，有线IC的芯片设计已全面采用28nm工艺，逻辑规模最大已突破10亿门。在无线IC方面，推出了GSM/UMTS/TD-SCDMA/TD-LTE/LTE FDD的多模和单模，宏站和一体化基站的基带、中频方面最新的高集成度的单芯片方案，为客户提供最具竞争力和用户体验的芯片产品。目前正在研发的下一代无线芯片将采用16/14nm工艺，集成15个以上的最先进的处理器核，芯片规模预计将突破8亿门。在移动终端芯片方面，目前可以提供2G/3G/4G多模多频终端整体解决方案，提供基带处理器、射频、应用处理器、电源芯片等产品。

中兴自研操作系统也历经了十年磨一剑的漫长积累，目前推出了嵌入式实时操作系统CGEL、嵌入式微操作系统ZEOS、服务器操作系统CGSL，以及与之配套的集成开发环境和调试器等开发工具。其中，CGEL系列产品于2005年开始商用，已发布CGEL2.x、CGEL3.x、CGEL4.x、CGEL5.x系列版本，目前已在全球众多产品中应用。EMBSYS®CGEL是一款具备高实时性、高可靠性、高安全性，易于产品开发与调测维护的嵌入式实时操作系统。该系统提供加速产品开发的适配组件和覆盖产品全生命周期的工具套件，帮助用户缩短产品上市周期。目前系统已通过CGL5.0认证，并在全球众多产品中大规模商用超7 000万套。EMBSYS®CGSL是一款具有高可用性、强安全性、良好的可维护性与软硬件兼容性的服务器操作系统。该系统以高可用性为中心进行构建，提供全方位的安全解决方案，支持广泛的硬件平台和丰富的第三方软件，使用户能够以低廉的成本获得传统UNIX的功能和性能。CGSL除了通过国际CGL5.0认证，还通过了国家标准《GB/T 20272—2006信息安全技术操作系统安全技术要求》第3级安全认证。CGSL系列产品于2008年投入商用，已发布CGSL3.x、CGSL4.x系列版本，目前已在全球众多产品中广泛应用。

早在2005年，中兴通讯就建成了服务器和存储产品线，如今已发布了10余款自主研发的存储与服务器产品，积累了相当多的技术和服务器经验，能够根据不同客户需求进行定制服务，在应用、适应环境等方面更具有优势。2014年12月16日，中兴通讯在北京举行存储与服务器新品发布会，发布了包括中高端存储系统及机架服务器、整机柜服务器等多系列新品，为企业应对大数据时代的挑战提供了高效、易用又全面的IT基础架构解决方案，也为解决中国信息安全问题迈出了坚实的一步。

中兴通讯政企的战略是构建安全、开放、共享的IT服务平台。在安全领域与安全产业链上的伙伴一起，构建安全生态圈。

2013年，国家信息中心召集中兴通讯在内的4家移动终端设备商讨论成立安全政务本联盟，推进移动电子政务相关标准研究，打造自主可控的移动电子政务产业圈。中兴通讯也成为该联盟的理事长成员单位，协助国家信息中心联合其他单位共同完成电子政务移动办公系统安全技术规范、测试规范等系列标准的起草、编制工作。

2015年初，中兴通讯联合腾讯、阿里云、卫士通、中国信息通信研究院等全国顶尖安全机构发起成立中国智能终端安全产业联盟，着力打造安全终端产业链。这是智能终端产业的首个安全峰会，对于深化互联互通时代网络安全共识、加强安全产业合作、推动我国安全网络建设具有重要意义。

智能终端安全产业联盟首次落户上海浦东张江高科技园区，汇集智能终端设备制造商、安全软件提供商、自主操作系统提供商、自主芯片厂商、安全检测商等，组成了安全产业完整的产业链条。智能终端安全产业联盟将围绕移动互联网安全和下一代通信技术下的通信安全，规范智能终端安全标准，同时开展技术合作、产品研发，并进行安全检测技术的开发和服务建设。另外，通过"安全联盟＋产业基地＋创投基金"的运作模式，智能终端产业联盟还将支持移动互联网安全相关创新企业的孵化，促进安全产业更大规模发展。通过信息安全技术创新和资源共享机制，安全联盟致力于构建一个高效、创新的智能终端安全生态系统。

作为产业联盟的主导单位，中兴通讯还与哈尔滨工业大学深圳研究生院签订了产学研合作协议，将成立联合研究中心，为安全产业建设提供人才智库支持。安全产业联盟落户张江高科技园区后，张江将成为我国首个安全产业发展园区，将对我国的安全产业发展起到不可替代的示范和带动作用。

4. 布局集成电路：引进国家产业投资基金

当前社会随着云计算及大数据的发展，对通信网、互联网、物联网进行智能结合，它们所引入的安全威胁，是当前信息产业发展乃至未来网络社会的最大挑战。2015年11月23日，中兴通讯发布公告称，为满足业务发展需要，中兴通讯控股子公司中兴微电子拟增资扩股，引进战略投资者国家集成电路产业投资基金。集成电路产业基金拟以现金24亿元人民币，对中兴微电子进行增资，增资完成后集成电路产业基金将持有中兴微电子24％股权。

集成电路是通信技术、信息技术安全的基础。作为国家新兴的战略性产业，做大做强集成电路产业已成为国家产业转型的战略先导，面临着前所未有的发展机遇。根据2014年发布的《国家集成电路产业发展推进纲要》，总规模1 200亿元的国家集成电路产业基金发起设立，以中兴通讯为代表的、具备高度市场化机制和深厚技术积累的自主创新企业将是国家产业基金的重点投资对象。

中兴通讯在集成电路综合解决方案领域具有深厚的技术积累，为进一步巩固和提升行业地位，有必要引入战略投资者以整合优势资源。通过引入战略资金，将有助于中兴微电子增强研发实力和核心专利储备，提升高端技术水平，进而显著提高中兴通讯集成电路综合解决方案的竞争力。同时，通过引入战略投资者，有助于完善微电子的公司治理结构，加快国内外市场和销售渠道拓展，促进中兴通讯集成电路综合解决方案业务对外经营，培育新的利润增长极。同时，集成电路产业基金作为市场化运作的产业投资者，具有丰富的产业资源和资本运作渠道，通过引进集成电路产业基金战略入股微电子，微电子能够获得更多发展机遇。

中兴微电子由中兴通讯全资设立，已创办12年，其前身是成立于1996年的中兴通讯IC设计部。目前，中兴微电子研发人员约2 000人，在深圳、西安、南京、上海、美国等地设有多个全球研发机构，自主专利超过2 000件（其中PCT国际专利超过600件）。2014年，中兴微电子实现营收30.64亿元，净利润4.54亿元。公司可提供近百种集成电路综合解决方案，产品覆盖通信网络、个人应用、智能家庭和行业应用等"云管端"全部领域。通过立足管道、拓展终端，同时布局大数据、云、物联网、智慧城市和可穿戴市场，中兴微电子芯片业务从技术、方案及成本等多纬度建立起竞争优势，在高集成度、大容量、多制式等方面实现全面技术突破。主流发货产品工艺为28nm，核心芯片研发已突破16/14nm先进制程。

目前，在高端路由器领域实现软件和核心芯片全面自主研发的厂家，中兴通讯为全球范围内少数可提供全面解决方案的厂商之一，改变了国产设备受制于人的局面；在无线基站芯片方面，可提供多制式、多频段的创新融合方案，芯片销量高速增长；在固网ONU终端芯片方面，大幅提升了国产替代率，销售规模跻身全球前3位；在移动终端芯片方面，完成LTE-A技术演进并实现了五模商用；实现国际区域突破，由原来的单一的国内市场成功突破巴西、印度尼西亚、印度、俄罗斯等国际市场，客户和销量增长迅速。

5. 推出"天网"智慧城市网络与信息安全解决方案

　　智慧城市已经进入了以"一云一网一图"为技术特征的2.0时代，移动互联、云计算、大数据、物联网等新技术已经在城市经济社会发展各领域逐步应用，人们已经感受到由此带来的工作生活的便利和城市公共服务效率的提升。通过构建跨多个网络的信息共享与交换平台，智慧城市云打破了原有的信息孤岛，在实现城市信息的流动和汇聚的同时，也带来城市更大的安全挑战，如跨不同安全域的安全机制建立、城市级的统一接入认证方式等。另外，智慧城市通过遍布全城的感知终端收集各类信息，通过不同的网络感知城市的脉搏，极大地增加了安全的风险点数量和复杂度。

　　在2015高交会上，中兴通讯围绕智慧城市2.0技术架构，隆重推出"云、网、端"协同的"天网"智慧城市网络与信息安全解决方案。"云"即大数据云安全，是方案的核心。首先，要构建城市级整体云安全策略，依托大数据云的扩展能力，实现体系内多种安全威胁的实时防御。"网"即网络连接安全，是方案的重点，作为云与端之间的桥梁，对来自不同单位的数据进行过滤和防护。"端"即终端接入安全，是方案的基础，打造坚固的终端安全管理平台及系统，以保障信息获取及展示的安全。云是安全防御的管控点，网、端是防御的执行点，也是安全数据的采集点。结合大数据云强大的计算分析能力、四通八达的网络连接及反馈能力、遍布各地的终端感知能力，使安全系统具备面对未来未知多变的安全威胁的抵抗能力，而精心设计的联动机制，可实现云、网、端软硬件协同防御系统安全风险。

　　中兴通讯"天网"智慧城市网络与信息安全解决方案，坚持整体安全、自主可控的理念，采用自主研发的统一安全策略管控中心（USPC），作为智能化的安全管理系统，通过构建整体安全策略，依托大数据云的扩展能力，实现体系内多变安全威胁的实时防御。采用高性能的下一代多功能ZXSG智能安全网关，实现网络间跨域安全的检测、隔离和防护。采用统一终端管理平台（UDS），以及可选的以AXON为代表的天机智能终端，实现终端的安全防护。而且，中兴通讯"天网"安全核心产品都承载在自主研发的安全操作系统CGSL上，系统本身的成熟度和安全性都有坚实的保障。

截至2014年底，采用自研操作系统内核的嵌入式单板发货量累计超过1亿块，终端已超过10亿台。

目前，中兴通讯"天网"智慧城市网络与信息安全解决方案已经在宁夏银川、广西柳州、河北秦皇岛等智慧城市建设中得到了应用。未来将依托中兴通讯全球服务的平台，继续服务于中国乃至全球的智慧城市建设项目。

银川市政府也召开了"进一步简政放权，激发市场活力"新闻发布会，在全国率先启动了"审批改备案"制度改革，将78项审批（核准）事项改为备案事项，顺利完成了银川智慧政务行政体制改革三步走战略。而这正是中兴通讯与银川市共同建设的智慧城市中的一个核心内容——智慧政务平台的实践成果。基于这个平台，政府部门已经完成了432项业务一站式审批，审批时限缩短78%，企业注册由5天取得"四证一章"压缩为1天。

中兴通讯公司认为，智慧银川能够成为智慧城市2.0样板与政府自身改革、流程架构变革是相关的。智慧政务平台探索出了为民服务的新业态、新模式，将各个部门之间的数据进行挖掘和整合，打造一个大数据平台。基于大数据云平台的智慧政务系统建设，推进了跨部门、跨地区的信息交换共享及业务协同，精简审批事项，优化流程，实行一站式办理，一口受理，集中缴费，提高了企业市民办事便捷性，使审批智能化，提高服务效率和公众满意度。"简政放权"是中国行政体制改革的大势所趋，而"智慧银川"树立了中国智慧城市的样板点。一个城市的智能化改革与建设还远远不能满足老百姓的需求。在政府与企业的共同努力下，更多"智慧银川"模式必将如雨后春笋般在全国各地涌现。或许到了那时，真正的惠民利民便民时代才算是真正到来。

6. 安全及数据综合解决方案（金融业为例）

中兴的金融行业数据中心综合解决方案，是以数据中心方案包括微模块及对应的数据中心管理软件，具备完善的支撑网络架构，此外还包括相应的服务器、磁阵等配套完成的。

随着互联网、移动互联网、云计算等ICT融合技术的发展，业务处理越来越集中，对于计算、存储的密度要求越来越高，数据中心功率密度也随之越来越高。传统数据中心能耗较高，PUE普遍大于3；功率密度低，无法满足密集型业务的需要；建设时间长，动辄1年甚至是几年的建设周期，无法满足业务快速部署的需要；弹性扩展能力不足，受初期规划的影响，设备和系统扩容困难；网络面临带宽资源、扩展性能、运维管理能力等问题。中兴通讯紧跟数据中心最新设计思想和技术，推出微模块数据中心产品（如图1所示），满足金融业应对高峰业务冲击时快速部署、弹性扩展需求，实现金融业信息化和电子化，提高工作效率。

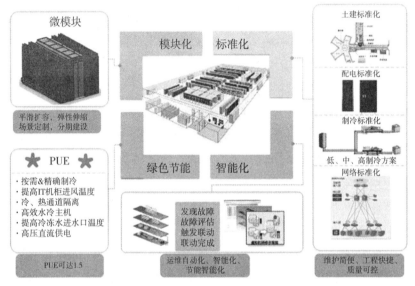

图1　微模块数据中心示意图

（1）应用场景

室内城商银行中小规模数据中心场景：微模块定制化能力，满足不同容量需求，一般在25~100个机柜；中小银行共享数据中心模式，由规模较大的城商行建设数据中心，为其他城商行提供场地，形成跨行式的大集中；考虑物理安全和信息安全，独立式微模块具备VIP一对一服务优势；关注安全和高性价比。

大型银行自建数据中心场景：机柜规模一般在100个以上；机房面积在800~2 000平方米；更关注后期运维成本，对易维性有要求；数据中心空间有限，业务有潮汐，有弹性扩展的需求；一般存在总部和分部的数据连接安全需求，安全级别要求高；数据业务集中化，关注业务连续性和网络安全。

（2）方案亮点

整体方案协同上下游产业链，提供高度整合业界各种物理资源和虚拟资源的能力；提供包括用户管理、资源管理、设备管理的一体化管理和维护能力；具备超级数据中心全万兆组网、大型数据中心核心万兆组网、中小型数据中心核心千兆组网、数据中心异地互联解决子方案。

● 低成本、绿色节能。模块化、标准化、一体化设备，降低了集成开销；通过虚拟化技术将多台计算、存储、网络资源整合到共享资源池，有助于提高物理设备资源利用率，相应地减少设备采购数量，降低整体能源消耗；在指定功耗条件下，实时调整机柜内各节点功耗不超过指定功耗上限，提供更高的计算、存储密度。

● 高效率、高安全的多网融合网络。网络虚拟化适应计算、存储虚拟化要求，提升网络承载效能；40G/100G技术是高带宽IDC网络的发展趋势，高密度端口是网络建设的实际需求；多平面架构、关键部件冗余、操作系统模块化全分布式等设计、具有专利的链路保护技术、完善的端到端故障检测和保护倒换技术确保设备系统高可靠性；Netflow流量分析、内置防火墙/DPI实现业务流量分析与安全过滤；LAN/SAN/HPC网络统一承载，降低网络部署难度和成本；统一网管系统部署，远程易维护、快速故障定位与处理，实现网络全方位监控和管理。

（3）客户利益

● 安全稳定的信息化平台。帮助客户整合现有IT资源，提升客户信息化平台基础，协助客户覆盖更多的市场需求。按需分配资源，消除客户日益增长的业务瓶颈。

● 绿色节能，快速部署。采取六大措施实现PUE低于1.5，极大地降低日常运行成本。工厂化预制，积木式扩展，所有部件集成一体，满足客户的建设进度需求。

● 高效网络架构。通过层次化、扁平化等多样化的网络架构，高带宽、高安全、高可靠的设计，集成DPI、IPSec/SSL等高级功能，结合流量分析、策略控制系统、高效智能的网管系统，向用户提供智能化、差异化、多样化承载的网络能力，在充分满足数据中心运行需求的同时降低OPEX。

● 完整的解决方案。具备整体解决方案，从数据中心模块、服务器磁阵、数据设备配套到设计施工交付维护。

北京地铁7号线成功故事：

项目背景：

北京西站是亚洲最大的现代化火车站。车站人流量巨大，急需一条地铁来运送旅客。北京地铁7号线，从北京西站至焦化厂站，纵贯北京东西，总长23.65km，有21个车站。北京地铁需要配套一个高安全性和高可靠性的通讯系统。该系统作为地铁平台系统提供地铁运营管理、系统控制、客户服务和信息传送等服务。

解决方案：

提供一个融合监控系统、告警系统、闭路电视系统和电话系统的综合系统；系统具有高安全性，从设备、网络和管理各层面保护系统不受侵袭；通过网络管理系统便捷地管理北京地铁7号线，降低Opex。

客户利益：

该通信系统确保北京地铁可以快速响应任何突发事件；为乘客提供一个舒适的环境；在乘车过程中，乘客们可以使用移动电话，也可观看电视。

---

7. 直面移动手机痛点，打造信息安全手机

今天，智能手机已经走进我们的生活，应用越来越广泛，使用的人群也越来越多，在便利的同时，安全性的威胁因素日益增加。随着可穿戴设备等智能终端的大规模应用，手机的开放力度进一步加强，内容越来越多地暴露在光天化日之下，一般手机的系统设计本身的抗攻击能力就滞后于PC，这给手机诈骗者提供了更多的机遇。

某个手机用户只是回复了1条陌生短信询问"你是谁"，出乎意料的是，其银行卡上的存款在30分钟内分12次被转走5 760元。手机安全形势极其严峻。另外，不断出现的木马病毒成为手机的"痛点"和隐忧，iCloud

泄密事件也暴露出号称封闭的iOS系统后门漏洞,手机信息安全面临严峻挑战,移动互联的信息安全面临严峻形势。手机信息安全隐患不仅存在于手机硬件和系统本身,还与应用程序、网络环境等方面紧密相关,仅就某一方面的安全性进行防护难以提供完整的手机安全解决方案。据统计,2014年被手机病毒感染的安卓用户超过2.67亿,因为手机信息泄露造成的直接经济损失每年达到100亿元。

在手机安全方面,中兴已经走到了手机制造商的前面,在此方面投入了重要的研发力量,采用了高科技的信息安全技术,包括加密算法及国家级的加密算法,保证了安全水准。这种算法可以为用户提供商密级别的端到端的手机通信加密功能,用户的通话、短信甚至是微信全程都是密文传送方式。即便生活中有人对使用者的手机进行窃听或信息窃取,也无法破解通信内容,做到了安全性保护。除此之外,手机用户还可通过开启安全模式、设置安全密码、远程信息擦除等方式对自己的手机信息进行保护。

中兴通讯率先推出了硬件级别安全防护的"掌心管家"以及通过工信部5A级安全测试的手机产品,又于业内首次提出"10防手机"的安全理念,真正做到多维度、多层级安全保障,并从操作系统底层构筑安全体系和标准。

2014年,中兴通讯将"安全"提升到战略级别,进行了一系列的安全产品布局,联合腾讯、阿里YunOS等上下游产业链成立"智能终端安全产业联盟",并推出了天机安全版和红机等安全手机,推动智能终端安全生态系统的构建。

2015年8月18日,中兴通讯AXON天机智汇版正式在国内开售,首批抢购价为2 699元,并预计9月发售AXON天机Mini版。此前AXON天机已在北美市场首发。据悉,中兴AXON天机布局核心专利累计50余件。凭借在手机智能终端方面的专利创新,中兴已成为美国市场最成功的中国厂商。目前,中兴欧美地区终端专利已超过2 000件。

中兴通讯表示:"AXON天机寄予了中兴手机向高端转型的期望,以及重返国内市场并进击中国前三的重任。"据了解,中兴这款十年磨一剑的旗舰产品,集中了中兴10余年的技术创新积累,被外界称为当前国产手机中最具"技术范"的产品。中兴AXON天机,运用"双路hifi"技术,采用后置双摄像头,实现了指纹、声纹、眼纹全能生物安全识别,更在高清录音技术、双摄像头对焦技术、金属外壳手机的天线技术、安全技术、触控技术等多个领域进行了技术创新和专利布局，核心布局专利累计达50余件。

中兴通讯认为，国产手机要参与全球范围的竞争必须脱离外观等低层次竞争，未来手机的终极竞争将是技术实力的比拼。凭借深耕通信领域30余年的技术积累，中兴通讯在终端领域拥有雄厚的技术储备和专利实力，也是终端专利最多的中国厂商。截至目前，中兴通讯拥有终端专利申请约2万件，终端授权专利4 500件，欧美终端专利申请超过2 000件。2014年中兴通讯更进一步引入黑莓公司的多个研发团队，包括黑莓公司的交互、安全、设计团体，以加强中兴通讯终端在人机交流和安全技术方面的技术创新和专利布局。目前，针对语音技术，中兴通讯已进行了完善的专利布局，包括最听话手机语音专利布局、智能语音遥控专利布局、语音智能唤醒专利布局、语音智能拾音专利布局等。在安全技术方面，中兴通讯提出"10防手机"的安全理念，以保护数据安全、隐私安全、支付安全为重点，利用软硬件结合的加密技术，通过掌心系列软件布局文件、图片、音视频、消息、聊天等数据和隐私信息的加密存储和传输专利，已获得200多项安全专利，并拓展成安全专利体系。

8. 致力于用户服务，规划整套信息安全体系

中兴通讯以往是一家通讯设备商，有着多年的通讯设备研发和生产经验，通讯信息及网络安全是优势。随着公司战略不断调整，至2014年在"互联网+"形式下提出M–ICT战略，中兴通讯主流业务已从传统运营商拓展到运营商、终端及政企业务。

在没有网络安全就没有国家安全的大形势下，中兴通讯政企整合行业专家，组建了一支强有力的信息安全团队，研究和推动公司信息及网络安全相关业务。

中兴通讯当前已经可以为政府和企业提供大数据云IDC安全方案、电子政务云安全方案、移动办公安全方案、信息安全顶层设计方案、智慧城市安全顶层设计方案等一系列主流安全方案及安全体系设计。在安全产品方面，中兴通讯则从管理安全、应用安全、网络安全、终端安全四个方面

全面保障用户的信息及网络安全。管理安全包含统一策略、统一认证、统一访问、统一审计、云总控中心（SOC）等；应用安全包含数字证书、一体化内容、安全标识网关、安全存储网关等；网络安全包含下一代多功能智能防火墙、负载均衡、VPN等；终端安全则包含终端安全管理系统（EMM、UDS）、安全政务终端以及以AXON为代表的天机智能手机等。

截至2014年，采用自研操作系统内核的嵌入式单板发货量累计超过1亿块，终端已超过10亿台；中兴通讯致力于领先的ICT芯片供应商，2014年规模出货芯片80多款，LTE多模智能终端芯片已商用发货，技术位居行业第一阵营。

当然，中兴通讯在信息安全方面在一定时期内仍将处于初期阶段，之前通过参加信息及网络安全相关的展会及论坛，与行业内安全技术厂家及专家进行相应交流，对比当前技术现状及安全产业推广情况，认识到在信息安全领域还有很大的拓展空间。为提升中兴通讯在安全领域的整体实力，中兴通讯当前正在规划和打造一整套的安全体系、理念及架构，估计近期便会成型。

未来世界主要大国间的网络空间安全争夺战愈演愈烈，大众化的信息安全已经直接影响我们每个人的利益，信息安全已成为国家、地方区域经济结构优化提升和转型发展的新机遇。中兴通讯作为民族企业，期望首先能为守住我国网络空间和信息安全的疆土、保证我国经济建设的健康发展和社会生活的安定繁荣贡献微薄之力。

同时，中兴通讯的信息安全解决方案和产品立足于自主创新，不会固步自封，公司继续保持与国内外行业领先的组织进行合作，共同发展创新技术。中兴通讯的视野是面向全球的，目前业务已经遍及全球160多个国家。将依托中兴通讯全球服务的平台，把中兴通讯适度安全、安全可控的理念、创新方案和产品服务于客户，使安全成为中兴通讯新的增长极。

参考文献

［1］新华网.习近平总书记在第二届世界互联网大会开幕式上的讲话［OL］.（2015-12-16）［2016-03-03］. http://news.xinhuanet.com

［2］新浪网.中兴通讯2014年第三季报［OL］.［2016-03-03］. http://vip.stock.finance.sina.com.cn

［3］中兴通讯官网［OL］.［2016-03-03］. http：//www.zte.com.cn/cn/

［4］新华网.史立荣阐述中兴通讯为什么要提出M-ICT战略［OL］（2014-08-21）［2016-03-03］. http：//news.xinhuanet.com

［5］中兴通讯官网.24亿国家产业基金入股中兴微电子集成电路业务将迎大发展［OL］.（2015-11-24）［2016-03-03］. http：//www.zte.com.cn/cn

［6］环球网.中兴AXON天机布局核心专利50余件将冲击三甲［OL］.［2016-03-03］. http：//tech.huanqiu.com/original/2015-08

解读腾讯的网络安全

2012年12月7日，习近平总书记参观考察腾讯公司时指出：现在人类已进入互联网时代这样一个历史阶段，这是一个世界潮流，而且这个互联网时代对人类的生活、生产、生产力的发展都具有很大的进步推动作用。

腾讯董事长马化腾先生在2015年"两会"提案中提出：重视互联网快速发展中出现的违法犯罪问题，依法规范网络行为、打击网络犯罪。他认为，国家大安全除了要重视物理空间的安全以外，还要加强对网络的关注，增强全民网络安全意识。

当"互联网+"需要有足够的安全保驾护航时，腾讯对整个产业链免疫系统体系的建构有自己的思考。腾讯公司副总裁、腾讯安全负责人丁珂认为，要建设好全面、健康、有力的产业链免疫系统，首先需要有一个有着大数据、公开开放的安全云库数据平台，可以让合作的各方一起共享数据，利用大数据分析对信息诈骗进行精准打击。

腾讯安全要做互联网领域的水和电，为中国的"互联网+"护航。在这个万物互联的大时代下，通过在桌面安全、移动安全、企业安全和技术合作四大领域的层层推进，腾讯已经成为国内少数既拥有安全核心知识产权，又能从多维度全面支持互联网立体安防的领先企业。在面对"唯开放合作方能共赢"的网络安全生态圈新常态下，腾讯于整盘网络安全的大棋盘上，都在关键的位置下了先手，抢先掌握了网络安防的主动权，为接下来继续全面在各个层面的安全基础架构完善构筑上打好了基础。

1. 互联网时代，中国"互联网+"行动出台

2015年7月1日，国务院发布《关于积极推进"互联网+"行动的指导意见》指出，"互联网+"是把互联网的创新成果与经济社会各领域深度融合，推动技术进步、效率提升和组织变革，提升实体经济创新力和生产力，形成更广泛的以互联网为基础设施和创新要素的经济社会发展新形态。在全球新一轮科技革命和产业变革中，互联网与各领域的融合发展具有广阔前景和无限潜力，已成为不可阻挡的时代潮流，正对各国经济社会发展产生着战略性和全局性的影响。

2. 马化腾"'互联网+'安全"提案：为国家大安全助力

今天，网络空间安全不再是个人的小问题，而是关系到国家安全战略的大问题。腾讯公司董事长马化腾先生在2015年"两会"提案中提出：重视互联网快速发展中出现的违法犯罪问题，依法规范网络行为、打击网络犯罪。他认为，国家大安全除了要重视物理空间的安全以外，还要加强对网络的关注，增强全民网络安全意识。面对当前诈骗黑产业肆虐的状况，单一组织已经无法全面应对网络威胁，建设跨行业、地域的安全产业链免疫系统势在必行。

2015年"两会"期间，信息安全成为人大代表和政协委员聚焦的热点问题。电信诈骗不断升级，平时社区宣传、民警告示等各种提醒不断，但市民依然防不胜防。

马化腾在提案中重点提到的是"研究制定我国公共数据开放战略，将政府公共信息与数据向全社会开放，打破行业信息孤岛，确保社会公众能及时获取与使用公共信息；同时，逐步建立数据安全保护体系和数据开发利用的标准"，建立统一规范的安全数据开放平台和接入标准，让所有与信息安全相关的参与者和利益共同体都能积极接入这个平台中，利用这个平台进行防治协作，形成全民网络安全意识。

腾讯公司副总裁、腾讯安全负责人丁珂认为，需要有一个有着大数据、公开开放的安全云库数据平台，可以让合作的各方一起共享数据，利用大数据分析对信息诈骗进行精准打击。譬如有犯罪分子利用一个电商网站漏

洞植入木马，意欲盗取用户信用卡资料，被多人举报，公安、运营商、银行、网络服务商等都可以马上在这个平台的数据库中获悉这个案例的详细资料，不会形成信息孤岛。其次是打通公安、银行、运营商、数据公司、互联网安全服务商等产业链资源，利用联动机制，快速联合打击电信诈骗，一旦发现罪案行踪，马上从电信、银行、网络服务和罪犯行踪等方方面面进行全面追踪和查堵。甚至提醒被犯罪分子联系过的其他用户小心受骗。

基于这种"开放、联合、共享"的安全理念，在政府大力支持下，腾讯于2013年成为"天下无贼"反信息诈骗联盟的首批会员。"天下无贼"反信息诈骗联盟是中国首个实现"警、企、民"完整合作的反信息诈骗联盟。它通过标记诈骗电话和短信、数据共享、案件侦破受理及安全防范教育等深度合作，向日益猖獗的信息诈骗产业链发起全面反击，涵盖警方、安全厂商、运营商、银行等100多家组织、企业，包括VISA、银联、CFCA等重量级的国际权威金融机构也都成为反信息诈骗联盟的一员。

腾讯安全通过腾讯手机管家的8亿用户、近亿黄页号码库、亿级的恶意URL库、8亿社交用户等的大数据，为联盟各成员提供了强有力的信息支撑，并且通过这些结构化的数据，理顺了整个联盟的运作流程。如今，网站出现信息泄漏、诈骗电话、木马病毒，腾讯安全迅速搜集好相关数据资料，通过手机管家、电脑管家等终端第一时间提醒相关人士，把信息传递到警方、运营商和银行等相关部门单位进一步跟进处理。在这一切井然有序的安防处理流程背后，运作的正是腾讯安全大数据。

目前，除了"天下无贼"反信息诈骗联盟外，腾讯安全还通过移动支付安全守护计划、腾讯WiFi安全开放平台、移动电子市场联盟、腾讯号码开放平台等涉及行业各层面的安全联盟将产业链各方集中在一起，共建诈骗信息库，精准有效打击信息诈骗黑色产业链，助力"互联网+"时代的网络经济空间安全。

3. 小企鹅的安全路：从"小安全"到"大安全"

大家最熟悉的除QQ外就是微信了。实际上腾讯的业务复杂多样，除了QQ与微信这种影响亿万人的超级服务，腾讯的安全业务线近年来也取得了突飞猛进的发展。提到腾讯的安全业务，可能有人就能联想到那场中国互联网历史上让人印象深刻的公关战。

（1）与时俱进的"安全情节"

腾讯涉足安全领域其实已经"历史悠久"了，从2006年"QQ医生"，到2015年登顶市场的"手机管家"，腾讯安全业务线的定位本身也在与时俱进。最早腾讯涉足安全领域，是为了保护QQ用户的信息安全，从PC互联网到移动互联网，腾讯所处的每一个时代中，都默默地把"安全"当作一项基本功，哪怕在外界看来这是"不赚钱的脏活、累活"，但这就是腾讯的"安全情节"。

显然，腾讯的"安全情节"仍在低调地继续着，从手机安全延伸到物联网安全，或者与合作伙伴一起涉足工业级工控安全，这则属于智能城市的范畴。在国家倡导网络安全并成立中央网络安全和信息化领导小组的大背景下，信息安全上升到国计民生、国家安全的战略层面。

（2）小安全到大安全

腾讯用了16年的时间，将互联网安全聚沙成塔。据统计，腾讯每天提供200亿次PE安全服务，对15亿个网址和3 500万个APK文件进行安全检查。检测出3 000万个恶意网址、300万个病毒木马和250万个恶意APK文件。同时，还对8 000万个电话号码进行识别，从中拦截1 200万次诈骗电话和500万条垃圾短信。

腾讯所尽力构建的网络安全保障体系，与广大民众的切身利益以及国家社会的稳定安全息息相关，因为大家已经切身感受到来自网络黑色产业链的威胁与日俱增。小至个人被诈骗电话骗财，大至多起大规模信用卡信息泄露以及用户资料库被"拖库"，网络安全已经成为国家与个人时刻面对的公共问题。有数据显示，仅信息诈骗这一个社会顽疾，每年造成的经济损失就达到惊人的300亿元。

新兴的移动网络，更加凸显了网络安全在移动互联网时代面临更大的挑战。无论是交通、医疗还是制造、零售等所有产业，都面临用户普遍缺乏安全意识，移动入口缺乏统一安全技术规范、安全数据保护及技术割裂、产业链合作基础薄弱等问题，加快塑造"互联网+"的产业安全免疫系统，为移动互联网时代下的产业发展保驾护航，已经迫在眉睫。

因此，从关于个人的"小安全"到与国家社会公众利益相关的"大安全"，都需要像腾讯这样的互联网领先企业站在行业最前线，担负起打击网络黑产业，维护国家与个人网络安全利益的社会责任。

（3）以开放姿态拥抱安全产业链

腾讯安全的发展步伐一直没有停下：2006年QQ医生的诞生标志着腾讯开始进军网络安全领域，2010年正式升级为电脑管家则意味着腾讯着手全面布局安全战线，2012年推出的手机管家表明了腾讯积极提升移动互联网安全的决心。近年来腾讯频频与不同安全组织、企业结盟合作，网络安全已经全面延展至各个产业和公众领域。

2010年，腾讯电脑管家用户量破亿，2011年随即突破2亿。2012年刚推出的腾讯手机管家用户数是5 000万，2014年用户数已超4亿，而至今腾讯手机管家用户装机已经达到8亿，登顶移动安全市场。2015年，"天下无贼"反信息诈骗联盟的成员已超百家，是国内规模最大的信息产业安全联盟。

在腾讯看来，无论是"大安全"还是"小安全"，网络安全的含义一直非常清晰——做到安全地连接一切。腾讯作为一家拥有16年安全大数据运营经验的安全厂商，联合公安部、工信部、央行CFCA金融协会等政府机构建立了全球最大的安全云数据库，并发起成了"天下无贼"反信息诈骗联盟、移动支付安全联盟、腾讯安全WiFi开放平台和移动电子市场联盟四大体系，构筑了一个产业链免疫系统。这个免疫系统联动整个安全产业链所涉及的各个环节——警方、银行、金融公司、安全厂商、运营商等。从产业链建构的第一天开始，腾讯就以开放联合姿态进行协作，构建真正互联互通的安全开放平台，整个产业链共享资源、技术开放，形成有效联动作用，构成立体的"构建端＋云＋入口"防护体系。

（4）大融合——腾讯如何构建"互联网＋"生态的免疫系统

如果仔细翻阅"天下无贼"反信息诈骗联盟的成员名单，会找到许多熟悉的名字。既有金山、搜狗、京东集团、拍拍网、唯品会、搜狐搜易贷、财付通、微信支付、珍爱网、顺丰快递、手机QQ钱包等互联网企业，又有中国工商银行、中国建设银行、中国农业银行、中国银行、招商银行、VISA、银联等金融机构。此外，全国各大媒体、商用WiFi厂商等都是联盟成员。

反信息诈骗联盟有巨大的融合优势，打通了公安、银行、运营商、数据公司、互联网安全服务商等资源——腾讯手机管家客户端、腾讯官方网站、公安、运营商、银行、电商等联盟成员的相关安全数据都纳入平台的数据池，供联盟成员分享。一旦发现罪案行踪，各联盟成员可同时得到警示，从电信、银行、网络服务和公安等方方面面进行全面追踪和查堵。举例来说，光是联盟成员之一的VISA全资子公司CyberSource，就拥有全球40万家企业客户，这意味着联盟一旦有资料更新，就会向CyberSource输出有关数据，帮助40万家企业提升反信息诈骗能力。

纵观反信息诈骗联盟的运作，安全业者已经可以看到许多应用在IT领域的应用，例如大数据、聚合、O2O等，在信息安全领域发挥了重要的作用。正是因为有着安全大数据，警方、银行、运营商、数据公司、互联网安全服务商和媒体等形成防御闭环，能从用户举报、诈骗传播链接、证据分析、资金转移等全方位切断诈骗产业链，联合安全防御的作用正呈几何级数飙升，让安全业者对加入反信息诈骗联盟充满期待。

4. 小安全：大数据反诈骗

随着智能手机和移动互联网的普及，以电话诈骗、钓鱼诈骗、手机病毒木马等为代表的信息诈骗越演越烈。针对网络黑产业，腾讯通过"天下无贼"反信息诈骗联盟，与各地警方、银行和运营商展开合作，守卫用户的"小安全"。

（1）网络黑手就在我们身边

从警方联手腾讯破获的有关诈骗案例来看，信息诈骗黑色产业链包括木马开发、网站制作等技术环节，向受害人手机植入木马的"种马人"，进入账号操作的洗钱人，分次从银行卡取钱或者消费的取款人。每个环节秘密独立运作，单线联系，给抓捕取证带来巨大难度。更严峻的是：整个黑色产业链发展多年已经十分成熟，诈骗过程分工清晰，话术谨密，受害人从"入局"的那一刻开始，就被不同分工的犯罪分子哄得团团转，很容易丧失警惕，顺着犯罪分子事先设下的方向走进圈套。

据警方提供数据，2014年全国信息诈骗案件超过30万件，涉案金额150亿元。而且，越来越多的数据显示，如今的诈骗黑产业发展越来越快，其犯罪手法甚至有着"互联网思维"——什么地区的市民有着怎样的习惯，就根据这个地区的市民"度身订造"相关的诈骗手法。北京是人口密集和通信发达的典型城市，于是就成为假冒"10086"积分诈骗的高发地区。骗子以"10086"等运营商特服号的名义群发短信骗钱。深圳是商业活动高度繁荣的特区，于是以"欠贷款"为借口的诈骗案例占比高达六成以上。

目前这些"度身订造"的网络骗术所骗取的钱财金额不断飙升。以广州"我是领导"骗术为例，据统计这类骗术诈骗金额以1万~5万元最多占比52%，其次是5万~10万元占比31%。

（2）魔高一丈：反诈骗进入大数据时代

警方查处各类信息诈骗的难点在于信息诈骗黑色产业链"狡兔三窟"。罪案一旦发生，用传统的破案手法难以迅速响应并堵截。但如果从短信、电话、传真、网络等渠道多管齐下，进行全方位的截查追踪，从蛛丝马迹中发现联系，将犯罪集团一网打尽的概率将会大大提升。

为此，针对犯罪分子的作案模式，腾讯为"天下无贼"反信息诈骗联盟提供了多种发掘方式。参与挖掘和分析的数据库包括被群众举报和侦缉的银行账号、电话号码、网址、诈骗案例和证据等。

在挖掘数据时，联盟中100多个成员会产生联动，即从大量看似零散的数据中，发现之前单个数据库的联系。例如确认某个诈骗电话号码后，联盟中所有成员马上就可以根据这个号码，对比其他数据库，不断挖掘诈骗踪迹：这个骗子曾给什么人打过电话，曾经在哪个网站上比较活跃，曾经在什么银行账户上有动作等等。大数据的挖掘和重组，能建立起比较完整的踪迹路线图。从前隐藏在各个数据库中的犯罪拼图，都在反信息诈骗联盟数据挖掘技术的作用下一块一块地拼接起来。如此一来，警方可以第一时间组织精准侦查，银行或者电商网站即刻阻止骗子注册开户，运营商等可以马上通知和阻止潜在受害用户转款。

联盟成立后，有骗子妄图通过电话、短信或者木马诈骗让群众向其转账或提供银行账户时，警方、银行、通讯运营商和各种相关服务商在后台只要截获骗子常用的关键词，就能马上开始自动分析工作。一旦发现骗子的作案方式与案例吻合，分头展开行动，迅速查出诈骗电话的源头，掌握诈骗资金提取路径，在受害人刚转账的几分钟后进行拦截，帮助群众追回资金。

需要特别指出的是，这个安防闭环并非只存在于警方、安全业者和银行等组织之间，整个闭环其实由"警企民"三方合作达成。也就是说，除了反信息诈骗联盟成员专业打击网络黑产业之外，民众通过腾讯的各个平台渠道主动举报，也能起到了积极的防堵追截作用。民众可利用"0755-81234567"反信息诈骗咨询热线，以及腾讯手机管家、"天下无贼"反信息诈骗联盟微信公众账号对各类诈骗信息进行举报。腾讯手机管家8亿用户的"众包"基础，使诈骗号码一旦现身即被关注。只要腾讯安全数据库有了更新，联盟成员就会分工合作，整个"警企民"合作流程一气呵成，每一个电话号码、每一个电邮地址、每一个社交账号，都在联盟的海量大数据中瞬间形成涟漪效应，达成真正的群防群治。

反信息诈骗联盟成立1年多以来，在深圳直接劝阻1.84万名用户避免转款达1.56亿元，为9 776名受害人快速拦截被骗资金1.09亿元，避免、挽回群众损失合计近2.65亿元。在打击诈骗犯罪黑产业上，联盟已经"呼死"涉案诈骗电话51 641个、账号25 287个；通报运营商关停及技术封堵违法电话5 017个，处置违法网站1 390个。这一系列成果显示，腾讯安全所给出的大数据解决方案为联盟打击黑产业提供了有力支撑。

5. "互联网+"时代下的腾讯安全棋局

随着"互联网+"时代到来，以及移动互联网新业务和新技术的快速发展，信息安全防护的要求越来越高。腾讯安全一直不断加紧布局整个网络安全产业的各个领域，拓展着网络安全的防护边界，扮演着全网安全守望者的角色。通过"开放、联合、共享"的安全产业理念，腾讯已在桌面安全、移动安全、企业安全和技术合作四条战线相继作出了详细的部署。

在桌面安全领域，腾讯电脑管家已经在近年来先后通过了AV-TEST、西海岸、VB100、AVC的认证测试，杀毒实力跻身全球第一阵营。其自研杀毒引擎TAV不仅通过了各大权威认证的严格测试，更加坚实了国人对我国核心网络安全技术的信心。但是，腾讯显然不满足于闭门造车，而是希望与有着共同安全理念的安全企业在桌面安全上更积极地展开合作。

为此，腾讯通过产业共赢基金战略投资了金山网络，实现了接入腾讯开放平台、云安全平台共享等。目前，双方已经联合发布了腾讯电脑管家与金山毒霸安全套装，腾讯电脑管家也直接接入了金山的云引擎，今后金山网络的各项产品还将逐渐接入腾讯开放平台。如今，腾讯和金山的安全产品已占国内电脑桌面市场的半壁江山，成为PC端防护网络安全的坚实防线。

在移动安全领域，除了通过"天下无贼"反信息诈骗联盟、移动支付安全联盟、腾讯安全WiFi开放平台和移动电子市场联盟等平台的合纵连横，构筑出一个有层次、多维度的产业链免疫系统外，腾讯也在与不同行业、不同渠道的伙伴合作中，以务实、创新的姿态落实安全策略。如针对智能手机经常遭遇的电信诈骗、手机病毒、隐私泄露、电话短信骚扰、手机被盗等问题，腾讯安全携手中国电信推出了名为"安全中心"产品。

"安全中心"是一款面向公众用户的移动互联网安全工具，主要针对个人隐私、手机财产、防吸费、防骚扰、防盗等手机安全问题进行重点防护。该产品充分体现了腾讯"开放、融合"的安全合作思路——结合了腾讯的云安全数据库，依托中国电信的网络优势，实现了多项产品功能，如"网络预警功能"能在不安全上网风险时及时预警，实现"电信WiFi一键安全登录"等。

除了通过运营商渠道从源头建筑坚固的安全预警防线外，腾讯也十分重视与整个移动产业链的不同企业合作，通过多重构建安全关口，共同构建更广泛的安全生态。目前，腾讯安全已经和60家电子市场、20家安全厂商、23家运营商与厂商、12家手机应用等超过100家的企业或机构达成合作，通过整合行业安全的力量并进一步输送专业的安全检测服务。像国内用户非常熟悉的华为、联想、小米等企业，都是腾讯安全的SDK合作伙伴。国内手机市场上不少领先品牌的手机产品，都通过与腾讯云安全库合作，为用户提供全面的手机防护和资源优化。

在企业安全领域，腾讯已经意识到，国内企业终端安全服务市场长期存在行业整合度不高等问题，企业终端安全产品在安全防护上大多是孤军奋战，不同厂商之间难以形成产品联动，鲜有及时联动的完整企业终端安全解决方案。为此，腾讯已经通过与业内各大网络安全公司的反复沟通取得共识：在"互联网+"的时代背景下，各家安全厂商需要发挥所长、协同合作给用户带来最好的网络安全解决方案，一同完善网络安全体系。

2014年，腾讯战略投资网络安全公司——北京知道创宇信息技术有限公司面向政府、企业输出安全产品及服务。知道创宇旗下产品"ZoomEye"和"加速乐"在行业具有很高影响力。其中，ZoomEye可在大数据的支撑下，通过搜索来查析某个设备在全球的分布情况，以及该设备的漏洞影响情况。

2015年，腾讯通过开放腾讯安全云库、TAV杀毒引擎，结合启明星辰对网络安全的深层理解和安全产品研发，为国内企业级市场提供安全产品，并以此推动"互联网+"的落地与演进。目前，腾讯已经携手启明星辰发布了企业级安全解决方案——云子可信网络防病毒系统。该系统融合了启明星辰在企业级市场安全威胁管理方面的技术经验，以及腾讯在终端安全防护领域的技术积累，采用腾讯自主研发TAV杀毒引擎及安全云库大数据，为企业级用户提供终端的安全防护。由于融合了两家企业的技术资源以及各自的产品优势，这套检测系统相当适应国情，贴近国内行业客户的使用需求。

在技术合作领域，腾讯主动为专注于智能设备安全性，主动做安全的安全团队和合作伙伴提供丰富的支持。如在智能极客领域，腾讯主动赞助了著名极客活动GeekPwn，特别是为以KeenTeam为代表的优秀安全团队提供全方位的支持配合，让KeenTeam等团队在安全极客的领域上一展所长。虽然从表面看来，这类赞助合作不能为腾讯提供立竿见影的安全成果，但像GeekPwn这样的圈子活动必将对互联网安全的未来产生极为深远的影响，特别是顶尖的"安全极客""白帽子"成为稀缺品，通过GeekPwn挖掘和提升更多的安全极客人才，才能让网络安全行业不断涌现出新力军，维持健康的人才梯队建设。

丁珂认为，在"连接一切"的互联网时代，安全就像水和电一样已经渗透到用户个体生活和国家公共生活的方方面面，是整个互联网发展的基石。腾讯安全要做互联网领域的水和电，为中国的"互联网+"护航。在这个万物互联的大时代下，通过在桌面安全、移动安全、企业安全和技术合作四大领域的层层推进，腾讯已经成为国内少数既拥有安全核心知识产权，又能从多维度全面支持互联网立体安防的领先企业。在面对"唯开放合作方能共赢"的网络安全生态圈新常态下，腾讯在网络安全大棋盘上的关键位置抢先掌握了网络安防的主动权，为接下来在各个层面的安全基础架构的完善打好了基础。

6. 构建"互联网+"安全的产业链免疫系统

毫无疑问，2015年最热的一个词就是"互联网+"。制定"互联网+"行动计划，推动移动互联网、云计算、大数据、物联网等与现代制造业结合，促进电子商务、工业互联网和互联网金融健康发展，引导互联网企业拓展国际市场。于是，上升为国家战略的"互联网+"飓风席卷了整个中国。

谈到"互联网+"，马化腾对此的理解和感受是深刻的。事实上，马化腾也是最早站起来响应"互联网+"的先锋，他在自己著作《互联网+：国家战略行动路线图》前言中介绍："互联网+"是一种"寓大于小"的生态战略，在万物互联的新生态中，企业不再是社会经济活动的最小单位，个人才是社会经济活动的最小细胞。这使得传统企业的形态、边界正在发生变化，开放、灵活、"寓大于小"成为商业变革的趋势。他同时认为，互联网不是万能的，但互联网将"连接一切"；不必神话"互联网+"，但"互联网+"会成长为未来的新生态。

（1）"互联网+"安全=产业链免疫系统

或许"互联网+"有无数种发展的可能性，但在腾讯移动互联网事业群副总裁、腾讯行业安全产品中心总经理马斌看来，在"互联网+"的新常态下，无论怎么发展，都离不开一个全新的公式，这就是"'互联网+'安全=产业链免疫系统"。马斌在行业中首次系统性提出了"互联网+"的安全风险，这也是腾讯安全在展望中国网络安全新蓝图时的最新分析。

马斌认为，网络安全风险被低估，像社保信息泄漏以及"12306"等网站的数据泄露等事件，影响着成百上千万用户的信息安全，之后滋生的信息诈骗还将波及更多用户。所有人都能看到"互联网+"欣欣向荣的未来，却容易忽视了这个时代的"地基"——网络安全。如果基础没有打牢，安全架构和防护体系不够完善，如此发展起来的"互联网+"就如"沙上筑塔"，迟早会崩塌。

移动互联网的爆发式增长，给互联网服务企业及传统企业触网的"安全保障体系"提出了严峻考验。互联网金融来得太快，民众普遍缺乏安全意识；移动支付及WiFi等入口缺乏统一安全技术规范；安全数据及技术割裂，产业链合作的基础薄弱。"安全感缺失、行业标准缺位、产业生态缺乏"加剧了重塑互联网安全免疫系统的紧迫性。

（2）未来挑战：平台化、标准化、制度化

面对这样的挑战，腾讯安全积极提倡构建"互联网+"安全产业链免疫系统，当务之急是推进"平台化、标准化、制度化"。

所谓平台化，即打破行业竞争壁垒，建立互联互通的互联网安全开放平台。因为互联网的本质就是开放互通，没有一家企业可以独善其身，安全非一己之力可抵御，传统"画地为牢"式的企业布局已经成为互联网安全生态的严重阻碍。比如当下日益猖獗的信息诈骗犯罪，很大程度上就是利用了互联网数据的互联障碍。

平台化需要"构建端+云+入口"的一体化产业链安全防护系统，腾讯的安全云库目前已经应用于百度搜索、QQ、微信、搜狗浏览器、京东、天猫、路由器等主流上网应用，实现对95%网民的安全守护，是一个很令人鼓舞的成绩。

所谓标准化，就是指安全服务需要像"手机充电器"那样统一规范。当前互联网安全服务的乱想丛生，其根本原因在于标准化进程缓慢，比如移动支付和免费WiFi连接服务，这些互联网连接场景直接关系用户的钱袋子安全，但各服务商家的服务标准并没有形成统一。

腾讯安全目前正在积极地为促进各种网络安全服务的标准化而努力，并且已经取得一定成绩。如在金融支付方面，腾讯已经联合浦发银行、大众点评、知道创宇、乌云平台、联想等多家移动支付服务中间商及产业链参与商，成立"移动支付安全联合守护计划"等，共同制定金融支付安全行业标准；腾讯手机管家还与国内最领先的商业WiFi服务提供商、优质商家、电信运营商，共同成立腾讯安全WiFi联盟，制定了统一的免费WiFi服务接入规范。

所谓制度化，是要建立行业自律及监管制度。对此，马斌呼吁产业链各方能够自律，规范企业竞争、合作行为，做到坚决不作恶；尤其是提供互联网安全服务的企业，需要进行"准入"审核。对于通过恶性竞争等手段违反行业标准的企业，应加大处罚力度。同时，也应建立完善的"退出"机制，由政府做"裁判"，监督企业规范运营。而且，所有企业都应积极主动地携手公安部门打击网络犯罪。

7. 总结

从设立安全部门到成立反信息诈骗联盟，腾讯公司在信息安全方面下了一盘大棋，逐渐构建了安全生态系统链条。腾讯认为，"互联网+"安全防护并不是全部都由业者来做，而是需要构建应用场景。这三个场景指的是信息入口、场景入口和产业入口。场景入口尤其重要，在经过安全战役和安全领域布局之后，腾讯所选择的安全切入点是多方位的。在场景日益分化的今天，腾讯构建安全生态还有很长的路要走，特别是要依靠平台化、标准化和制度化实现系统化，最终预期为用户提供无感知的安全服务，并且助力于国家"互联网+"计划的民众利益安全。

参考文献

［1］中新网［OL］.［2015–10–11］. http：//www. chinanews.com/gn/2012/12–14/

［2］人民网［OL］.［2015–10–11］. http：//www. people.com.cn/n/2015/0305

［3］中国政府网［OL］. 2015［2015–07–04］. http：//www.gov.cn

［4］人民网［OL］.［2015–10–11］. http：//yuqing.people.cn/n/2015/0318/

［5］新华网［OL］.［2015–10–11］. http：//news.xinhuanet.com/fortune/2015–05/02/

［6］天下无贼网［OL］.［2015–10–11］. http：//www.txwz.qq.com/

［7］南方网［OL］.［2015–10–11］. http：//tech.southcn.com/t/2015–06/18

［8］腾讯网［OL］.［2015–10–11］. http：//tech.qq.com/a/20140507/

［9］马化腾. 互联网+：国家战略行动路线图［M］. 北京：中信出版社，2015

［10］环球网［OL］.［2015–10–11］. http：//tech.huanqiu.com/per/2015–04

解读京东的网络安全

2015年，中共十八届五中全会提出了创新、协调、绿色、开放、共享的发展理念。"十三五"时期，中国将大力实施网络强国战略、国家大数据战略、"互联网＋"行动计划。

习近平总书记在乌镇第二届世界互联网大会上指出：中国正处在信息化快速发展的历史进程之中。中国高度重视互联网发展，自21年前接入国际互联网以来，我们按照积极利用、科学发展、依法管理、确保安全的思路，加强信息基础设施建设，发展网络经济，推进信息惠民。在第二届世界互联网大会上，习近平总书记特地参观了京东集团的展台。

京东技术顾问专家认为，对于电商来说用户数据是最宝贵的财产。做好信息安全最核心的是保障数据安全。因此，信息网络安全在京东看来也是极具战略价值的。

在数据存储环节，京东数据库使用了更加安全的加密算法。京东安全管理专家认为，即使这个数据可能暴露在外，黑客也无法从这些加密的数据中破解出用户名和密码。京东在重视构建未来安全壁垒的同时，也在积极推动与专业行业伙伴和安全厂商的联合，取长补短、互利合作，更好地加强京东的安全体系建设。

1. 中国实施网络强国、大数据与"互联网+"战略，京东积极响应

2015年，中共十八届五中全会提出了创新、协调、绿色、开放、共享的发展理念。"十三五"时期，中国将大力实施网络强国战略、国家大数据战略、"互联网+"行动计划，发展积极向上的网络文化，拓展网络经济空间，促进互联网和经济社会融合发展。

习近平总书记在乌镇第二届世界互联网大会上指出：中国正处在信息化快速发展的历史进程之中。自21年前接入国际互联网以来，中国高度重视互联网发展，按照积极利用、科学发展、依法管理、确保安全的思路，加强信息基础设施建设，发展网络经济，推进信息惠民。同时，依法开展网络空间治理，网络空间日渐清朗。目前，中国有6.7亿网民、413万多家网站，网络深度融入经济社会发展、融入人民生活。我们的目标就是要让互联网发展成果惠及13亿多中国人民，更好造福各国人民。

习近平总书记在第二届世界互联网大会上还特别提出：保障网络安全，促进有序发展。安全和发展是一体之两翼、驱动之双轮。安全是发展的保障，发展是安全的目的。

京东集团作为电商品牌企业，给国人购物提供了极大便利，获得了社会的认可，近年高速增长，2015年一跃成为世界互联网市值10强企业。在第二届世界互联网大会上，习近平总书记特地参观了京东集团的展台，京东也接受了国家最高领导人对公司创新实力和未来发展规划的检阅。刘强东向习近平总书记详细汇报了京东未来自动化物流技术研发情况。京东自主研发整个自动化物流系统架构，完全使用通过机器人、自动化立体仓库等技术，大幅提高存储密度与生产效率，有效降低人工的劳动负荷。在京东的未来物流中心内，将大量应用机械手臂机器人、料箱堆垛机、立体仓库、"货到人"设备等全球领先技术，实现高密度存储，分拣和订单的自动拣选、合流，大幅提升作业效率和准确度。习主席听取汇报后，亲切地与刘强东握手表示赞许。

京东通过内容丰富、人性化的网站（www.jd.com）和移动客户端，以富有竞争力的价格，提供具有丰富品类及卓越品质的商品和服务，并且以快速可靠的方式送达消费者。京东拥有全国电商行业中最大的仓储设施：截至2015年9月30日，京东在全国范围内拥有七大物流中心，在46座城市

运营了196个大型仓库，拥有4 760个配送站和自提点，覆盖全国范围内的2 266个区县。

京东近年保持了高速的成长，并围绕电商核心进行了全面拓展，积极响应和推动"互联网＋"战略。京东集团CEO刘强东多次表示，京东"互联网＋"战略就是要做4件事："互联网＋社区服务""互联网＋农业""互联网＋金融""互联网＋国际贸易"。

"互联网＋社区服务"：京东发现一些零售企业发展和生存遇到了瓶颈。京东投巨资建立了强大的物流体系，而线下零售店的库房商品遍布城市每个街道，出现大量重复的库存配货，形成社会资源巨大的浪费。"京东到家"把线下店的库存利用起来，通过京东的电商、物流体系服务用户。

"互联网＋金融"：京东发现中小供货商从银行贷款很难，都是处于缺资金的状态，所以设计供应链金融，合作伙伴通过京东商城网站从申请贷款到收到资金只需要3分钟。同时，京东也为消费者提供了白条服务，让他们可以更便捷地享受生活。

"互联网＋农业"：京东目前已经招募了超过10万名乡村推广员，负责给村民送货，发放贷款，做售后服务，帮助村民下订单。京东农村电商战略中，工业品下乡是最重要的一步。京东利用全供应链的物流系统，直接跟农业部指定的种子基地等农资、工业品机构合作，把商品送到农民的田间地头。京东致力于树立品质消费的概念，为食品安全付出成本，希望最终解决食品安全问题。所以大量农民从京东商城买种子，京东通过大数据分析哪些地区的种子比较安全，可以帮助农民的农产品向品牌化发展，同时推动建立农产品的区域品牌，让高质量农产品拥有更好的价格。这样的正循环，消费者愿意为食品安全付出成本，愿意多花钱买有品质的产品，农民收益多了，有能力也愿意种安全的食品。此外，京东还通过农村金融等方式，基于合作伙伴、电商平台等沉淀的大数据信息，了解农民的信用水平，并给予相应的授信额度，从而控制风险，真正帮助农民解决燃眉之急。

"互联网＋国际贸易"：自从国家出台支持鼓励跨境电商的政策，明确税收规矩之后，京东就快速借助国家政策东风进入这个领域。初期还只是通过国外的商家在京东平台上销售，随着时间推移会加大自营产品，保证消费者良好的体验、快速出货，最主要的是可以解决跨境电商的售后服务问题。

2. 重视信息安全战略，科学架构网络安全系统

随着京东的高速成长，活跃用户数已经达到1.269亿（2015年3季度数据），每天都会产生海量的交易数据。对于用户，对于整个社会而言，保障这些数据信息的安全具有非常重要的意义。京东内部已经把安全提升到了非常高的地位，数据安全、交易安全已经成为技术研发体系、运营体系工作中率先要保证的内容。

京东网络安全团队核心任务包括：保障用户的隐私敏感信息以及保障交易支付数据安全；对于可能发生的数据安全进行风险控制。后者包括：异常流量以及攻击行为等风险控制，比如京东的防DDOS攻击系统，可以监控和防止由于DDOS攻击导致的无法服务的问题；以及防黑客攻击系统，当出现外部攻击行为，可以及时检测并响应保障系统和数据安全。

在战略层面，京东的网络安全措施包括以下方面：对于用户数据进行了严格的加密；建立了规范化的按数据应用范围分类的管理体系；对于数据的存取和传输也进行了严格的规定。在安全防范方面，为了防止数据泄露，有专门团队负责安全漏洞的捕捉和数据分析，找出潜在的威胁。针对互联网各种欺诈行为进行定位，用大数据的方式进行分析找出潜在威胁，建立一整套安全管理系统，进行监督控制；在规章制度上，进行严格的规定，凡是上岗接触数据的人员，都要经过严格的考试，合格才能上岗；实现信息的HTTPs加密传输，保证传输数据是机密的。

京东的安全部门最初是从运维部门萌芽，慢慢成长为独立的部门，而且规模越来越大，级别也越来越高，目前已经设立了独立的一级部门。另外，在云安全方面，特别成立了云安全部门，充分体现了京东对于网络安全的重视。随着京东业务快速增长以及体系更健全，安全管理等级也逐渐提升，京东对网络安全的重视已经提升到战略高度。京东在传统行业的基础上，对安全组织进行了三大优化：扁平化、业务化以及专业化。

（1）扁平化：安全组织设立两层管理架构——安全委员会（决策机构）和安全工作组（执行机构），在保证有效性的同时，减少不必要的沟通和协调成本。

（2）业务化：京东从一个垂直化的网站迅速成长为一个全品类商品的电商网站，并拓展出京东金融、云平台、京东到家（O2O）、京东智能等丰富的业务。这个信号告诉京东，如果还沿用传统的安全责任划分，会导致安全人员丧失对业务把控的准确性和专业性。在京东这种综合性较强且业务复杂的电商网站中，安全工作需要在不同业务中进行划线分类。京东根据业务类型、部门职能、归属区域等维度进行整体归类划分，形成了一个个业务线。确定好业务线后，任命每个安全人员为各业务线中的最高执行安全官，把每个业务的安全把控下沉到安全官手中，由安全官负责该业务所有安全质量的把控，其中包括该业务线中需求设计的安全审核、安全开发、安全测试以及针对研发人员的安全意识提升等。京东目前根据业务划分为七大业务线，每个业务线按照200：1的原则配比安全官。该业务线的应急响应、上线、安全评估、培训等全部由该业务安全官统一主导和执行。

（3）专业化：京东对不同业务领域设立研究方向。例如：移动安全、智能家居安全、JAVA安全、云安全等，针对研究成果进行分享和学习。对于应急响应定制严格细致的处理流程，通过对不同来源、不同级别漏洞设立不同的汇报和处理通道，及时处理解决。

安全决策蜂窝模型：京东根据多年的安全实践经验总结出一套"安全决策蜂窝模型"（见图1），其中包括：战略、趋势、影响、特征、业务、形象、价值，帮助安全部门准确把控安全方向和风险。

图1　安全决策蜂窝模型

趋势：有句话说得好，一个人干不过一个团队，一个团队干不过一个系统，一个系统干不过一个趋势。针对趋势的变动，团队能做的就是积极拥抱变化，拥抱趋势给予团队带来的技术革新。对于安全来说趋势的大潮转向需要安全部门能够快速地转换和学习。不能对趋势的转向不作为，不作为最终结果就是灭顶之灾。安全部门需要确定安全趋势的方向，例如移动安全、智能家居安全等，通过公司现有业务和公司战略相结合判定目前或未来是否会涉及相对应的安全风险，针对可能遇到的风险进行评估和制定应对方案。

影响：一个漏洞的发现或接报不是简单处理，单纯的处理可能引起大麻烦。单个漏洞后面可能隐藏着更加可怕的安全风险。在应急流程和自主发现漏洞处理流程完备的情况下，安全团队还需要考虑出现漏洞的业务位置、来源和漏洞级别。也就是说是否影响核心业务的正常运行，是否为外部接报漏洞，漏洞严重级别是否为高风险。团队可以通过平台进行评估和监控，京东通过多个维度搭建了一套专属漏洞风险分析的平台——"菊花台"，可以有效发现目前风险点和需要紧急处理的安全事宜，图2、图3即是平台对漏洞的情况统计示意图。

特征：每个安全人员都会遇到重复漏洞，并且其出现总是层出不穷，重复漏洞发生率在某个时期明显飙升不降。安全人员不能盲目修复漏洞，需要针对漏洞特征进行具体分析是否为重发漏洞、频发漏洞、典型漏洞还是严重漏洞。针对重发漏洞需要给予研发人员相应的解决方案，避免下次复发。频发漏洞需要去调研漏洞频发原因。从以往经验来看，漏洞基本是新员工意识不到位、程序员开发习惯、对该漏洞预防未定义导致。这就需要各部门安全官针对业务线安全意识进行普及推广落实，增加安全开发规范。针对每次频发漏洞基线数据进行监控；针对典型漏洞分析是否其他业务也存在同样的问题，必要时安全人员针对全网的业务进行排查和监控。避免出现大批量风险。严重漏洞首先判定是否为典型漏洞；如果不是，则根据应急响应中严重漏洞流程进行及时处理。

业务：京东安全团队需要针对复杂的业务进行分类划分。这种划分和此前提到的业务类型划分有所区别，它是针对业务的内容决定业务的系统级别，可针对系统从0级到3级系统的分类（可根据各公司特点进行更多级别划分）。不同级别的系统安全响应流程不同：对现有0级系统业务进行7×24小时监控，并加入通用漏洞监控，有问题短信通知；对生产环境新业务上线，安全部门要保证第一时间知晓。

各级别漏洞量趋势
数据源：ITSV

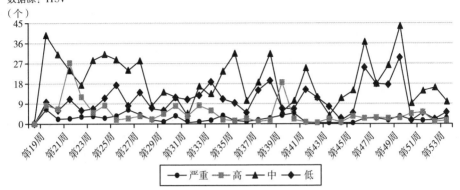

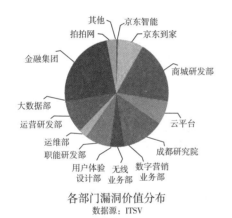

各部门漏洞价值分布
数据源：ITSV

各类型漏洞价值分布
数据源：ITSV

数据源：ITSV

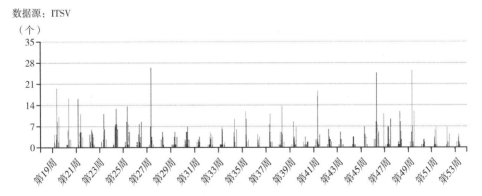

图2 平台漏洞情况统计示意图1

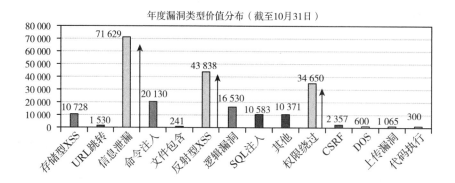

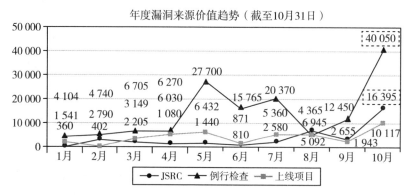

图3　平台漏洞情况统计示意图2

　　形象：公司规模不同，外界给予的关注程度也不一样，这就导致安全问题不是想象中简单修复漏洞就可以。具备对媒体的风险应急控制和对外部接报漏洞的合理化处理方案，有利于保障和维护公司的整体形象。

　　价值：漏洞的严重级别能够体现漏洞的紧急程度，漏洞所处的业务能够确定漏洞的风险范围。两个维度只能牵强地评估安全工作的成果。安全团队可以用价值角度思考每个漏洞，如何通过内部检测和外部控制挽回公司的损失，也就是对每个漏洞合理标价进行量化体现。京东针对不同来源漏洞以及不同级别漏洞进行了严格计算，得出每个来源的漏洞价值，从而更加有力地体现安全部门的工作成果。

3. 夯实基础IT系统安全，建立大数据风控体系

（1）完善的安全流程规范

　　京东拥有健全的安全体系流程。结合公司的业务特征，京东建立了安

全评估流程、应急响应流程、生产环境评估流程等业务流程规范，保证了庞大的安全体系良好运转。在此基础上，还建立了安全开发规范、安全测试手册、安全知识库的积累等，做到开发对应开发手册、安全对应安全测试手册、漏洞对应漏洞最佳实践。

（2）IT软件加固

随着移动端崛起，移动安全备受关注。例如，在APP下载时，容易被反编译。京东对于典型的攻击方式进行了研究，特别针对APP，进行了软件加固，保障数据安全。除此之外，对于程序开发人员的安全开发进行定期培训，从根本上增强安全意识，避免漏洞产生。

（3）搭建扫描平台

搭建强大的扫描平台并接入上线流程，扫描范围涵盖上线项目评估、外网域名保证7×24小时扫描、独立重点项目评估以及外网IP应用层评估等。在流程中针对不同风险的漏洞采取不同的集成方式。例如针对struts2、spring严重漏洞以及SVN泄漏问题可以直接在上线部署中进行检查，如果没有匹配到安全策略则不允许上线，需要联系安全人员；对于基础的项目上线可以直接进入扫描引擎进行扫描；对于重点项目需要单独进行手工检测，保证上线后的安全。

（4）外网异常监控

外网暴露的任何信息都可能为黑客创造入侵的有利条件。京东可以针对外网的IP banner、异常端口进行7×24小时检查。当然，对于业务庞大的互联网公司不能对多个业务逐项进行检查，京东可以利用程序对有准确特征的监控进行报警，对于常见的风险控制可以利用差异比对的方式进行监控，也就是确定一个白名单，如果某个业务出现与白名单中不符的特征及时进行报警，安全人员可快速进入排查。

（5）异常流量的测试和防御

对于异常流量的攻击检测是必不可少的。京东针对公司的现实条件，搭建了对应的DDOS攻击流量实验室，保证京东在重大促销前能够预演高流量攻击风险。例如在"6·18""双十一"等电商大促前期，京东成功完成了抵御CC攻击、SYN攻击、TCP攻击等测试，保障了大促期间海量用户访问的安全和流畅。这个体系成熟后，可把部门DDOS测试平台下沉到每次上线前的检查，也就是上线前必须要经过的环节。

（6）统一登录方案

京东建立了统一的登录解决方案，最大程度保障账户安全。用户登录是相关业务的业务逻辑中最重要的一部分，同时往往是最容易受到攻击的节点；如果登录接口存在安全风险，将直接导致业务所使用账号系统遭到撞库、扫号、暴力破解密码等。如果事件一旦发生不仅会对业务用户造成极高的安全风险，也将对业务的安全造成极大的威胁。登录基本可以定义三大类：对外网站登录、对外移动端登录和内部ERP系统登录方案。每种登录要定义IP限制、验证码限制、登录频率限制和绑定限制等。

CNNIC最新的中国互联网络发展状况统计报告显示，截至2014年12月，我国网络购物用户规模已经达到3.61亿，网民使用网络购物的比例也从48.9%提升至55.7%。网购市场的繁荣，催生了网络黑色产业链的发展。根据腾讯网络黑色产业链年度报告统计，网络黑产已经从过去的黑客攻击模式转化成为犯罪分子的敛财工具和商业竞争手段，呈现出明显的集团化、产业化趋势。

（7）大数据保障用户账户安全

京东商城已经建立了一套风险控制体系来处理上述问题，其中充分利用了大数据技术的威力。该风控体系，会根据用户行为特征进行实时分析，存在风险的用户会进行不同程度的风险控制，直接规避存在潜在威胁用户的风险。让网友在舒适的购物体验下，拥有安全的购物环境是京东的职责所在。

作为一家技术性驱动的公司，京东自成立伊始就投入巨资开发完善可靠、能够不断升级、以电商应用服务为核心的自有技术平台。经过多年的发展，京东已经对网购风险建立了系统性的防护。对于任何一位用户来说，无论是企业用户还是个人用户，无论是钻石、金牌或者是新注册用户，在注册京东商城的那一刻起，关键个人信息都会在传输、存储和页面展现等关键过程进行安全保护。用户在注册、登录等行为时会通过加密通道传输个人数据，防止被拦截和窃取；用户关键信息在数据库中会以安全的加密方式进行存储。另外，在京东商城的页面里，也会进行一些模糊化的处理，比如打码等手段。即使个别用户能被一些恶意的攻击者登录，相关的具体隐私信息也不会被泄露。

（8）用大数据抵御"撞库攻击"

"撞库攻击"就是不法分子利用很多用户在不同网站使用同样用户名密码的习惯，利用被攻破或泄露的其他网站用户数据库，生成对应的字典表，尝试批量登录其他网站后，得到一系列可以登录的用户数据。

"撞库攻击"获取的有效用户数据可能被诈骗分子利用，登录其账户后获取用户联系方式、订单等信息，冒充客服等工作人员实施网络诈骗。

京东努力从源头上抵御撞库攻击，降低用户数据的风险。其中关键就是京东的大数据积累和分析技术。因为京东收集了用户从登录、浏览、选购、下单、付款到配送甚至售后服务的完整数据，可以针对典型用户的行为归纳出多种模型。现在撞库攻击更多地是用一些外部泄露的数据进行线上比对，这种行为特征在技术上是比较好识别的。京东的风控系统可以实时识别这些特征行为，并进行相应的防护。而针对有可能被撞库成功的用户，京东会利用大数据技术对其进行实时分析。一方面，寻根溯源，从账户访问的蛛丝马迹发现黑客的行为，并将其加入相应的特征库，阻挡他们后续作案；另一方面，与后端的用户和其他系统进行联动，对风险账号提升安全级别，规避这些账号的风险。

京东会为用户提供密码保护、邮箱验证、手机验证、支付密码、数字证书等多级保护措施。目前可能还有一些用户没有采用手机绑定、数字证书等账户安全升级措施，或在其他网站有过相同注册信息，京东会主动提醒用户启用安全保护功能。此外，京东提醒用户开启安全软件防止电脑木马植入、谨防钓鱼网站、规避弱密码的使用。

京东对于商家的监管是极其严格的。商家入驻签约时，合同中明确约定消费者权益保障服务条款，商家需作出履行"消费者个人信息保护"义务的承诺。此外，京东还制定了多项有针对性的规则对商家行为进行进一步约束。对于违规行为，京东会按照平台规则对商家进行严厉处罚。

4. 积极布局，保障用户和交易数据安全

除了基于大数据的用户行为监测和风控体系，在数据安全层面，京东

对于用户数据保护，建立了规范化的按数据应用范围分类的管理体系，包括用户数据的传输、存储、展现这三个环节。京东也在采用更加缜密的技术措施，以保证用户数据的安全性。

（1）把敏感信息装进保险箱

在涉及用户密码的数据传输环节，京东已经全程采用HTTPS协议进行加密，可以规避黑客使用数据嗅探类程序获取用户名及密码等敏感信息。在数据存储环节，京东的数据库也使用了更加安全的加密算法进行处理。京东安全专家表示，即使这个数据由于某种原因可能暴露在外面，黑客也无法从这些加密的数据中破解出用户名和密码。在信息展现环节，对于用户的敏感信息，如手机号、邮箱、订单号等内容，京东已经对其进行了模糊化的处理，关键部分都进行了打码处理。不法分子即使通过撞库进入这些用户的后台，相关的具体隐私信息也不会被泄露。

另外，为了提升用户对网络诈骗的警惕性，在订单等页面，京东也在醒目的位置提醒用户："京东平台及销售商不会以订单异常、系统升级等为由，要求用户点击任何链接进行退款操作。"相应的短信提醒也会发给用户。京东用户和商家交流的即时通信工具"咚咚"中，也加入了防钓鱼、防木马等机制，为用户打造全面安全屏障。

（2）把网络诈骗挡在门外

2014年初电商网站大量遭到类似退单、商品异常等诈骗事件的困扰。针对此类诈骗行为，京东尝试与行业内专做反欺诈业务的公司进行深度合作，用现有的风险IP库、诈骗手机号库、钓鱼网站库等弥补现有平台的数据空缺。京东认为，除了以技术的角度去分析问题外，还需要通过整体的流程审核并借助公安的执法权限共同打击诈骗行为。诈骗分子的特征库可以共同维护和使用，类似腾讯举办的"雷霆行动"，把所有诈骗的信息及时同步到各通信平台、IM通信工具、浏览器等，针对确定诈骗行为用户的信息和各公司联动进行禁封或标记。

京东还在各种渠道和应用环节提醒广大用户：在网购时，一定要提高网络安全意识，养成良好网络消费习惯，保护自己的合法权益不受侵犯。

（3）保证移动安全

随着用户越来越倾向于在移动端下单，例如在2015年"双十一"，用户在移动端的下单量已经超过整体下单量的70%，针对移动端的网络安全也成为京东安全团队工作的重中之重。

移动端的交易与CS模式类似，区别于PC端的BS模式。客户端存在静态安全问题，有被逆向反编译的风险，因此需要在APP进行安全加固。这就要求数据在客户端与服务端传输过程中要加密，传递到移动端的账户信息、交易数据等信息要进行模糊化处理，防止信息泄露。

同时，京东专门引入了资深移动安全专家，对于典型的攻击方式进行研究，进一步加强京东的移动安全能力。其中包括：应用检测，从自身出发，检测APP存在的风险；应用加固，给移动应用增添一层可靠的保护层；渠道检测，坚持在应用市场发布，让盗版无处可藏；风险评估，发现潜在的安全隐患，评估信息系统的风险等级；渗透测试，模拟黑客攻击，对于业务系统进行漏洞的挖掘；应急响应，安全事件快速响应，最大化地减小用户的损失。

（4）为云平台打造安全屏障

随着云计算的发展，京东云平台也开始对外提供公有云、私有云和混合云服务，而且体量及数据量越来越大，云安全责任也逐渐增加，如何更好地保护用户和商家的数据是摆在安全团队面前的严峻课题。因此，京东成立了云安全部门，就公有云进行有效的安全部署，针对性地防范，并给公有云商家以及用户提供工具输出，保障安全的使用环境。例如：提高DDOS等攻击防护能力；提供符合安全标准的环境；提供安全咨询；提供安全产品等。

同时，随着万物互联时代的到来，京东不仅成为中国最重要的智能产品市场渠道，还建立了京东智能，通过微联平台等方式，为智能产品提供统一控制、数据集中等服务。数据获取、互联网连接等能力让智能硬件也成为黑客的关注对象。京东对智能产品以及智能云平台的安全倾注了大量的精力，通过积累的技术和经验为这些产品和数据提供保护，让未来用户的智能生活得到安全保障。

（5）建立安全应急响应平台

除了在集团内部加强安全措施外，京东对外也建立了安全应急响应中心平台。安全应急响应中心是基于安全中心的方式，是安全流程分析和处理中心，集中处理安全事件和问题。

京东认为，做信息安全最难的事情是自我意识或者甄别到本身存在的安全风险，然后针对性进行处理。安全应急中心需要收集各种信息，如服务器系统信息、业务信息、外部信息。特别是外部信息，京东已与"白帽子"合作，对外直接响应白帽子（发现计算机系统或网络系统中的安全漏洞，并提交给相关厂商的技术高手）提交的漏洞。对于乌云等第三方漏洞提交平台，京东也特别关注并制定了更高的响应级别。对于收集到的信息，安全响应中心会进行监控分析以及流程性的处理，进而保障数据以及信息安全。

京东非常希望与白帽子长期合作，不断提高漏洞的奖励来回馈白帽子的贡献，并定期举办安全沙龙和会议来探讨交流安全风险的解决之道。同时，京东也希望能够与更多的安全众测平台展开合作，以提升京东平台的安全等级。

安全中心作为安全指挥中心，每天会承接海量的数据，因此京东利用大数据分析的方法，可以进行数据预判和分析，分析出可能的安全隐患，这是大数据安全问题的关键点，也是京东一直在践行并努力解决的问题。

5. 打造安全壁垒，筹划建立合作联盟

互联网承载了人们越来越多的信息，黑色产业链也随之不断深入发展。安全领域黑白双方的战斗一直处于此消彼长的状态中，但网络安全不能是被动防御，更应该着眼未来，领先一步构建安全壁垒。

（1）建立安全攻防研究院

通过安全应急响应中心等手段，京东可以联合白帽子和行业的力量一起进行安全防范。但是一味被动防范，对于像京东这样拥有复杂业务以及巨大线上交易量的公司来讲，是远远不够的。为了进一步提升京东安全防控的技术，京东成立了安全攻防研究院，以提升京东抵御网络入侵、网络欺诈的抵御能力。

京东攻防研究院主要从以下几个方面来展开：研究当今世界流行的网络侵入技术，找出破解根源，加强京东对于网站安全的防护；吸收和培养

网络安全优秀人才，提升JD的技术储备；通过研究攻防技术，提升攻防，加强安全意识；与世界安全方面优秀业界人才进行交流，从而进一步提升京东的防御能力。

（2）加强引入安全专业人才

在京东的"倒三角"管理理论中，最核心的就是团队，团队是框架，人是基础。因此在网络安全领域，京东继续加大人员投入，不遗余力地吸纳国内外资深专业技术管理人员。

京东同时也在积极推动和专业行业伙伴及安全厂商的联合，取长补短，互利合作，更好地建设京东的安全体系。2014年12月，京东和英特尔合作，后与腾讯也就安全方面建立合作，特别针对网络诈骗，共享相关数据信息，联防联动，从而为用户提供更全面的安全保障。

除此之外，京东也在积极寻找志同道合的企业伙伴建立安全合作联盟。数据是安全分析的基础，安全的建立需要数据的感知和交互。攻击行为具有普遍性，有时是大家都会遇到的问题，但由于公司与公司之间有数据隔膜，各个公司只能看到自己遇到的问题。站在行业的角度，各自为战对于安全以及大数据的发展具有阻隔或瓶颈作用。

京东希望能够联合业内有志同道合的企业，通过大数据的方法实现安全的数据共享，解决数据孤立问题。另外，产业联盟也可以就安全技术和安全问题共同研究，为安全行业发展做出贡献。

京东认为，在网络安全方面，拥有健康价值的企业都拥有共同的目标和利益，即建立健康生态产业链以及安全健康的互联网市场环境，让用户安全用网、放心生活。

6. 总结

随着京东业务快速增长及体系健全，安全管理等级也逐渐提升，京东对网络安全的重视已经提升到战略高度。京东在传统行业基础上对安全组织进行三大优化，即扁平化、业务化以及专业化，并且构建了安全系统组织体系。如夯实IT基础系统，用大数据来保护用户的利益；建立大数据风控体系；设立安全攻防研究院；筹划产业联盟等。

参考文献

［1］新华网．习近平在第二届世界互联网大会开幕式上的讲话［OL］．［2015－12－16］．http：//news.xinhuanet.com

［2］经济观察网．刘强东出席世界互联网大会向习主席介绍京东未来智能物流技术［OL］．［2015－12－17］．http：//www.eeo.com.cn

［3］京东官网［OL］．［2015－11－11］．http：//www.jd.com/

解读阿里巴巴的网络安全

习近平总书记在第二届世界互联网大会上指出：中国正处在互联网快速发展的历史进程之中。"十三五"时期，中国将大力实施网络强国战略、国家大数据战略、"互联网＋"行动计划。

阿里巴巴集团和蚂蚁金服集团的安全系统在电商和互联网金融中是目前规模最大、战线最长的系统。其防控体系覆盖了两大集团旗下的电商平台、金融平台、云计算大数据平台以及物流平台等全部业务，领域众多，内容庞大。阿里巴巴和蚂蚁金服集团在数据安全方面也进行了很多尝试，围绕数据生命周期，通过建立体系化的防控手段应对数据安全风险，从组织保障、制度流程、技术手段、人员能力等多个层面实现数据安全保障。

1. 数据动态化加剧：DT时代信息安全的挑战

在第二届世界互联网大会上，习近平总书记指出：中国正处在互联网快速发展的历史进程之中。"十三五"时期，中国将大力实施网络强国战略、国家大数据战略、"互联网+"行动计划，发展积极向上的网络文化，拓展网络经济空间，促进互联网和经济社会融合发展。我们的目标，就是要让互联网发展成果惠及13亿多中国人民，更好地造福各国人民。保障网络安全，促进有序发展。安全和发展是一体之两翼、驱动之双轮。安全是发展的保障，发展是安全的目的。

2015年12月16日，习近平总书记在考察乌镇互联网大会"互联网之光"博览会期间，首先来到阿里巴巴集团展台，驻足了约10分钟。阿里巴巴集团向习近平总书记汇报了阿里巴巴发展的现状以及对未来的思考。

依托阿里巴巴平台，千万卖家得以向全球4亿消费者提供无时差服务，真正体现了"消费的力量"。中国需要"新实体经济"，互联网为中国经济形态插上了翅膀。2015年"双十一"当天创下912.17亿元交易新纪录充分展现了中国强大的内需。阿里云已完全实现技术自主可控，并且提供了全球首个5K云计算服务。在保证技术领先的基础上，阿里云也已具备世界级安全能力，每天防御超过数亿次Web攻击，保证全球海量客户的信息安全。

信息技术上的演进本质上是一个对数据依附不断松绑的过程。当前云计算和大数据技术的不断突破正在最大程度释放数据的流动性和使用价值。数据的流动正在突破系统、组织和地域边界，成为独立的生产要素和经济资源，在智能决策、业务创新乃至社会化协同层面发挥着巨大作用。如果说云计算技术改变了企业IT交付的模式，那么随着越来越多的企业意识到数据的价值，大数据也在改变企业业务应用的模式。

从安全角度来讲，数据时代带来的变革，对于企业的信息安全提出了挑战。信息膨胀和数据爆炸以及数据流动速率的加快和效率的提高，使企业内部传统的相对静态集中的数据处理方式被打破，导致企业的安全边界也进一步模糊甚至消失。传统的安全工作通过识别组织的安全边界针对不同的信息资产（安全对象，包括物理、网络、系统和应用等）部署静态的纵深防御的安全控制，防范数据丢失或者内部数据泄露已无法适应数据业务上实时、动态、频繁的数据流转的处理特点。

此外，考虑到大数据技术本身对于用户个人信息保护提出的挑战，已有的隐私保护框架仍只侧重用户隐私权的保护，无法全面覆盖数据安全的管控需要。其他挑战还包括：企业面临的外部威胁愈加严峻，外部攻击更加精细化，由以往的窥探性入侵演变为结合多种攻击手段，有针对性地绕过安全控制，窃取敏感数据的攻击行为；传统安全防护方案无法满足数据业务、技术要求，甚至成为瓶颈，如传统加解密的防护措施成为实时在线计算性能的瓶颈；实时的数据流动受到传统安全管控机制的限制，如安全监控、流程审批等存在局限性；频繁的数据流转和交换导致数据泄露管理难度加大，通过二次组合非敏感的数据可能形成敏感数据，造成敏感数据泄漏。新的安全挑战亟需新的安全解决方案。如通过数据分析形成更有价值的衍生数据，如何进行敏感度管理；数据加工过程中使用的大量敏感数据，如何保障在加工过程对某些使用者不可见；分布式的计算节点易被伪冒攻击，如欺诈、重放攻击、DDoS等；数据混合计算，如何确保数据资源在存储、计算等过程中的安全隔离。数据由于其流动增值的特点，组织之间的数据流动和交换势必成为大势所趋，因此企业数据安全不再是自己一家的问题，需要生态链各方协同管控。

2. 阿里巴巴信息安全的实践和防控体系

（1）整体概况

在DT时代，数据安全以及数据隐私保护已成为整个社会、大数据产业发展的前提和必要条件。阿里巴巴在数据安全方面进行了很多尝试，围绕数据生命周期，通过建立体系化的防控手段应对数据安全风险，从组织保障、制度流程、技术手段、人员能力等多个层面实现数据安全保障。具体到企业中不同的环境、不同岗位与部门，均有明确的职责要求以及安全规范和实践。

● 组织保障方面。以淘宝业务为例，阿里巴巴组建了淘宝数据安全委员会，明确淘宝BU数据安全接口人员的工作机制，以数据生命周期为框架，对整个淘宝业务的数据安全进行专项治理。在各BU均具有建制完备的数据安全团队的基础上，阿里巴巴集团成立数据安全工作小组，完善三级协同管理机制。目前以公司合伙人兼首席风险官直接负责的集团数据安全小组，是阿里巴巴集团数据安全最高决策机构，承担管理策略制定、全局风险把控、全面监督执行等工作。此外，还设立了专门的数据安全团队，与每个事业部的安全接口人员共同形成一套完整的、覆盖全公司各部门的专业数据安全管理体系。

● 制度设计方面。通过完善规则、落实责任、专业审核、严格审计等手段，使阿里巴巴在数据安全管理方面达到同行业领先水平。阿里巴巴制定了包括"总纲""对外披露细则"等40多项数据安全执行规范。与数据相关的各项业务和产品都要经过专业数据安全团队审核，数据安全责任落实到人，对数据使用有严格的审计。

● 技术手段方面。阿里巴巴依托系统化的安全开发管理、专业化的安全运营、体系化的自主技术产品，在技术层面防控内外部数据窃取破坏的风险。在内部防泄露方面，通过对海量数据进行自动化分级和标识，对网络本身进行级别划分，建立数据操作的专用环境，研发部署各个环节的数据泄露监控产品，建立对产品和人员的数据安全审计平台等，从而综合防范内部风险。

● 人员能力方面。对数据安全岗位的能力需求进行梳理，通过多种形式对岗位人员能力进行培养和跟踪，确保专门岗位人员具备相适应的能力。

● 防止外部入侵方面。采取了整套措施。如在集团层面设立反入侵重大专项强化能力，采用国际领先的全生命周期安全管理技术提升整个系统的安全性，组建专门的高水平技术对抗队伍持续进行自身产品漏洞挖掘和入侵测试，通过广泛的社会途径收集产品漏洞和威胁情报，优化整个网络结构减少攻击途径，部署自主研发的系列安全产品，全面启用通信加密防止网络窃听和劫持，建立专业的威胁情报团队进行攻击溯源分析等。

在全球率先实现了电商、阿里云全站https化。阿里巴巴集团完成了淘宝天猫、阿里云等站点的https改造和HSTS保护。https可保证用户从浏览器到服务端的链路是加密安全的；HSTS（HTTP strict transport security）通俗地说就是"一次https永久https"，防止中间人对https的跳转劫持（SSL-strip）。在淘宝天猫首页，对旧版浏览器用户给出友好的升级引导和推荐，使用户更容易地解决安全问题，安全便捷地体验网上购物的乐趣。阿里巴巴旗下UC浏览器已加入更多安全特性，例如反钓鱼、反劫持、首页保护、默认浏览器保护、搜索引擎保护、浏览器医生智能修复等。

在广泛互联的世界里，别人不安全，自己也可能被影响。阿里巴巴成立了针对中国电商生态的"ISV安全联盟"，研究推出相关的安全标准，借助社会化的力量，共同提升ISV（独立软件开发商，为国内主流电商网站和平台上的商家提供软件服务）的安全意识和能力，减少各环节用户信息泄露风险。阿里巴巴还在大量专业论坛介绍自己的数据安全经验，将自己长期实践形成的经验整理成可以对外提供的产品和服务，以阿里聚安全的品牌对外推出，帮助更多的企业。

（2）阿里巴巴神盾局

阿里巴巴集团安全部"神盾局"职责范围很广，在阿里巴巴庞大的交易系统背后，为保障用户的权益做坚实护盾。主要工作包括：保护知识产权，即打假；保护账户安全，主要防止虚假注册；保护交易安全，主要防止交易欺诈、恶意差评、敲诈勒索和炒信；保护信息安全和禁限售排查；保护隐私防止信息泄露；保护数据安全；大数据风控等等。

"阿里110"上线后，可直接受理网购欺诈案件。"阿里110"一站式举报区别于平日的淘宝客服投诉，消费者在淘宝平台上遇到恶意卖家或被骗取财物，发现账号异常或被盗，遇到信息泄露或钓鱼网站，都可以通过这个平台快速举报并保护账号安全。对于很多用户担心的遗失电子设备后的账号安全问题，或是在公众场合登录过淘宝，也可以通过这个平台同时让所有设备账号下线，取消登录记录。举报受理之后每一步的处理情况用户都可以直接在后台查看，信息更加透明公开。涉及金额较大情节恶劣的案件，由"神盾局"工作人员直接向公安机关举报并立案，缩短投诉处理流程。

阿里钱盾新功能是可识别真假手机以及翻新机。阿里钱盾是阿里安全推出的免费手机安全软件，除了提供病毒查杀、骚扰拦击、内存清理手机加速、WIFI监测等基础功能之外，重点是向用户提供从淘宝交易到支付宝全流程的保护。

报告显示，移动互联网病毒规模不断增长。2015年度阿里聚安全共查杀病毒逾3亿次，18%的Android设备感染过病毒。阿里聚安全病毒样本库显示，2015年度新增病毒1005万，月均涨幅12%。其中，广东用户感染病毒最多，占全国总感染量的14%，其他感染量靠前的还有江苏、浙江等。

阿里聚安全的数据分析发现，18个行业的Top10应用，95%都存在仿冒软件，平均每个应用有66个仿冒，且大部分都有恶意扣费行为，建议用户在官方渠道下载正版软件。此外短信如"积分兑换""银行客户端升级""车辆违规""老公出轨"等，诱导用户安装短信拦截木马进一步行骗。短信拦截木马全年感染200万用户，并已形成社工、木马开发、多渠道传播、洗钱分赃等完整的非法产业链。

阿里聚安全2015互联网安全年报显示，Android系统漏洞以10倍的同比增长，iOS系统漏洞同比上涨128%，97%热门应用存在漏洞风险。

在万物互联的时代，至2015年全球连接到互联网上的设备达到49亿台，物联网安全隐患已初现端倪。年报显示，80%的物联网设备暴露了硬件调试接口极易被黑客利用；而90%以上的固件存在安全隐患，并对物联网产生严重威胁。94%传统Web安全漏洞同样影响物联网云端Web接口，如跨站脚本、文件修改、命令执行及SQL注入等。

阿里聚安全数据风控年报还披露了由"黄牛""打码手""羊毛党"组成的专业化黑产团伙，通过上下流的复杂链条环环相扣、紧密协作，严重破坏商业活动。黑产从业人员数据量巨大，分布在产业链各个环节，产业规模达数千亿元。

（3）信息安全防控体系

随着网络与信息技术的普及发展，互联网已深入社会、经济、文化、政治的方方面面，成为与网民生活息息相关、全新的文化生活空间，极大地影响了人们的生活、行为方式及价值观念，也对现有的法律、道德体系形成挑战。网络空间中存在的暴力、色情、欺诈、非法商品，为社会带来严重的负面影响，侵害人们的身心健康。

经过多年发展，阿里巴巴集团业已建立基于大数据和云计算、面向未来的立体信息安全防控体系。

阿里巴巴集团十分重视与社会各界间的合作，构建了由各级网络主管部门、行业协会、第三方企业、社会公众共同参与的安全防控体系。其中，阿里巴巴集团安全部牵头成立了国内首个互联网安全志愿者联盟，9年间累计参与15亿人次，仅2015年举报各类网络违法违规线索260万余条，开展的公益项目连续获得中国青年志愿服务项目银奖。

为提高网络信息安全防控效率，阿里巴巴集团成立了打击网络欺诈、侵权、假货、炒信、账号安全的专门团队，与信息安全防控体系形成共振，联合打击网络违法违规的全链条活动，取得了良好的效果，极大地震慑了网络违法违规分子，维护了安全、和谐的平台环境。

阿里巴巴集团不仅重视商品信息发布后的监测，还非常重视信息发布前的检测防范，形成事前与事后相结合的全面防控手段。如在商家注册、开店、认证环节进行防范，努力将不良分子阻断在平台之外，做到了事前防范。阿里巴巴集团建立了文本过滤、图片识别、风险审核的内容安全监控体系，全面覆盖文本、图片、音频、视频等不同信息类型，能有效识别网络不良信息内容，降低用户违规风险。

（4）信息安全防控体系的三大变化

随着网络技术的发展，网络信息安全形势已发生重大变化，阿里巴巴集团信息安全防控体系也随之进行了多次调整。其中，最突出的三大变化为：

第一，从被动管控过渡为主动防控。传统的信息安全防范措施是被动的防控体系，其效果受用户行为的制约，治标不治本，运动式、周期性、反复化违规现象明显。为此，阿里巴巴集团信息安全部门变被动管控为主动防控，深入灰黑产业进行摸排，了解灰黑产业链条和"生存"现状，进行精准、精确、精致化打击，开展违法违规的源头治理，极大地提高了信息安全防控效果，减少了二次违规率。另一方面，阿里巴巴集团信息安全部门积极主动开展网络信息安全宣传活动，引导广大网民自觉遵守法律法规，通过对网民进行网络信息素养教育，倡议网民自觉维护网络环境，减少违法违规信息的生产发布。

第二，从线上打击演变为线上线下相结合。网络空间是虚拟的，但运用网络空间的主体是现实的，许多网络违法违规行为的根源在现实社会中，仅作线上防控并未从根源上解决问题。加之网络账号注册十分便捷，线上治理对网络违法违规分子的震慑有限。为此，阿里巴巴集团在确保用户信息安全的前提下，通过网络化用户行为分析，结合异常交易记录监控，确定违法犯罪行为，实现案件线索输出，配合执法机关打掉了一批网络犯罪分子。

第三，加强对大数据、云计算的应用。随着互联网技术的发展，数据正在以比以往任何时候更快的速度增长，人类社会将全面由IT时代迈向DT时代，数据在各种业务类型中应用越来越多。阿里巴巴集团信息安全防控也更多地借助大数据、云计算、深度学习等技术，全面监测用户行为、交易记录异常状况，实现违法违规行为的自动识别。

3. 阿里云的安全

（1）阿里云的架构

阿里云创立于2009年，是中国最大的云计算平台，为全球200多个国家和地区的创新创业企业、政府机构等提供服务。阿里云致力于提供最安全、可靠的计算和数据处理能力，让计算成为普惠科技和公共服务，为万物互联的DT世界提供源源不断的新能源。阿里云在全球各地部署高效节能的绿色数据中心，利用清洁计算支持不同的互联网应用。目前，阿里云在中国、新加坡、美国西部等地域设有数据中心，未来还将在美国东部、欧洲、中东、俄罗斯、日本等地设立新的数据中心。

展望国际，云计算成为近年来发展的持续热点。美国、英国、德国、韩国等世界发达国家无不把云计算发展作为国家战略的一部分。与过去追求规模与速度的发展方向不同，各国开始谋求高效率、高质量的发展战略。各跨国大型企业也在关注云计算发展动态并及时调整公司发展策略。如亚马逊不断改进公有云服务的同时将视线转向混合云领域；IBM为应对云计算对服务领域的巨大变革，在过去一年时间内大力斥资云计算等领域的投资发展；微软大力部署数据中心建设，并将云计算作为数据库产品的重中之重。

作为国内最大的公共云计算服务提供商，阿里云为客户提供稳定、可靠、安全、合规的云计算基础服务，获得了Freebuf 2015互联网年度"安全云"称号。

合规是检验云服务商安全能力的基本方法。阿里云拥有ISO 27001认证和信息安全等级保护测评三级评定，是全球首家获得CSA STAR云安全国际金牌认证的云服务供应商，也是首批获得工信部数据中心联盟组织的可信云认证等多项权威合规资质认证的企业。

阿里云计算平台设计、架构和实现是安全的，符合国际和中国国家标准。

阿里云分布于全球的十余个数据中心建设均满足GB 50174《电子信息机房设计规范》A类和TIA 942《数据中心机房通信基础设施标准》中T3+标准。阿里云基础设施层面的物理与环境方面，包括物理边界控制、访问、人员管理、供电以及温控等严格遵从国内外数据中心建设标准。与此同时，阿里云采用多地域多可用区架构，多线BGP网络接入，每个云数据中心均部署了强大的 DDoS 防护措施，确保服务的可用性。

阿里云对生产网络与非生产网络进行了严格的安全隔离和访问控制。使用自动化监控系统对云平台网络设备、服务器、数据库、应用集群以及核心业务进行全面实时监控。阿里云的内部运营采用严格的身份与访问管理，使用统一的账号管理和身份认证系统管理员工账号生命周期，细粒度的权限管理和访问控制。阿里云在生产网络边界部署了堡垒机，办公网内的运维人员只能通过堡垒机进入生产网进行运维管理。堡垒机的审计也是实时的。

阿里云为客户提供云加密服务，通过在阿里云中使用经国家密码管理局检测认证的硬件密码机，保护云上业务数据的机密性。借助加密服务，客户可以实现对加密密钥的完全控制和进行加解密操作，经过加密的数据，即便是阿里云运维人员也无法读取。

此外，阿里云提供云盾以及三方安全解决方案，防止黑客入侵。与加密服务配合，可以确保云端数据的安全。

阿里云为客户提供经第三方权威测评及认证机构现场审核过的云服务。这些测评和认证可以为客户提供更多有关阿里云制定的安全策略、流程和程序、实施的安全控制措施以及安全运营的信息。

2015年阿里云与淘宝、天猫等构建的"混合云"支撑了"双十一"912亿元的交易额，每秒交易峰值达14万笔。2015年10月，Sort Benchmark 公布2015年排序竞赛最终成绩，阿里云用377秒就完成了100TB的数据排序，在含金量最高的2项比赛中，打破4项世界纪录。在匈牙利布达佩斯举办的2015世界电信展上，阿里云获得了以"真实技术能力和社会影响力"为评判标准的2015世界电信展卓越企业奖，成为本次展览上唯一获此奖的中国企业。

（2）阿里云安全国际认证和云安全服务（CSA STAR）

阿里云已获得全球首张云安全国际认证金牌（Cloud Security Alliance's Security Trust and Assurance Registry，CSA STAR）。这是英国标准协会（BSI）向全球云服务商颁发的首张金牌，也是中国企业在信息化、云计算领域安全合规方面第一次取得世界领先成绩。云安全国际认证是一项全新而有针对性的国际专业认证项目，旨在应对与云安全相关的特定问题。其以 ISO/IEC 27001 认证为基础，结合云端安全控制矩阵（cloud control matrix，CCM）的要求，运用 BSI 提供的成熟度模型和评估方法，为提供和使用云计算的任何组织，从"沟通和利益相关者的参与""策略、计划、流程和系统性方法""技术和能力""所有权、领导力和管理""监督和测量"五个维度，综合评估组织云端安全管理和技术能力，最终给出"不合格、铜牌、银牌、金牌"4个级别的独立第三方外审结论。

阿里云已取得ISO/IEC 27001国际认证。ISO 27001是一项被广泛采用的全球安全标准，采用以风险管理为核心的方法来管理公司和客户信息，并通过定期评估风险和控制措施的有效性来保证体系的持续运行。为了获得认证，公司必须表明它有一个系统的和持续的方法来管理信息安全风险，保障公司及客户信息的保密性、完整性和可用性。该认证的取得不但验证了阿里云云端技术框架、内部管理矩阵同国际信息安全最佳实践的符合性，也是对阿里云云产品和服务从设计到交付的透明度、云安全服务的自动化运营服务模式的肯定。

（3）阿里云安全解决方案：以游戏行业为例

2015年上半年，中国游戏市场实际销售收入达到605.1亿元人民币，同比增长21.9%。行业快速发展的同时，互联网环境的安全形势日益严峻。地下黑色产业链越发成熟，利用攻击手段进行恶意敲诈、行业对手的恶意竞争、游戏虚拟环境中各种价值诱惑、行业链条中的利益欺诈等等，都成为阻碍行业正常发展的安全问题。

对于游戏行业而言，有下列几个典型的安全问题：一是游戏服务不可用DDoS。利用空连接、假人攻击、流量攻击、CC攻击等多种方式攻击游戏服务器，导致游戏服务的登录、场景、战斗等服务不可用。游戏对可用性要求非常高，特别是MOBA、MMO和棋牌类游戏，哪怕延时几秒都会对游戏玩家造成影响，更不用说服务直接瘫痪。二是破坏游戏平衡性——外挂。外挂是游戏中常见的作弊方式，使用者通过外挂能够获得怪物秒杀、自动回血、无限金币等很多超能力，极大地破坏了游戏的整体公平性。网络游戏的魅力在于营造了一个类似现实的虚拟世界，如果虚拟世界中失去了公平，就会引起玩家的失望和愤怒，进而迅速流失。三是账号安全及流量作弊——欺诈。大量注册小号，获取新号奖励和大量金币，再设法转给大号；利用自动化工具，通过扫库撞库等方式进行盗号；利用模拟器等运行游戏进行流量作弊，获取非正常利润；将游戏APP反编译加入间谍软件、后门木马再重新打包，盗取玩家的验证码、资金和流量等。游戏的生态世界非常复杂，有研发、推广、运营、渠道、充值、玩家等等多个环节，但每个环节都可能存在为获取超额利益的欺诈行为。

针对以上挑战，阿里云提出了以云计算平台为基础的游戏行业安全解决方案。

第一，解决方案架构解读。

● 高防IP防御全局类服务。全局类服务（如登录服务、充值服务等）一旦出现故障就会影响游戏的全部玩家，因此需尽力保证全局性服务的高可用，建议使用高防IP进行防御。高防IP服务具备超海量攻击清洗能力，曾成功防御全球最大的453G DDoS攻击，同时可将源站隐藏，保证正常的业务请求不会受到影响。

● ESN防御大区类服务。ESN（安全网络）是一种全新的多节点网络安全防御服务，全部节点均位于BGP网络中，避免了跨运营商的延时，且每个节点提供攻击防护能力；支持APP端使用SDK接入，每个端基于设备唯一标识进行Hash获取防护节点IP，使得攻击者无法掌握所有防护节点，大大增加攻击成本；使用SDK后会对整个链路通信进行加密，可以实现对正常玩家和异常攻击进行区分（很难批量模拟正常流量），防御难度大大降低。

● 聚安全加固游戏APP。外挂制作通常是通过分析角色信息、怪物结构、背包结构、技能结构等，逆向回溯出游戏明文发包函数；再根据明文发包函数调用关系及报文信息，分析出打怪、购买物品等游戏功能函数（甚至逆向出明文数据包），从而实现定点挂机、自动打怪等。现在很多数据在通信时都进行了加密，因而反编译APP获取源代码结构、破解数据包加密算法成为制作外挂的第一步。聚安全是阿里巴巴针对移动安全的整体技术解决方案，通过内置安全SDK和APP加壳的方式，可以严格保护开发者密钥和用户数据；可针对APP调试行为进行实时检测，杜绝对APP的破解和逆向分析企图。

● 识别游戏业务中的各种业务欺诈。通过云盾反欺诈服务，可以识别和防御可能存在的垃圾注册、暴力破解和撞库行为。如果APP运行在模拟器环境中，可被准确检测到；可全面掌握全网的手游APP仿冒应用分布情况和安装设备数，进行重点打击和下架处理。

● 渗透测试评估入口安全性。可以针对游戏通行证验证系统、充值类接口、渠道SDK接口等Web类服务，通过模拟黑客攻击的方式，进行专业的渗透测试，评估可能存在的重大安全漏洞。

第二，解决方案特点和优势。

● 海量DDoS攻击防护能力。阿里云高防IP服务提供电信、联通和BGP接入，可防御超过450G的大流量DDoS攻击；同时，高防IP服务提供了业界最大规模的7层应用防护集群，CC攻击防护性能达到1 000WQPS以上。

● 大型游戏全应用防护能力。大型游戏应用的架构复杂，对外直接提供服务的各类登录服务、战斗服务、场景服务等可能就达数十甚至上百个IP；同时，由于Local DNS存在TTL缓存时间，DNS的流量牵引方式并不适用于大型游戏的DDoS防护。而ESN的SDK接入和BGP节点特性，非常适合大型游戏应用，可以通过配置多个ESN获得大型游戏的全应用防护能力。

● 完美解决手游外挂问题。阿里聚安全创造性地开发了安全组件SDK+安全加壳的技术，这种内外结合的方式可以对手游进行有效保护。目前，阿里聚安全的移动安全整体方案除了应用在手淘、支付宝、天猫等阿里自有APP业务外，还拥有了诸多外部客户。目前无一例APP被破解，很好地保护了企业和用户的安全。

● 全面的防黑和反欺诈能力。游戏架构中的Web应用和接口不多，但却往往涉及资金，是游戏最重要却又最薄弱环节。阿里的专家渗透测试服务，可以有效评估这类应用的安全性。此外，云盾反欺诈服务，可以有效识别在用户注册、账户登录、渠道推广等多个环节的欺诈作弊行为，显著降低无效的市场费用投入。

杭州电魂网络科技股份有限公司成立至今，短短6年间已成为国内最具实力的网络游戏研发及运营企业之一。电魂网络使用了阿里云盾的多项安全服务，对电魂网络旗下多款游戏进行了DDoS、CC和黑客入侵等多项防御，有效保护了电魂网络游戏平台的安全，保障了数百万玩家轻松、畅快的游戏观感。

4. 阿里绿网与威胁情报

（1）阿里绿网对客户的价值：可以应对各种信息安全运营的难点

阿里集团安全部拥有沉淀多年的阿里生态管控和阿里云用户安全服务经验；通过阿里绿网，将安全管理能力输出，共建互联网内容安全生态圈。

阿里绿网依托于阿里巴巴的全生态体系，拥有海量的特征样本及丰富的数据模型分析经验，基于云计算平台，能对海量数据进行快速检测。阿里绿网是智能化检测的创新，从被动的帮用户处理违规信息转变为用户主动排查信息，培养了用户管理主动网站内容的习惯。需要说明的是，"阿里绿网"并不是一个网站，也不是手机下载的APP，而是一个专注内容识别的安全产品，是网络色情等违规信息的"过滤器"，是网站"站长""版主"、管理员的得力助手。

（2）威胁情报

网络空间的安全形势日趋严峻，既有国家对抗在互联网上延续，也有现实犯罪的网络化迁移。整体而言，网络空间的安全由点状随机分布的事件逐步向立体化威胁过度。传统的安全体系和思路越来越难以适应发展与安全互相约束的要求。

阿里巴巴作为一个定位为世界级的商业基础设施的互联网企业用户，威胁情报有非常现实的业务需求。除了针对大公司担忧的APT攻击外，阿里云基础设施的保护、用户的信息泄露、黑色灰色产业的各类情报，都是阿里威胁情报需要积极获取并支撑其他安全团队开展的行动。这些基于实际业务需求的威胁情报探索，对威胁情报体系的建设具有非常重要的参照价值。

5. 阿里聚安全开放平台

互联网蓬勃发展，催生众多创新业务，互联网安全也面临前所未有的挑战。阿里聚安全面向企业和开发者提供互联网业务安全解决方案，全面覆盖移动安全、数据风控、内容安全、实人认证等多个维度，与全社会共享阿里巴巴专业安全技术和能力。

（1）大数据和多维度引擎确保移动业务安全

基于阿里巴巴安全大数据和多维度安全风险分析引擎，阿里聚安全为客户提供风险发现、安全防护和持续监控三大模块的产品及服务。

阿里聚安全通过安全扫描和安全评估组件提供风险发现服务。安全扫描组件采用的木马检测引擎是最年轻的AV-Test冠军；而安全评估组件采用静态污点分析和动态模糊测试结合的技术，最大程度地覆盖应用中潜在的安全漏洞，可以帮助客户快速定位漏洞，并对其进行定级、分析和修复。

在防护能力方面，应用加固和安全组件使得阿里聚安全具备应用级和代码级的双重保护能力，形成内外结合的防护体系，能够抵御逆向分析、二次打包和动态调试等攻击。值得一提的是，该安全组件是业界首家支持所有主流移动平台的安全SDK，经历了数个亿级应用和多次"双十一"活动的严酷考验。

针对上线后的应用，持续监控模块提供了全流程的风险管控服务，以可视化的方式为企业实时监测各类风险。

（2）数据风控解决方案让"黑灰产"远离企业

许多互联网业务都是"黑灰产"眼中的"肥肉"。"黑灰产"的介入不仅侵犯了商业利益，还严重干扰用户的正常使用，而且极有可能拖垮整个业务平台，给企业造成毁灭性灾难。阿里聚安全提供了完整数据风控解决方案，不仅可以实时识别并阻止恶意行为，而且保证正常用户的行为不被打扰。阿里聚安全业务风控解决方案为企业商业系统的健康发展提供了高质量的保障，在企业和"黑灰产"之间构筑了一道坚不可摧的铜墙铁壁。

（3）内容安全"守护神"净化网络空间

阿里巴巴的内容安全产品基于多年的管控经验建立了完整的风控和分析体系，将舆情情报沉淀为样本并优化算法，提升了信息安全检测能力。

阿里巴巴拥有业界顶尖的安全和算法专家团队，支持阿里巴巴各业务平台每日上亿的图片检测与分析，可提供完备的内容检测服务，如智能鉴黄、违禁图像识别、图文识别、文本识别等。

依托于阿里巴巴生态的环境，阿里聚安全进行了精细化的场景管理，并将场景化概念应用于服务的各个环节，将每个场景下的检测做到极致。

另外，阿里聚安全还打造了社会化审核平台，建立完善的样本管理体系。借助互联网志愿者的社会化标注力量，为绿网的算法迭代、图片审核提供了强大的助推力。

阿里聚安全可以有效地净化网络环境，为企业的内容安全保驾护航。

（4）实人认证——线上线下完全一致

为保障用户身份真实有效和持续一致，并建设网络诚信体系，阿里巴巴的网络身份认证从一开始就不断升级。从最初的实名登记升级为银行打款认证，再到手持身份证认证。现在，淘宝卖家开店认证已全面升级为实人认证。

目前，阿里聚安全实人认证是全网唯一通过公安部与工信部认可的在线手机发卡认证方案。

同时，阿里聚安全以生物识别、无线安全技术为支撑，保障实人认证有效性。目前，阿里巴巴人脸识别技术已在实际场景中大规模应用，实战中相关性能指标在FPR（False Positive Rate）0.1%情况下，TPR（True Positive Rate）达96%，识别准确率远远超过人体肉眼识别。

（5）"一站式"解决方案助力企业业务

阿里聚安全还为企业用户提供了"一站式"方案，既有适合大多数企业的通用型解决方案，也有针对细分行业的解决方案。阿里聚安全的通用解决方案完整覆盖了企业业务开发的整个过程。

在设计阶段，提供安全流程培训服务；在开发阶段，接入高强度的安全组件；在测试阶段，使用自动化的漏洞扫描和兼容性测试；业务上线前，再进行应用加固；上线后，则持续对发布的应用进行仿冒监测、运行环境监测和攻击行为监测。在发现仿冒应用和攻击风险时，阿里聚安全还提供情报服务和应急响应。

而对于已经上线的业务，阿里聚安全也提供漏洞扫描和安全评估服务。

除了通用解决方案，阿里聚安全还推出了行业解决方案，涵盖电商、医疗、金融以及手游等领域。

6. 阿里聚安全平台体系

阿里聚安全平台拥有基于硬件、系统、传输、数据、应用、服务、用户、内容的八层安全模型（如图1~图3所示）。

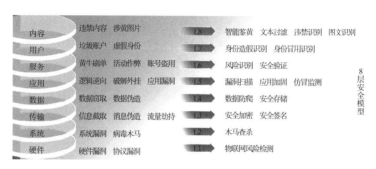

图1　实现全链路防护体系：八层安全模型图

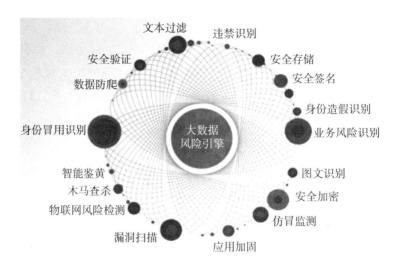

图2 全面输出互联网业务安全能力：大数据风险引擎图

阿里聚安全开放平台			
内容安全	**移动安全**	**数据风控**	**实人认证**
智能监黄 文本过滤 违禁识别 图文识别	漏洞扫描 应用加固 安全组件 仿冒监测 木马查杀 物联网风险检测	风险识别 安全验证 数据防爬	身份造假识别 身份冒用识别

图3 阿里聚安全平台

（1）金融类应用面临的安全风险

目前各家金融机构争相推出各自的应用软件，其中各热门应用均遭到不同程度的入侵攻击或二次打包等威胁。金融类应用主要面临的安全风险有：黑客通过破解客户端逻辑，伪造客户端请求，篡改用户交易流程的手段，窃取用户资金的交易安全风险；通过反调试、注入、界面劫持、钓鱼木马等手段导致敏感信息泄露的风险；黑客通过对正版应用进行二次打包，插入广告、病毒等恶意代码后重新发布，窃取用户数据、威胁账户资产，影响用户权益的信誉安全风险及第三方开发商进行金融类应用开发时，开发过程中无法很好地监控流程安全风险。

针对金融类应用的安全风险，阿里聚安全以"风险发现—安全增强—规范开发全流程"的模式为金融应用提供全方位、多层次的安全保护。

（2）风险发现：漏洞深入排查，仿冒应用全网覆盖

在风险发现中，阿里聚安全提供了漏洞扫描和仿冒监测服务。漏洞扫描服务可帮助金融应用开发者迅速发现应用中的漏洞，及时有效防止用户信息泄露和资金损失。仿冒监测服务能够监测数百个渠道、网盘、论坛等全网范围内的仿冒软件，为正版应用开发者提供仿冒软件的信息，防止用户因下载仿冒应用而导致的资金损失。

通过风险发现方案，金融应用开发者可及时发现应用中存在的安全问题，进而采取安全增强措施提高安全等级，减少损失。

（3）安全增强：安全组件、应用加固并行合作，共保金融安全

安全组件SDK从代码层面贯穿编译的整个过程，保护应用的业务安全，具备安全存储、安全加密、安全签名、安全检测等功能特点。阿里聚安全提供SDK类型的安全组件供开发者接入，通过实现多层次的安全机制打造安全沙箱环境防止应用被黑客或木马所攻击。服务端提供应用安全监控服务，帮助开发者了解所发布应用的安全状况与安全趋势。

应用加固服务针对安装包直接加固，无需二次开发。应用加固增加了应用逻辑的分析成本，使得攻击者无法使用手动或自动化工具快速获取应用逻辑。

（4）流程规范：ASDL流程安全开发，避免安全风险

阿里聚安全为金融类应用提供完整的安全开发流程规范，通过在软件开发生命周期的每个阶段执行必要的安全控制活动或任务，避免设计缺陷、逻辑缺陷和代码缺陷，保证软件在开发生命周期内的安全性得到最大的提升，真正做到从应用产生的源头来避免安全风险。

7. 蚂蚁金服集团的信息安全

蚂蚁金服秉持"稳妥创新、拥抱监管、服务实体、激活金融"的发展方针，建立了一整套完善的风险和安全管理体系，严格管理各类风险，保障业务稳定安全运行。

蚂蚁金融服务集团（以下称"蚂蚁金服"）起步于2004年成立的支付宝。2014年10月，蚂蚁金服正式成立。蚂蚁金服以"让信用等于财富"为愿景，致力于打造开放的生态系统，通过"互联网推进器计划"助力金融机构和合作伙伴加速迈向"互联网+"，为小微企业和个人消费者提供稳健的普惠金融服务。蚂蚁金服旗下有支付宝、蚂蚁聚宝、网商银行芝麻信用、蚂蚁金融云等子业务板块。

集团成立以来，蚂蚁金服业绩闪亮：芝麻信用公测，招财宝破千亿元，余额宝规模超7 000亿元，成立蚂蚁达客，开办网商银行等，加上支付宝和蚂蚁小贷，已成为一个横跨支付、基金、保险、银行、征信、互联网理财、股权众筹、金融IT系统的互联网金融集团。蚂蚁金服目前拥有超过4.5亿互联网支付用户，超过2亿理财投资用户。各个子品牌间分工协作，满足用户不同层次的金融服务需求，形成完整的产品矩阵。在全力推进业务发展的同时，蚂蚁金服集团也在建立和完善自身的信息安全体系。蚂蚁金服集团已经通过国际信息安全管理体系认证，获颁ISO 27001：2013信息安全管理认证证书。该标准被公认为全球最权威、最严格，也是全球最被广泛接受和应用的信息安全领域的体系认证标准。通过该认证标志其信息安全管理已进入国际化标准水平。一方面，为企业选择蚂蚁金服提供信心和放心的保障，从第三方角度证明蚂蚁金服集团的信息安全管理能力；另一方面，蚂蚁金服在安全能力建设方面不断深耕，除了ISO27001信息安全管理体系认证之外，还通过了四项安全相关认证。一是支付业务认证。二是公安部等级保护认证。2011年12月，支付宝完成了相关信息系统的定级，并通过了公安部等级保护三级认证。三是安全检测认证。2007年，蚂蚁金服首次获得信息系统安全保障一级认证，并于2010年、2014年通过复评。四是PCI-DSS。支付宝按照国际标准PCI-DSS对用户信用卡数据进行保护，建立信用卡数据中心，改造信用卡业务系统，建立/健全配套信息安全基础设施、信息安全策略、信息安全管理规范制度等。自2009年起，支付宝逐年通过了国际支付卡行业的PCI-DSS最高级别（Service Provider Level 1）的认证。

此外，蚂蚁金服深知信息安全工作中人员的重要性，制定了一系列制度流程来规范内部人员的操作行为，提升信息安全意识；制定了《数据安全管理规范总则》和《数据分级规范》等制度，建立了严格的数据分级标准，以风险为本的指导原则，对所有存量数据按风险等级（机密、敏感、内部、公开）进行管理；建立了独立的数据安全风险监督平台及团队，根据数据安全管理规范，对所有数据操作行为进行监督和审计，把数据使用的安全责任落实到人；颁布了《蚂蚁金服员工信息安全行为规范》及《蚂蚁金服商业行为准则》，并要求员工每年必须通过认证考试，把对员工的信息安全意识教育落到实处。

蚂蚁金服旗下的支付宝，有超过4.5亿实名用户。其中，农村用户超过6 000万，为370座城市提供综合服务超过4 000项。技术方面，目前，支付宝的峰值处理能力已经达到8.59万笔/秒。此外，围绕线下的消费与支付场景，支付宝钱包还推出"未来医院""未来商圈""未来出行"等计划，拓展不同应用场景。在业务发展过程中，蚂蚁金服持续加大研发投入，实现了数据存储和处理核心技术去IOE，确保技术底层自主和安全可控；设立数据决策小组等专门机构，建立健全数据安全组织保障；完善数据安全保护规则，持续提升数据和用户信息保护水平；与全国91个地市级公安机关紧密协同，以数据为线索，打击黑灰产业，推动线下打击专案151起，抓获涉案犯罪嫌疑人452人，显著改善了安全生态。

蚂蚁金服的自主可控技术、分布式金融架构、异地多活的容灾体系达到世界领先水平，严格保证业务连续性，并且可以支撑业务的可持续发展。2012—2014年连续3年，支付宝系统的可用率都在99.99%以上，没有进行过一次停机维护。机房建设时，按标准进行选址，严格出入管理、电力供应、消防、温湿度控制等，避免机房基础设施出现异常导致业务故障。同时，蚂蚁金服也在持续加强业务过程中的安全管理。

在实时交易监控方面，风险管理中心对所有的交易进行7×24h实时监控，从多个维度分析交易风险，并对风险交易进行有效处置。风险管理中心开发并部署了80多套风控模型、8 000多条风控规则，通过实时智能风控系统用于可疑交易的识别和处理。

在安全认证方面，蚂蚁金服不断探索互联网环境下的安全认证机制，建设了传统模式和互联网模式结合的核身平台，旨在用平台化的思路，集成传统的和创新的安全产品，为不同应用场景提供可定制化、可运营的解决方案；并利用平台大数据的优势，通过数据分析、数据建模，从账户认证提升到自然人的认证。

已经实现或接入的产品有：PKI体系产品，如数字证书、支付盾；一次性校验类产品，如密码、短信、OTP；生物特征类产品，如指纹、人脸；大数据类产品，如KBA（Knowledge Based Authentication）；以及证件类、银行卡绑定等等。

目前已经服务于支付宝、网商银行、蚂蚁聚宝、手机淘宝等APP，覆盖支付、理财、O2O、信用、账户管理和实名认证等业务。

其中，生物识别和大数据安全产品正在被大规模使用，人脸识别已经服务于1 000万以上用户。在指纹认证方面，蚂蚁金服从2014年开始进行指纹支付的研发，并联合华为、三星、中兴、中国信息通信研究院等单位联合组建了互联网身份认证联盟。该联盟以标准化的形式推出了生物识别技术在互联网金融上的解决方案。目前有30多家厂商加入了该联盟，这些厂商涉及芯片厂商如ARM、MTK等；手机厂商如三星、华为、中兴等；以及其他的行业上下游企业。该联盟大大地提升了行业的协同效率，目前已经有50多款手机应用了IFAA标准。

8. 结语

阿里巴巴集团和蚂蚁金服集团，经过多年的积累，从基础防护到大数据、阿里云、阿里绿网、阿里移动安全，已经形成了专业、严密的生态系统安全防护体系。阿里巴巴和蚂蚁金服的安全体系目前还是重点为两大集团的经营和产品及用户提供服务与支持。在没有利益驱动下，阿里巴巴和蚂蚁金服的信息安全做得比较深入系统，也为阿里巴巴集团和蚂蚁金服集团这两大全球前列的互联网公司提供了强大的安全保障。

解读卫士通的网络安全

卫士通信息产业股份有限公司积极响应中央和国家的"互联网+"战略,基于"互联网+"战略的重点,立足于网络信息安全,成立了云计算与大数据、移动互联网、工控安全等领域的研究部门,对这些先进技术的安全保障进行了深入研究,并在电子政务、大型企业、金融、能源等行业进行了有益的应用和探索。

近20年的时间打造了具有自主知识产权的信息安全产品线和服务模式,覆盖了从理论研究、算法、芯片、板卡、设备、平台、系统,到方案、集成、服务的完整产业链,多项产品经国家主管部门鉴定认证为国内首创、国际领先水平。基于在技术领先优势和行业的领导地位,卫士通参与了大量国家信息安全行业标准的制定。

以密码技术为发展之源和立足之本的卫士通,在"互联网+"的大趋势下,充分发挥自己密码技术的优势,积极研究密码技术在"互联网+"的新应用模式,着力打造安全芯,让安全能够更加容易与信息设备深度融合;同时,卫士通重拳出击移动互联网安全市场,推出系列安全手机,解决用户移动通信、移动办公的安全之忧。卫士通公司应势而发,充分利用"互联网+"下用户需求特点,适时推出安全运营服务,让用户可以享有安全保障的邮件、即时通信等服务。

1. 国家实施"互联网+"战略，卫士通积极响应与行动

2016年4月19日，习近平总书记在网络安全和信息化工作座谈会上的讲话指出，互联网核心技术是最大的"命门"，核心技术受制于人是最大的隐患。要掌握我国互联网发展主动权，保障互联网安全、国家安全，就必须突破核心技术这个难题，争取在某些领域、某些方面实现"弯道超车"。核心技术要取得突破，就要有决心、恒心、重心。

卫士通信息产业股份有限公司紧随发展趋势，积极响应中央和国家的"互联网+"战略，基于"互联网+"战略的重点，立足于网络信息安全，成立了云计算与大数据、移动互联网、工控安全等领域的研究部门，对这些先进技术的安全进行了深入研究，并在电子政务、大型企业、金融、能源等行业进行了有益的应用和探索。

围绕"互联网+电子政务"，卫士通策划并参与"互联网+政府服务"系列论坛，提出了"互联网+政务服务"的安全蓝图，力主研究形成"互联网+政府服务"的安全保障体系，力求为国家"互联网+政府服务"提供全面的信息安全保障。同时，卫士通对智慧城市、政务云建设也不断尝试。卫士通承担了四川电子政务云安全监管平台和安全运维服务，为政务云的安全监管和安全运维积累了丰富经验。通过参与福州、深圳等城市的智慧城市规划和建设，对城市的总体信息规划与"互联网+政务"的应用结合方式有了深刻的理解。面向企业市场，卫士通瞄准中央企业和其他大型企业，深入研究互联网环境下的企业信息化保障支撑模式，提出了企业商业秘密防护的整体解决方案，并且逐步探索，为企业提供安全信息服务的信息化支撑模式。卫士通公司的安全电子邮件服务已经在某中央企业得到广泛推广应用。同时，积极参与"互联网+"下金融、能源、医疗卫生、交通等多行业信息化建设和安全保障体系建设的研究和方案设计。

在产品方面，卫士通充分发挥自身的技术优势和产品优势，重点放在"互联网+"中云计算和大数据、工业控制、移动互联网、物联网的安全需求特点及安全方案上，提出以尊御安全手机为基础的安全移动办公解决方案、以综合安全为基础的安全云解决方案、威胁情报平台等等，并在云计算密码设备、安全芯片、工控安全等领域提前布局，以顺应"互联网+"战略，为国家网络空间信息安全保驾护航。

2. 信息安全第1股：卫士通的信息安全之路

（1）脱胎科研院所，密码机起家

1998年4月，卫士通公司成立，是当时信息产业部第三十研究所（中国电子科技集团公司第三十研究所，简称"三十所"）企业化转制的第一步。卫士通公司正式将三十所长期用于专用领域的信息安全技术和产品推向民用领域，较早地探索军民融合道路。

卫士通公司成立之初，主要从事以密码为主的产品开发和销售，是国家商用密码领域第一批拥有科研、生产和销售的定点企业。卫士通公司的金融数据加密机在我国金融领域替换国外密码设备、实现金融领域密码自主可控中发挥了重要的作用。随着不断发展，卫士通从一家密码企业逐渐向综合型信息安全产品厂商发展，陆续打造了中华卫士防火墙及系列网络安全设备，推出了解决主机和终端安全的"一键通"解决方案。同时，随着对用户的信息系统的深入了解，逐步从提供设备向给用户提供整体解决方案和集成转变，在电子政务、军工等行业或领域奠定了坚实的基础。

（2）信息安全第1股，打造信息安全国家队

2008年，卫士通在深圳证券交易所成功上市，成为我国信息安全第1股。卫士通在夯实传统行业和领域的优势的同时，加强了在金融、能源、交通、地方信息化建设的投入，成为国家电网、南方电网等能源企业的重要安全设备提供单位。卫士通旗下子公司成为第二批获得第三方支付牌照的企业之一。无论是奥运保障还是抗震救灾，无论是珠峰登顶还是海上维权，卫士通都不遗余力地贡献自己的信息安全保障服务。

（3）重组打造价值生态链，助力跨越式发展

2014年，卫士通重组三十所旗下的三零盛安、三零瑞通、三零嘉微三家公司，形成了从理论、算法、芯片、模块、整机、系统到服务完善的信息安全产业链。同时，卫士通围绕移动互联网、云计算、工业控制等加大新技术研究和新产品开发的投入。2016年6月22日成立了摩石密码实验室，集结业内专家，追踪最先进的密码技术新发展和新应用。

为向国家主管部门、行业主管部门提供更为高效的服务和支撑，卫士通更是在2015年年初在北京注册成立了全资子公司，大大加强了公司在北

京的投入，将公司的市场营销总部定位在北京，提升了卫士通的顶层设计支撑能力、行业整体策划服务能力、前沿技术探索能力以及学习先进管理理念的能力，缩短了公司与用户的距离。

卫士通不断加强对国家重大信息安全工程的参与，积极参与电子政务、智慧法院、电子检务等重大工程，围绕信息安全，面向用户提供整体解决方案和安全服务。卫士通提出了"安全+"的概念，倡导安全与信息系统或设备的深度融合，并逐步推出安全与信息系统深度融合的方案和产品，如尊御安全手机、安全电子邮件服务等。

（4）中国网安，带来卫士通快速发展的新资源

2016年5月8日，中国电科集团响应国家网络信息安全战略，整合了旗下三十所（网络信息安全）、三十三所（电磁频谱安全、轨道交通安全）、中电科技公司（计算机可信固件）的资源，成立了专业从事网络信息安全的子集团——中国电子科技网络信息安全有限公司（简称"中国网安"）。中国网安通过建设网络信息安全的技术高地、人才高地和产业高地，支撑国家网络空间安全战略，引领技术创新，推动产业发展。

同时，中国网安代替三十所成为卫士通公司的控股股东，为卫士通公司带来了更为丰厚的技术、资本、人才方面的资源。中国网安积极开展与国内重要部门单位的战略合作（如2016年8月与国家信息中心在成都签订战略合作协议），促进企业间合作（如与卡巴斯基的战略合作），大大促进了企业的全面发展。

3. 卫士通的信息安全技术差异化优势

（1）核心技术保持行业领先

卫士通专注于对前沿及热点技术的研究、追踪和产品化实现；公司被定点为国家"博士后流动工作站"，并与多家大学合作，通过硕士/博士生兼职实习等合作机制，从源头保证高端技术人才和领先技术的持续输入。通过人才培养、行业合作等策略建立了快速将新技术产品化、市场化的产学研一体化的可持续发展模式。

（2）积极参与国家及行业标准制定

基于技术领先优势和行业领导地位，卫士通参与了大量国家信息安全行业标准的制定。卫士通是"中国网络安全产业联盟（筹）""中国密码学会""中国网络安全空间安全协会""中国计算机学会计算机安全专业委员会""中国云计算技术与产业联盟""中国北斗导航定位协会""四川省电子学会"等行业组织的理事长/副理事长单位；是国家"商用密码应用技术总体组"秘书长单位；是"商用密码云计算技术体系""商用密码技术基础设施""IPTV商密应用技术体系"的组长单位；参与国家信息安全标准体系、信息安全产品认证管理、电子政务认证基础设施、可信计算、RFID、射频系统、传感器网络等专业标准的制定。

卫士通承担了大量国家级项目的重大技术攻关及产业化工作，包括国家"863""S863"，国家"十五""十一五""十二五"规划，"高技术产业化示范工程"项目，"面向电子商务的安全支付平台"火炬计划项目，"自主高安全专网技术与产品研发及产业化"，"移动互联网应用安全接入平台"，"高性能VPN设备研发与产业化"等国家级创新项目，以及国家、省部委其他重点新产品，重点技术创新科研项目达50余项。

凭借技术领先、标准制定者的优势，卫士通积极在业内寻求合作，在传统安全领域，以及国家等级/分级保护、移动互联网安全、云计算安全、智能电网安全、物联网安全、两化融合安全等重大新热点领域再度支撑国家主管部门进行标准和行业规范的拟制，并牵头组织新的产业链，推动新技术、新产业的发展。

（3）细腰型架构保障竞争力的持续性

卫士通作为技术型企业，既有核心技术又有核心产品，同时还有解决方案，围绕核心技术和产品形成了平台，在平台的基础上支持多产品和多客户群的解决方案，形成了核心技术支持核心产品、核心产品支持解决方案、解决方案做服务和运营、对外合作完成解决方案中非核心产品的配套。

细腰型架构（如图1所示）将技术体系和产品体系分离，由研究院进行技术创新，由事业部、产品线、产品研发中心和子公司进行产品设计，在清晰部门分工的同时加强了部门合作；在公司核心技术的基础上，形成统一的技术平台和产品平台，使公司能快速开发产品，保持持续竞争力，同时也易于业务的扩张。

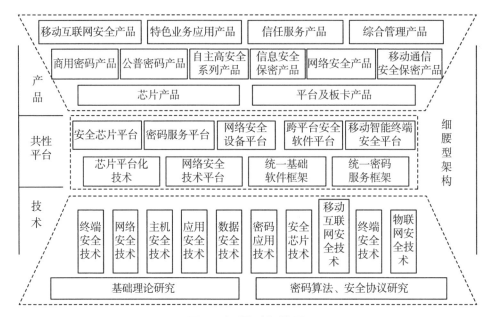

图1　细腰型架构图

在细腰型架构中，卫士通通过突破关键技术打造共性平台，建立重点软件开发工具、软件开发框架模板等共享资源库，突破密码计算资源控制技术、面向云环境下的密码服务虚拟化技术、可重构密码运算单元设计技术、网络安全功能虚拟化技术、安全芯片的综合攻击和防护技术、安全一体化技术、5G加密通信技术、跨平台应用安全接口、双域隔离技术、面向万物互联的身份认证技术、数字货币安全、数据融合分析技术等关键技术，打造统一基础软件框架、统一密码服务框架等基础共性平台。

（4）密码技术行业领先

卫士通作为商用密码产品生产、销售定点企业，在密码理论研究、密码产品研制、密码应用方面具有深厚的技术与经验积累。

①密码理论研究。卫士通依托于中国电子科技集团公司第三十研究所，以其50年信息安全和通信保密工程的技术积累和经验为基础，结合现代信息安全技术的最新发展，积极开展大量与密码相关的理论研究工作。

在密码算法研制方面，卫士通承担了大量国密局算法研制任务，如分组密码算法，轻量级分组密码算法，轻量级序列密码算法的设计、分析、评估等；同时，展开了大量密码前沿理论的跟踪和研究，如基于身份标识

（IBC）的密码、可信计算技术、格密码、同态密码、白盒密码等；在算法实现方面，实现了SM1、SM2、SM3、SM4、SM9、祖冲之序列密码算法等国家商用密码算法的自主软/硬件开发。

2016年6月22日，"卫士通摩石实验室"（Westone Cryptologic Research Center，CRC）在北京成立。按照业务规划，实验室将围绕国家发展战略目标和国民经济、社会发展及国家安全的重大需求，立足网络空间安全的关键支撑技术，通过开展商用密码基础理论和前沿技术研究，以及面向国计民生的重要信息系统密码保障体系研究，参与行业、国家及国际相关密码和安全技术的标准制定，打造密码人才培养和国际学术交流平台。

②密码产品研制。通过多年技术和经验积累，卫士通形成了密码类、信息安全类和安全信息类三大类产品。其中：密码产品形成了从密码芯片、密码模块、密码设备到密码系统的系列密码产品。密码芯片产品包括密码算法芯片和物理噪声源芯片。密码模块产品包括SD/TF密码卡、USBKey密码模块以及PCI密码卡。密码设备产品包括IPSec/SSL VPN、服务器密码机、金融数据密码机、签名验签服务器。密码系统产品包括移动通信加密系统、密钥管理系统、证书管理系统。

③密码应用。卫士通在密码应用方面的研究工作包括：参与国家重大密码专项课题；组织完成海外多项应用，进行我国商密产品应用、技术现状及存在问题的研究；开展密码技术保障体系研究、重要信息系统领域密码保障基础设施发展规划、密码标准应用推广研究、商用密码科技创新发展战略研究等。同时，在生物识别技术如三维人脸识别技术、基于掌静脉识别积极研究密码应用的融合等密码国产软算法的替代和安全性研究。

在金融行业，卫士通以国密算法改造为切入点，积极开发满足用户需求的密码设备，在为用户提供密码产品的同时，为银行国密算法升级改造提供了整体安全解决方案。

在电子政务领域，卫士通一方面以证书服务和身份认证服务为基础搭建服务于电子政务的信任服务平台，为用户提供资源管理、授权管理、可信时间等服务。另一方面，以电子文件密级标志产品为中心，围绕电子文件密标，综合终端安全产品、网络安全产品、文档安全管理产品、文档安全存储产品，打造新一代的数据安全防护体系。

在云计算领域，采用密码设备虚拟化技术，研发应用于云计算环境，能实现密码计算资源的集约利用、动态伸缩、迁移，并满足政府、企业、金融行业、云服务提供商等对于云数据加密保护、云内部安全管理、密钥管理及身份认证安全需求的云密码卡、云密码机和云密钥管理。

在大数据领域，研发能满足数据安全存储需求的安全存储网关。

（5）信息安全芯片的技术引领者

无论是围绕云、物、移、大、智等新兴技术展开的新业务板块，还是传统自主高安全网络信息系统与安全产品，都离不开安全芯片的支撑。安全芯片的发展直接关系到各个安全业务的核心竞争力。

卫士通公司下属嘉微公司已经建成了世界同步的芯片设计开发平台，拥有全流程的自主设计开发能力，具备设计开发55~180nm工艺的超大规模数字集成电路、模拟集成电路和数模混合集成电路的技术实力。其产品以ASIC/SoC芯片为主，在安全芯片领域的技术和产品处于国内领先地位。嘉微公司先后承担多项国家级重大科研生产项目，并多次获得国家级和省部级奖励，在专用芯片领域已经拥有多项技术发明专利。

在密码芯片领域，嘉微公司坚持民为军用、军民结合的发展思路，应用国家芯片基础研究成果和先进成熟技术，吸收民用微电子产品的精髓，充分发挥民间的技术、人才和效益优势，采用关键技术联合攻关等多种手段，加快民用安全芯片的规模化发展。

在民用芯片产品市场方面，嘉微公司沿着安全芯片和通用芯片2个产品线继续发展。公司积极在金融系统、电力系统、社保系统及移动互联网应用等领域布局商用安全芯片产品，力争在商用市场取得规模化发展的突破。目前，TF卡主控芯片、电网安全防护芯片及噪声源芯片等芯片已经研发完成。在民用其他芯片方面，公司近2年先后开发了LED驱动芯片，并取得了良好的经济效益。

通过近年来的不懈努力，公司突破了密码算法可重构、高性能公钥可编程等一系列核心技术，在多方面取得了关键突破或重要进展，重点研发了超低功耗安全芯片、低功耗高性能安全芯片系列、安全SE芯片。

（6）"安全+"为核心的产业布局

"安全+"即"安全+信息系统"，是以基础设施的正常运行和信息系统的安全为目标，以行业应用为重点，着力推动网络信息系统与安全的深度融合和技术创新，积极研发重点产品，构建综合、全面、高效的网络治理和网络防护体系。

"安全+"在网络治理安全方面，构建以"安全可靠""自主可信"和"一体防护"为基础，以"全域监测、全时管理、全维控制、共享共用"为核心的"监、管、控、用"网络治理体系，依托网络空间保障政令畅通，执政高效，社会稳定，打击犯罪，知悉民意，惠及民生。

在"安全+"网络防护安全方面，以保障基础设施网络、企业网络、公众网络的正常运行和信息安全为目标，以行业应用为重点，着力推动网络信息安全军民融合和技术创新，积极研发重点产品，构建综合、全面、高效的网络防护体系，实现企业安全运营、商业秘密及个人隐私的全面保护。网络防护安全含信息产品安全、信息系统安全和运营服务安全。

公司以"安全+"为核心，构建了包括理论、算法、芯片、产品、系统、服务的完整信息安全产业链，引领国家及行业网络信息安全技术发展。

在安全产品方面，卫士通重点发展主机安全产品、网络安全产品、应用安全产品、数据安全产品、安全管理产品和安全终端。

在安全系统方面，卫士通重点发展移动安全办公系统、安全云操作系统、安全虚拟桌面系统、互联网舆情监测预警系统、APT高级威胁监测系统等产品。

● 移动安全办公系统：卫士通按照国家等级保护三级规范要求及相关安全保密法规要求，研究推出采用商密算法、商密SSL VPN传输技术、4A技术、隔离交换技术、TF密码卡安全套件技术、移动终端设备管控MXM技术、移动终端本地数据安全技术的高安全移动办公系统，可满足业务数据安全生命周期保护，产品实现从芯片到整机、到系统的一体化防护和多制式无线移动网络自适应切换等功能。

● 安全云操作系统：安全云操作系统采用虚拟化层加密技术、服务器虚拟化技术、网络虚拟化技术、分布式存储技术、SDN/NFV技术等新兴技术和信息安全技术，全面遵循信息系统安全等级保护标准和云操作系统安全标准，为用户提供自主可控、安全可靠的全方位安全防护，实现数据全生命周期的保护。采用融合开发架构实现对不同OpenStack版本的适配，为用户提供丰富的云服务和异构资源统一管理等功能。

● 安全虚拟桌面系统：安全虚拟桌面系统采用虚拟机镜像加密及校验

技术以保护镜像内数据的安全；采用虚拟机流量监控技术实现对资源的访问控制；采用虚拟机非持久模式保护虚拟机在无状态模式下的安全；采用虚拟资源在线伸缩技术满足业务的弹性需求；采用自主高安全传输协议保障虚拟桌面和虚拟服务之间数据传输的安全。同时，安全虚拟化平台具有虚拟机防火墙、主机监控与审计、打印安全监控与审计、证书管理、虚拟化杀毒等功能。

● 互联网舆情监测预警系统：互联网舆情监测预警系统由采集服务器集群、索引服务器集群、数据处理服务器集群、数据分析服务器集群、数据存储服务器集群和应用服务器组组成，具有实时监测、舆情分析、舆情预警等功能。互联网舆情监测预警系统采用数据挖掘技术、搜索引擎技术、自然语言处理技术、专有舆情信息识别算法和分析模型，具有舆情信息全面覆盖、舆情信息分析误检率低、舆情信息采集分析时效性高和舆情分析深刻等特点，能全面满足政府宣传部门、管理部门、组织部门等的实时监测、全面聚焦、深度分析、准确研判和高效使用等业务需求。

● APT高级威胁监测系统：APT高级威胁监测系统采用沙箱动态分析技术和基于机器学习的行为分析技术，对未知威胁进行识别和检测。沙箱动态分析技术在基于指令级的行为检测技术、动态污点分析技术和反虚拟逃逸检测技术等方面处于行业领先地位。APT高级威胁监测系统通过对内外网综合监测，实现了对APT威胁活动的全生命周期（包括漏洞利用渗透进入、命令控制通信、内网扩散提权、数据隐蔽窃取）的监测和预警。

4. 卫士通的解决方案及应用案例

（1）政务云监管方案

卫士通公司承担了某省政务云监管平台的建设，以"1"个云监管平台为重要抓手，对"N"个云服务商云平台、"N"个自由云平台和"1"个灾备中心进行资源监管、运营管理、安全监管、统一运维，并对云服务商、灾备中心服务商提供服务能力的评价与考评，通过云监管平台中的"统一安全运维"能力，打造整个政务云的安全防护标准体系，提供态势感知、安全预警、综合运维、应急响应、安全审计和硬件准入安全服务。省级政务云用户通过云监管平台统一门户实现资源申请和对本部门申请的云资源进行变更、状态监视、管理等。其中，N个云服务商平台采用国际标准开放的OpenStack 技术路线，形成有效竞争，优胜劣汰，改造利用具备条件的部门数据中心（部门云整合平台），在异地建立云灾备平台，有效保障政府重要数据安全。

　　该省级政务云总体架构如图2所示。

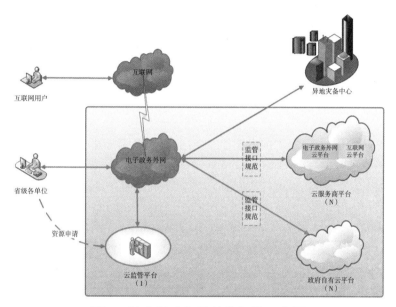

图2　某省级政务云总体架构示意图

　　统一监管和安全运维是政务云平台智慧的关键，通过"1"个云监管平台实现了异构平台资源的整合，屏蔽了异构云资源的技术体系，云监管平台通过API适配层与云服务商平台、政府自有云平台以及灾备中心云平台在统一标准体系下适配通信，在对整个政务云服务体系的资源监管、安全监管和运营管理的同时，还通过对整个服务体系和用户使用情况等综合分析，形成对云服务商的服务质量和资源服务能力进行公平、公正的考评，从而促进整个政务云服务体系的生态发展。

　　云监管平台是整个政务云平台面向资源使用方（政府各部门，如政府、财政、发改委、经信委等）、资源监管方（租户管理人员、监管平台管理员等）、安全运维方（安全运维管理、运营管理等）、云服务商的统一入口（如图3所示）。

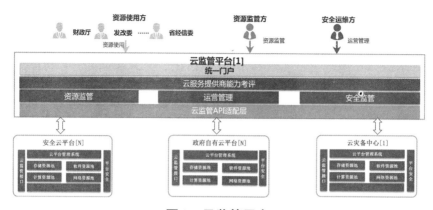

图3 云监管平台

按照等级保护三级要求，对互联网统一出口、电子政务外网统一出口和云监管平台提供安全防护方案。统一出口方案涉及的网络/安全设备以及云服务商平台安全管理平台（SOC）上报的安全日志、事件、策略都成为安全运维中统一安全管理的分析基础。总体架构如图4所示。

图4 云安全运维平台总体架构图

因该地区政务云既涉及不同厂商间软硬件设备的统一部署，也要面向不同的用户单位提供多类型服务，因而云安全是维持政务云正常运行和运营的重要保障。要结合等级保护安全要求与安全增强策略，从技术视角和管理视角综合考虑政务云的整体安全问题。为此，卫士通提出了其整体安全体系框架（如图5所示）。

省政务云建设项目整体安全体系框架

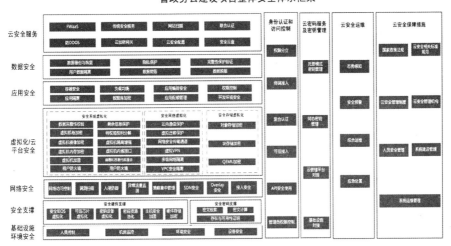

图5　省政务云建设项目整体安全体系框架图

卫士通公司在该项目中承建的云监管平台，是整个政务云系统的"中枢神经系统"。该平台整合多个服务商的云资源，以统一的"服务超市"模式实现云端资源、应用和数据服务的选购、服务计费、服务订单管理等。在监管平台上，云资源使用者、资源监管方、安全运维方将使用统一的访问门户，享受一站式服务。统一管理多个厂商的多种网络设备、服务系统，保证平台顺利运行，打造出一体化、统一运营、统一管理的整体云平台，强化和完善电子政务安全保障体系。

（2）移动互联网安全解决方案

卫士通高度重视移动互联网安全市场的发展与变化，不断加强自身以密码为核心的安全优势，以安全通信、安全支付、安全控制三大业务为抓手，向下整合不同的手机终端厂商，向上粘合移动互联应用，深度融合电信业务，面向党政军、公检法、金融、能源、交通、运营商等政企用户和公众用户，打造具有针对性的移动信息安全解决方案，提供从硬件到软件、从底层到应用层、从端到云的一体化信息安全保护，并有效解决用户在移动通信、移动办公、电子政务、应急指挥、抢险救灾等业务中的移动信息安全问题，全面提升用户应对最新网络安全威胁的能力。

①安全移动办公解决方案。

卫士通打造的安全移动办公系统，依据国家等级保护三级相关标准，重点解决移动办公的安全接入问题，为不同移动办公应用场景提供统一的安全解决方案。

系统采用自主可控的智能安全终端，基于"终端+平台+应用"的一体化设计理念，综合VPN、MDM、商用密码等技术，实现商用级密码算法保护的安全移动办公平台，由Mate8尊御版安全手机为主的移动安全终端、安全接入网关、安全管理中心、资源访问控制网关、网络隔离设备、安全应用等部分组成，从而建立身份安全认证机制、终端安全控制机制和数据安全保护机制，实现党政机关、政府部门、军工行业、金融财务等领域的企事业单位协同办公系统与移动办公系统之间的整合。主要功能如图6所示。

移动终端安全接入　　移动设备管理　　移动应用管理　　统一用户策略管理

内网入侵检测防御　　数据接入访问控制　　低成本用户应用适配　　运维审计

图6　安全移动办公主要功能图

安全移动办公系统具有广泛的可应用场景，在Mate8尊御版安全手机进行4G VoLTE加密通话的基础上，完成实时审批、内部数据查询、外勤作业信息同步、现场执法等典型功能；同时，保证移动办公的安全性，提升整体办公效率。

②智能移动终端安全管控与服务平台解决方案。

越来越多的手机、平板等移动设备进入企业信息系统，由于这些设备硬件形态、操作平台、系统版本不同，员工通过移动设备访问互联网资源，会对信息安全造成巨大威胁，给IT管理带来了挑战。

卫士通面向用户需求，打造了基于行业的智能移动终端安全管控与服务平台解决方案，实现对移动终端外设、终端应用及上网行为的有效管控，通过地理围栏和时间围栏联动响应，实施更加精准的移动终端安全管控。

用户根据行业特点对MDM方案（如图7所示）进行定制，将不同类型终端纳入统一管理平台，实现安全通话、远程锁定手机、远程擦除手机数据、定位跟踪，将相机、麦克风、截屏、蓝牙、数据网络等远程开启或关闭，管理用户应用，控制网站访问范围等功能，给政企部门的IT管理提供完整的解决方案，营造安全网络环境，促进信息化建设发展。

③安全融合通信解决方案。

安全融合通信是以安全集成、移动办公、敏捷协同和开放融合为基本要素，通过构建融合语音、数据和视频等多媒体能力的安全通信系统，为用户搭建良好的内外部沟通和协作平台，实现高效协同，助力业务绩效提升。

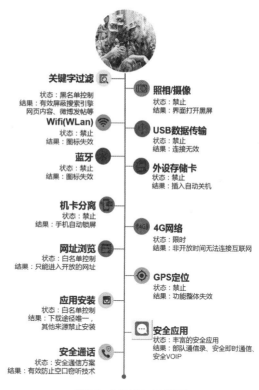

图7　MDM方案图

多场景融合："无处不在"或许是融合通信带来的最大变革，它意味着人们无论是在办公室、会议室还是出差途中、家中，无论是内部员工还是外部客户，随时随地都能进行沟通和协作。用户可以在任何时间、任何地点，通过多种方式，轻松便捷接入会议。

多终端融合：提供适用于不同人群、不同场景的会议终端，从管理者到普通员工，从会议室到办公桌面到口袋，多终端同时接入融合会议，实现会议室终端、电脑客户端、桌面IP话机、手机客户端等多终端的融合，提供移动化、融合视频、云协作的安全融合通信解决方案。在融合语音、数据、视频等业务流的同时，使用国密算法进行加密，实现任意终端在任意时间、任意地点安全快捷地接入系统，满足用户在IP语音、群组沟通、协同会议、移动办公、业务流融合等方面的需求，有效解决特种市场在开展特殊勤务、指挥调度等中的移动信息安全问题。

网络安全如今已上升到国家战略层面，维护网络生态环境、加强安全体系建设，是所有互联网人的必然选择和重要使命。卫士通积极响应信息安全为国家安全重要组成部分的总体战略，以沉淀了10余年的实力和资本领衔于移动信息安全的制高点，秉承军工品质研发品质，主推面向安全移动政务、安全移动政法、安全移动警务、央企移动办公、海外移动安全办公等解决方案，为不同行业提供高安全、高品质的用户体验，担负起为用户业务安全保驾护航的重任，将规范的流程、专业的服务带给客户并实现其价值。

（3）安全运营服务

在目前的信息安全新形势下，现有企业邮件系统主要面临以下风险：

①邮件数据未加密。邮件在没有加密之前是明文传输的，很容易被"窃听"。没有加密内容，只要窃听者获得邮件内容，不需要任何的解密动作，就可以获得邮件的内容。

②传输通道未保护。常用的电子邮件协议有SMTP、POP3、IMAP4，它们都隶属于TCP/IP协议簇，默认状态都是明文传输的，且包含邮件账户和密码信息。互联网是开放的网络环境，黑客可以轻松截取网络数据，如果传输通道未作加密处理，很容易造成账号和密码泄漏等安全事件。

③数据管理不可控。目前，大多数企业的邮件系统采用自建和租用模式，邮件数据转发、处理和备份的落地可能是自建机房或者是服务商提供不可知数据机房，数据管理易受基础设施、系统后门、网络防护、人员能力和保密意识影响，容易发生数据丢失、泄露等安全事件。

④垃圾、钓鱼邮件防不胜防。卡巴斯基实验室发布的《2015年第2季度垃圾邮件和钓鱼威胁报告》显示，53%的电子邮件是垃圾邮件，超过2/3的网络间谍使用钓鱼攻击，而使用未受保护邮件系统的员工尤其容易遭遇

伤害。

同时，机构及企业使用互联网电子邮件比例高达为83%，是企业最主要的互联网应用，也就是为什么"棱镜"窃听计划将电子邮件信息列为十大监控信息之首。诸如破解、篡改、冒名、垃圾邮件、病毒、木马等一系列的隐患一直威胁着电子邮件的安全。涉及较多重要、非密、敏感信息的企事业单位在互联网上使用普通电子邮件系统有很高风险。所以，无论是政务、企业及个人邮件安全隐患严重，都急需一款安全邮件解决方案。

基于此，卫士通向用户推出了安全电子邮件服务。用户购买安全的邮件服务，享受邮件通信的安全可靠。

（1）信息全生命周期安全的电子邮件服务

以安全、可控、高效和便捷为基本原则，承袭普通电子邮件使用习惯，为用户提供全过程加密、全系统可控、从产生、发送、处理、存储的信息全生命周期安全的电子邮件服务。

（2）自建高安全数据中心

采用安全可控的国产化虚拟云平台；彻底杜绝了"棱镜门"类的安全隐患，让盗取者无处下手，让管理者高枕无忧。同时，自建专业安全运维团队。团队安全保密意识极高，依托于信息安全领域技术积累，针对邮件系统提供渗透测试、实时监控和应急处置等保障措施。

5. 卫士通的投资及战略布局

在中国电子科技集团和中国网安公司的引领指导下，卫士通制定了"成为国内卓越、世界一流的信息安全旗舰企业"的战略目标。

当前，随着国家网络空间安全战略、国家"十三五"规划、军民融合、安全可靠工程等国家战略的实施，工业化和信息化紧密融合引发广泛的信息安全需求，自主可控的信息安全产品和信息产品替换，将信息安全产业提升到了国家战略高度，产业迎来了高速发展期。

2015年，中国电子科技集团整合集团所属的三十所、三十三所和中电科技公司，组建"中国电子科技网络信息安全有限公司"，被党和国家寄予维护国家网络空间安全的厚望与重任。卫士通作为中国网安公司的营销服务平台和资本运作平台，迎来了规模化发展的战略机遇期。

公司制定了"一三五六六"的战略发展思路，坚持以网络信息安全为核心领域，强化核心技术创新、安全解决方案、专业服务保障三大能力，做强产品、解决方案、服务、科技创新、资产经营与资本运作五大业态，全力开拓政府、行业、军队、企业、互联网、国际六大市场，重点发展商用密码、移动互联网安全、政务安全、安全+智慧、云计算与大数据安全、工业控制安全六大方向。

（1）战略方向

● 商用密码：立足于政府、金融、电力等核心行业，拓展交通、卫生、教育、税务、社保等行业商用密码应用的产品和解决方案，积极探索信任和身份认证服务、货币数字化服务运营平台、安全云密码等基于商用密码的延伸服务业务。

● 移动互联网安全：面向党政、行业和军队市场提供安全手机硬件设备、安全应用部署平台和移动安全解决方案。面向中小企业和个人，以安全手机和安全移动办公业务为支点，为公众提供个性化安全产品和特色应用，同时为安全支付、电子医疗、移动证券等业务提供安全虚拟运营服务。

● 政务安全：夯实公司在电子政务领域的优势，发展面向政务应用的信息安全产品和安全信息系统，提升公司面向电子政务外网的安全保障能力。加强对"互联网+政务服务"的研究，探索"互联网+政务服务"的新型政务服务模式，促进电子政务与互联网的融合发展，利用互联网开展信息惠民服务，构建基于互联网的安全电子政务系统。

● 安全+智慧：面向"安全+智慧城市"，以"共有基础设施安全需求、通用功能平台安全需求、智慧应用安全需求"为导向，以"网络空间安全技术防护体系"为核心，构建智慧城市网络空间安全保障与综合治理体系，形成智慧城市安全整体解决方案，创建智慧城市安全领导品牌。

面向安全+智慧医疗、安全+智能制造等方向，以云计算安全、大数据安全技术为核心，构建安全可靠、互联互通的云计算和大数据应用环境，为用户一体化生产经营、日常办公、决策管理提供安全高效的服务。

● 云计算和大数据安全：面向云计算和大数据为代表的新技术领域，研制基于云计算环境下的密码设备、密码服务系统、高安全云计算平台、大数据安全分析平台等，形成安全云计算整体解决方案、大数据安全解决方案。

● 工业控制安全：面向安全需求凸显的工业控制领域，推进工控安全产品研发、生产和市场拓展，打造工控系统加密产品、工控无线网络加密产品等四大产品系列，形成面向石油石化与油气管网、核设施、交通运输、电力系统、先进制造领域的安全解决方案。

（2）战略重点

围绕国家创新驱动战略，优化公司创新体制，以人才发展为支撑，加强基础理论和共性技术研究，强化原始创新、集成创新和引进消化吸收再创新，突破核心密码技术，突破自主高安全终端和网络、移动互联网安全、信任服务等关键技术，成为科技引领的创新型企业。

● 以创新人才为核心。优化创新人才队伍结构，突出"高精尖缺"导向，牢固树立"人才资源是第一资源"的理念。采用"内引外联"的机制，广辟人才成长渠道，完善人才培养机制，加快专业技术人才特别是高层次创新人才和科技领军人物的培养和引进，着重培养高级专家型学科带头人，建立结构合理的创新人才队伍。

● 以创新平台为基础。依托国信卫士信息安全研究院、摩石密码实验室、攻防实验室、四川省云计算与大数据重点实验室等科研创新平台，突破基础理论和关键技术，提升自主创新能力。积极主导和参与创新联盟和协会，建设公司"互联网+"创新平台，搭建创新创业孵化和服务平台，支持员工创新和内部创业，构建线上线下结合的新型创新模式。

● 以开放协同为路径。通过开放创新，解决科技资源配置分散、封闭、重复和低效等问题，开放共享科技资源，促进创新要素在创新平台内自由流动。促进政产学研的紧密融合，集中优势力量在网络空间安全领域联合攻关，取得世界领先的原创性成果，突破关键核心技术，推动重大创新成果的规模示范和产业化。

● 以专项资金为保障。充分利用公司非公开发行的募投资金，打造良好的创新基础环境，建立公司创新专项资金库，设立面向全体员工的创新基金。建立灵活的创新资金使用和管理制度，包容地看待创新，营造宽松的创新氛围，更好地激发员工创新活力。

● 加强军民技术成果转化。结合公司在基础密码产品、信息安全产品、安全信息系统等民用领域产品的优势，强化军民融合技术论证，形成可以在军队应用推广的产品及系统，不断丰富和完善公司军用装备型谱。

同时，将成熟的军用产品转化为民用产品，强化公司核心领域市场竞争力。围绕云计算、大数据、物联网、智慧园区、互联网进军营等民用新技术带来的军队信息化建设需求，大力发展军队信息化办公应用、服务保障产品、安全大数据产品和安全物联网产品等。

● 以国家"一带一路"建设为牵引，加快推进国际重大市场运作和新兴市场开拓，通过对外援建项目和企业间合作开展国际业务，逐步设立海外分支机构，拓展国际市场。

围绕全面提升公司核心技术创新能力、安全解决方案能力、专业服务保障能力，切实保障产品、解决方案、运营服务、科技创新的资源需求，加强在网络安全、安全应用、安全服务等方向进行资产并购或整合，有效提升市场化资源配置的效率、效益和效果。

在未来，卫士通公司将进一步巩固"信息安全国家队、密码产业主力军"的行业品牌地位，大力贯彻执行创新发展、军民融合、国际化经营战略，提升公司技术产品能力和品牌影响力，不断优化市场结构，深耕传统优势业务，在安全运营等新业务成为行业标杆，在移动互联网安全、安全+智慧等新领域，成为业界具有安全特色的领军企业。

6. 结语

作为一家专业从事信息安全的企业，卫士通一直以扎实、低调、专注的风格进行技术创新、新品研发和服务提供，在多个领域具有技术优势，为政府、军队、金融、电力、企业等用户的信息化建设作出了重大贡献。随着国家"互联网+"战略的推行，卫士通调整了自身战略以适应未来的信息安全产业的发展，立足为更广泛的用户提供安全保障服务，从而获得可持续发展。

解读亚信安全的网络安全

亚信安全积极响应国家号召，成立虽然不到一年时间，但是已经取得了很好的成绩。亚信安全放眼全球，重视核心技术，构建新兴安全市场自主可控产品生态；与有关政府和单位签署战略合作，全面拉开战略合作序幕；发布勒索软件威胁报告并提出应对建议；为政府、广电、金融等行业的客户提供品质的安全服务；帮助客户建立深层次的纵深防御和自主可控的安全体系。

亚信安全为网络安全作出了重要的贡献。2015年全球共发现24个零日漏洞，亚信安全就贡献了11个。凭借雄厚的技术实力，亚信安全在云计算、大数据、虚拟化、安全态势感知、移动安全及APT（高级持续性威胁）治理方面均实现了全球技术领先，也取得了云安全领域市场占有率第一的成绩。

1. 中国从网络大国向强国迈进核心安全技术需要"弯道超车"

互联网已经在人们的工作生活中占据了不可替代的地位，网络安全性因为维系着人们的利益也备受关注。经过20多年的发展，中国已经成为世界网络大国，但在核心网络安全技术方面，还落后于发达国家。没有核心技术优势，网络安全将脆弱不堪一击。

2016年4月19日，习近平总书记在网络安全和信息化工作座谈会上指出，20多年来，我国互联网发展取得的显著成就中包括一批技术方面的成就。目前，在世界互联网企业前10强中，我们占了4席。同时，我们也要看到，同世界先进水平相比，同建设网络强国战略目标相比，在很多方面还有不小差距，特别是在互联网创新能力、基础设施建设、信息资源共享、产业实力等方面还存在不小差距，其中最大的差距在核心技术上。互联网核心技术是我们最大的"命门"，核心技术受制于人是我们最大的隐患。我们要掌握我国互联网发展主动权，保障互联网安全、国家安全，就必须突破核心技术这个难题，争取在某些领域、某些方面实现"弯道超车"。核心技术要取得突破，就要有决心、恒心、重心。有决心，就是要树立顽强拼搏、刻苦攻关的志气，坚定不移实施创新驱动发展战略，把更多人力物力财力投向核心技术研发，集合精锐力量，作出战略性安排。有恒心，就是要制定信息领域核心技术设备发展战略纲要，制定路线图、时间表、任务书，明确近期、中期、远期目标，遵循技术规律，分梯次、分门类、分阶段推进，咬定青山不放松。有重心，就是要立足我国国情，面向世界科技前沿，面向国家重大需求，面向国民经济主战场，紧紧围绕攀登战略制高点，强化重要领域和关键环节任务部署，把方向搞清楚，把重点搞清楚。

2015年12月15日，第二届世界互联网大会"互联网之光"博览会开幕式在浙江乌镇举行。互联网在中国从无到有、从小到大、从大渐强，日益渗透到经济社会发展的方方面面。目前中国拥有6.7亿网民，超过世界网民总数的1/5，已经成为名副其实的网络大国。中国互联网发展的辉煌成就，得益于中国改革开放的政策，得益于互联网人的拼搏奋斗，得益于依法有效的管理，得益于我们坚持中国特色社会主义道路，得益于中国共产党的坚强领导。

2016年4月25日，中央网络安全和信息化领导小组办公室组织召开企业家座谈会，畅谈习总书记在网络安全和信息化座谈会重要讲话的体会感想和对政府推进网信工作的建议意见。亚信集团董事长田溯宁应邀参会。会上，田溯宁表示："我们这代人的责任，就是不断地丰富'网信事业'的内涵，对总书记的讲话不断地学习、理解和贯彻，有勇气和想法让中国成为网络安全和信息化国际话语权的提出者和国际标准的制定者。"

2. 亚信积极学习总书记讲话践行"网信事业"旗帜下企业责任

网络安全和信息化是相辅相成的，安全是发展的前提，发展是安全的保障。共筑网络安全防线，是全社会共同的责任，企业更应首当其冲。亚信安全成立后的核心任务就是推进云安全、APT治理、移动安全、大数据安全、安全态势感知等新兴安全关键技术的自主可控。掌控国际领先的云安全关键核心技术和产品，将使中国在世界云安全产业版图中占据重要位置，对于保障国家网络安全与云产业安全、实施自主可控战略，具有重要和深远的意义。

作为"网信事业"的核心之一，在信息安全领域，亚信安全是亚信集团"领航产业互联网"版图中的重要业务板块，尤其在其全面收购趋势科技中国区业务之后，亚信安全掌握了业界最高水平的网络威胁防御技术以及顶级的研发团队。亚信在通信行业具有领导者优势。早在1995年，亚信在规划第一代国内最早的互联网时，就开始为客户作网络安全方面的规划和集成服务。2015年通过对趋势中国核心技术的收购，亚信安全目前已形成共计88款安全产品及服务的产业互联网安全体系，构建了从终端到云端的安全可信链条。

与此同时，亚信安全在自控可控产业合作方面也迅速展开，与国家信息中心等单位达成战略合作，旗下的服务器深度安全防护系统正式支持国产麒麟Linux操作系统等一系列业务的进展。这恰恰说明，亚信安全虽然成立不久，但在我国全力发展"网信事业"的伟大进程中，承担并践行一个企业的重要责任。

3. 重视核心技术构建新兴安全市场自主可控产品生态

2015年9月1日，亚信科技与趋势科技联合发布公告，亚信科技收购趋势科技在中国的全部业务，包括核心技术及知识产权100多项，同时建立了独立安全技术公司——亚信安全。亚信科技是电信软件领域的领军者，趋势科技公司在安全方面则是全球企业，亚信安全由此正式诞生。

趋势科技是全球虚拟化及云计算安全的领导厂商，连续多年蝉联"全球虚拟化安全市场第一""全球服务器安全市场第一"以及"全球云安全市场第一"。在中国500强企业中，77%已经使用了趋势科技的解决方案，其中包括70%以上的银行、80%的证券公司、65%的汽车制造商和50%的保险公司。趋势科技云安全已经在全球建立了五大数据中心，几万台在线服务器。云安全可以支持平均每天55亿条点击查询，每天收集分析2.5亿个样本，资料库第1次命中率就可以达到99%以上。借助云安全，趋势科技现在每天阻断的病毒感染最高达1 000万次。而亚信在给电信运营商、行业客户和政府客户服务过程中，已经积累了一套基于云计算的安全管理方案，可以很好地将趋势科技中国积累的专利和技术资源进行整合。

亚信安全目前已组建了超过2 000人的专业团队，拥有超过2万家的客户，服务中国网络安全产业。过去亚信的安全主要集中在通信领域，随着亚信进军产业互联网，向金融、医疗、制造、教育等板块进军是必然趋势，通过从安全角度切入，为向产业互联网进军找到了一个切口。

亚信作为一家本土公司，在通信行业具有领导者优势，非常重视自主可控技术的研发和创新。亚信于2013年提出"产业互联网"理念，开始战略转型，致力于成为产业互联网的领航者。这与国家提出的"互联网+"行动计划高度吻合。

亚信安全的成立从整体上改变了全球网络安全技术的格局。凭借雄厚的技术实力，亚信安全在云计算、大数据、虚拟化、安全态势感知、移动安全及高级持续性威胁（APT）治理方面均实现了全球技术领先，也取得了云安全领域市场占有率第一的成绩。

掌控国际领先的云安全关键核心技术和产品，将使中国在世界云安全产业版图中占据重要位置，保障国家网络安全与云产业安全，实施自主可控战略，为产业互联网时代保驾护航。

"核心技术是国之重器"。三大核心技术——基础技术、通用技术，非对称技术、"杀手锏"技术，前沿技术、颠覆性技术，在中国有很大发展空间。要想在未来实现中长期持续追赶，尤其要发展"杀手锏"技术。亚信安全的自主可控核心产品研发与产业合作迅速展开，核心任务就是发展着眼于未来的"杀手锏"，推进云安全、APT治理、移动安全、大数据安全、安全态势感知等新兴安全关键技术的自主可控。但是，仅仅掌握了核心技术还不够，还需要与更多的合作伙伴合力同心，协同攻关，实现"命运共同体"的建设目标，进一步实现在前沿技术层面、在国际舞台上占有一席之地，实现根本上的自主可控。

目前，亚信安全通过团结更多安全力量，以开放的姿态建设云安全生态圈，已经与华为、浪潮、曙光、中电华云、红山、中标软件、VMware、Citrix、亚马逊AWS、微软、Dell等国内外顶级云计算产品及平台公司达成了战略合作伙伴关系，与合作伙伴形成合力，通过产品合作、渠道共建的方式，打造信息安全产业生态链。随着"互联网+"与传统产业的深入融合以及供给侧改革的持续推进，创新的信息化技术已经融入政企单位的业务流程之中，网络安全领域的自主可控问题也随之凸显。要满足自主可控的需求，除了严格要求网络安全服务提供商的资质之外，关键是要做到核心技术的自主可控。作为云与大数据安全的技术领导者，亚信安全从诞生之初，就已经拥有了纯正的自主可控之"心"。

（1）拥有中国规模较大的病毒响应中心，实现完全本地化安全服务

亚信安全从2015年完成对趋势科技中国区业务整合之后，不仅在企业内核上实现了完全的国产化，还对趋势科技在中国的全部业务、核心技术、产品著作权进行了完整收购，从本地化技术研发、安全服务、战略合作等多个层面着手，全面推动自主可控进程。

目前，亚信安全拥有中国规模较大的病毒响应中心。早在2008年，原趋势科技中国就建立了中国病毒安全响应中心，可以让中国区病毒得到更快的响应和处理。同年，在国家计算机病毒应急处理中心也设立了专门办公室，为国内用户提供及时有效的安全病毒响应服务。考虑到病毒在各个国家和地区存在样本特殊性的问题，原趋势科技中国还专门设立了网络安全监测实验室，实现安全服务完全本地化。随着趋势科技中国业务并购，这些病毒响应中心和实验室全部并入到亚信安全。截至目前，亚信安全在南京和北京的两大研发中心，已经吸纳了共2 000多位专业安全工程师，实现了完全自主化的研发与管理。

亚信安全为网络安全做出了重要的贡献。2015年全球共发现24个零日漏洞，亚信安全就贡献了11个。亚信安全CEO张凡指出："在亚信安全成立的这段时间，推进自主可控进程始终是我们的核心任务。我们不仅实现了核心网络安全技术的自主化，还与政府、本土教育和产业机构达成了广泛的合作。"

（2）打造全球领先、自主可控的网络安全产品体系

亚信安全业务发展与产品研发总经理童宁谈道："在大数据、云计算、物联网等创新技术的大规模落地过程中，网络安全威胁不仅没有消失，反而愈演愈烈。勒索软件、恶意移动软件、APT攻击等网络攻击对政企客户的网络安全防护能力构成了考验。这就要求政企客户在确保IT设备与信息安全产品自主可控的前提下，准确识别云计算和大数据环境下的安全威胁，全力打造立体化、智能化安全架构，形成主动有效的纵深防御体系，才能有效地防范不断精进的网络安全威胁。"亚信安全基于在网络安全技术领域的深厚积累，以及领先的网络安全研发能力，可以在安全威胁日新月异的背景下，为政企客户提供全生命周期、与时俱进的安全防护能力。

目前，亚信安全已经拥有88款安全产品及服务的产业互联网安全体系，其独立研发的自主可控产品线可以构建从终端到云端的安全可信链条。

随着BYOD等移动化部署模式在更多组织的落地，如何防护移动安全威胁、保护机密数据成为棘手问题。亚信安全移动安全专家刘政平指出："要想在BYOD模式下确保移动数据安全，关键是要做到企业数据与个人数据的分离，亚信安全虚拟手机（VMI）解决方案是一种基于服务器虚拟Android系统的内核级虚拟化技术，采用了虚拟移动基础架构（Virtual Mobile Infrastructure），确保移动应用数据不出数据中心，移动办公数据不落地，可以为员工提供一个专为移动设备设计的安全虚拟工作区，从而有效保障企业数据的机密性，同时也能提升员工的工作满意度。"

为了给政企用户带来更强大的安全防护，亚信安全不断强化网络安全技术的创新。亚信安全网络安全事业部副总经理安轩晓荷介绍了在大数据安全方面的最新进展。他指出："亚信安全正在通过大数据存储的方式存储系统日志、网络信息等数据，建立数据底层构架，将亚信安全自身有关安全分析的经验、匹配规则和大数据技术结合形成一种分析体系，提升对于安全威胁的态势感知能力。"

（3）打通产学研链条，巩固国家安全战略基石

信息安全已成为国家战略安全的核心要素，是产业互联网、中国制造2025、智慧城市等战略实施的坚强基石。企业是科技研发主体，为了推动我国网络安全技术水平的提升，亚信安全与国家信息中心达成战略合作，与成都市政府共同建设信息安全公共服务平台及云安全实验室、攻防实验室，与哈尔滨工业大学共同组建"亚信—哈工大安全攻防实验室"，强强联合，打通产学研链条。

2015年10月，国家信息中心与亚信安全达成战略合作，双方在信息安全研究、信息安全产品及服务、政务外网安全技术等方面展开全方位合作。此次合作象征着政企共同努力推动国家实现信息安全自主可控技术发展的重要实践。

2016年3月，成都市人民政府与亚信安全签署战略合作协议。成都市政府将大力支持亚信安全在成都的发展。双方未来将在网络安全、大数据、产业互联网领域开展多种形式的合作，共同建设信息安全公共服务平台及云安全实验室，着力开展社会服务，培育信息安全产业生态。

2016年4月，亚信安全与哈尔滨工业大学正式签署战略合作协议，双方将共同组建"亚信—哈工大安全攻防实验室"。实验室将以安全攻防技术为核心，围绕互联网攻防、域名体系安全、云计算安全、安全渗透与加固服务、大数据安全等进行深入研究与合作，帮助企业与个人消费者更好地保护信息安全。

（4）与合作伙伴协力打造自主可控市场生态

领先的网络安全产品与技术为亚信安全赢得了巨大的市场空间。统计显示，在虚拟化安全市场、服务器安全市场、云安全市场、电信运营商安全管理软件与服务市场，亚信安全已排名全国第一。在中国500强企业中，目前77%已经使用了亚信安全的网络安全解决方案。英国著名品牌评估机构Brand Finance发布的"全球银行品牌500强排行榜"中，中国上榜银行为11家，其中采用亚信安全产品与解决方案的就达到了9家。

如今，云计算的快速发展，不但改变了科技行业原有的技术路线，更改变了既有的产业格局。2016年7月19日，全球云与大数据安全领域领导者亚信安全与新IT解决方案领导者新华三集团（简称"新华三"）联合宣布，双方将在产品创新、技术服务、渠道营销等领域展开全面的战略联盟

合作，积极提升我国云计算应用安全管理水平，共同帮助企业级用户应对不断演化的网络威胁。作为战略合作的重要开端，亚信安全服务器深度安全防护系统（Deep Security）已经成为H3C CAS虚拟化平台重要的核心管控模块，可为云计算租户提供了更加灵活、便捷、高效的云数据中心运行环境。

亚信安全与新华三的合作，对我国云计算产业健康发展意义重大。对此，亚信安全CTO张伟钦表示："新华三是全球领先的新IT解决方案领导者，云计算的实践步伐也已经走在了市场的前列，不仅在计算虚拟化、网络虚拟化、存储虚拟化方面有着非常明显的创新技术能力，更是国内私有云和行业云方面的探索和实践者。通过产品融合，亚信安全的虚拟化和云安全技术，以及大数据网络风险治理能力，可以为H3C云基础设施提供安全与性能、规模和效率的统一，为更多的行业用户提供自主可控、安全可信的云数据中心运行环境。"

随着国产化替代进程的不断深入，国内的自主可控市场逐步展现出蕴藏的巨大市场机遇。亚信安全积极与业界安全厂商进行合作，希望可以与合作伙伴协力，通过产品合作、渠道共建的方式，打造信息安全产业生态链，将技术支持与配套服务覆盖全国，深入每个行业用户的具体项目中，为用户提供更广泛的服务，共同打造零风险的网络世界。

4. 勒索软件增长超67倍亚信安全发布报告及应对建议

亚信安全近期发布的勒索软件风险研究报告分析了2015年9月至2016年6月勒索软件增长以及防治态势。报告指出，在监测的10个月内，全球传播的勒索软件数量增长了15倍，中国勒索软件数量增长更是突破了67倍，凸显勒索软件日益严峻的威胁形态。亚信安全提醒企业用户，要将勒索软件治理策略摆在更重要的位置，并在电子邮件与网页、终端、网络、服务器等多个层面搭建完整的多层防护机制，以保护企业信息资产的安全不受侵犯。

（1）勒索软件出现爆发式增长，中国成为重灾区

报告显示，2015年9月至2016年6月，勒索软件出现了爆发式增长，亚信安全在全球范围内监测到的勒索软件数量从不足100万增长到如今的

1 500万。对于国内用户来说，此报告还透露了一个尤为危险的信号：在中国传播的勒索软件已经从过去的可以忽略不计，增长到如今的数以万计，通过网页链接（URL）检测的勒索软件数量从283个增长到18 990个，增长超过67倍（见图1）。中国成为勒索软件感染最严重的10个国家之一。

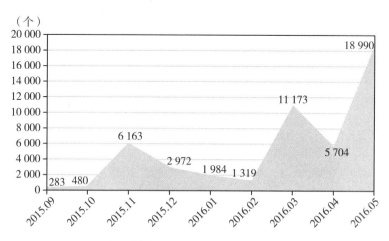

（个）

图1　中国勒索软件的增长情况（URL检测）

亚信安全技术总经理蔡昇钦说："与其他网络安全威胁一样，勒索软件在发展初期主要集中在欧美国家，但是随着中国互联网经济的繁荣，以及更多本地化勒索软件攻击套件的发布，会有更多的中国用户成为勒索软件的受害者。因此，国内企业用户需要密切关注网络威胁的发展动向，并提早部署安全有效的防御措施。"

（2）电子邮件与URL成为"最受欢迎"的传播方式

从报告中还可以发现，在过去10个月中，勒索软件主要是通过电子邮件、URL、文件这三种方式进行传播。其中，通过电子邮件传播的勒索软件数量出现了较为显著的增长，占比从不足5%增长到46%，仅次于通过URL传播的比例（52%）。

据亚信安全中国病毒监测实验室分析，电子邮件与URL是勒索软件传播者尤为喜欢的两种传播途径，主要是因为这两种方式简单有效，通过大规模群发的方式，不仅能够降低传播成本，还便于利用社交工程攻击的方式来吸引更多人点击。而且，这两种方式要比很多人想象的更有效果。因为黑客会利用漏洞攻击套件（exploit kit）攻击操作系统及应用程序的漏洞，若用户电脑没有更新补丁，只是浏览一般网页就可能会被勒索软件感染。

（3）防范勒索软件威胁，多层防护机制是关键

由于勒索软件可以通过多种途径来传播，因此基于单一层面的防护机制无法有效防范勒索软件。亚信安全发布的勒索软件风险研究报告同样显示，在综合部署电子邮件、URL、文件等多层防护机制之后，在防护边界对于勒索软件的检测率可以达到99%（如图2所示）。

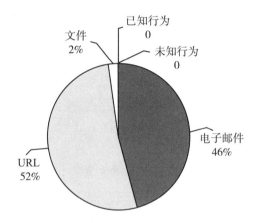

图2　多层防护机制可检测出99%的勒索软件示意图

勒索软件始作俑者会不断改变程序代码绕过过滤程序，并且尝试通过电子邮件、URL链接、文件等多种方式入侵网络。同样，黑客也开始将恶意软件目标放到服务器基础设施上。与最近攻击医疗行业的"SAMSAM"雷同，它们无须与C&C服务器联系也能加密档案。简言之，没有万灵丹防止这类网络威胁，企业用户需要尽可能地通过多层防护机制来检查和拦截威胁。

（4）亚信安全建议用户从以下几个维度入手，构建深层次的防御体系

● 文件：企业最好采取3-2-1规则对重要文件进行备份，即至少做3个副本，用2种不同格式保存，并将副本放在异地存储。此外，亚信安全还推出了针对勒索软件加密文件的解密工具，可以有效应对CryptXXX、TeslaCrypt、SNSLocker、AutoLocky等流行的勒索软件及其变种的加密行为。

电子邮件和网页：部署涵盖恶意软件扫描和文件风险评估、沙箱恶意软件分析技术、文件漏洞攻击码侦测、网页信誉评估技术在内的防护技术，侦测并封堵通过电子邮件和网页进行攻击的勒索软件。

● 终端：少部分勒索软件可能会绕过网络/电子邮件防护，这也是终端安全防护十分重要的原因。终端防毒系统可以监视可疑行为，配置应用程序白名单和使用弱点防护来防止未经修补的漏洞被勒索软件利用。亚信安全防毒墙网络版（OfficeScan）的Aegis行为检测功能可以检测部分的勒索软件加密行为，并能够对未知勒索软件的防御起到积极作用。

● 网络：勒索软件也可能通过其他网络协议进入企业网络进行散播，因此，企业最好部署能够对所有网络流量、端口和协议进行高级侦测的网络安全防护系统，阻止其渗透和蔓延。

● 服务器：通过虚拟补丁防护方案，确保任何尚未修补漏洞的服务器，有效防范"零日攻击"。

● 网关：在网关层面进行有效拦截，是企业最经济型的防御体系。亚信安全深度威胁安全网关Deep Edge具有极其简洁的部署和管理方式，但却包含了最重要的勒索软件攻击抑制能力。其拥有专门针对加密勒索软件、C&C违规外联及可疑高级恶意程序的监控窗口，还改进了和亚信安全深度威胁发现设备（TDA）及亚信安全深度威胁分析设备（DDAN）的产品联动，能够通过侦测、分析和拦截功能的融合，建立针对加密勒索软件攻击路径的有效"抑制点"。

5. 亚信安全的客户解决方案和案例

（1）政府行业电子政务外网网站系统安全解决方案

● 挑战：近年来政府大力推行"互联网+政务服务"，让居民和企业少跑腿、好办事、不添堵。网上信息发布、网上申请、网上受理、在线审批、在线咨询等网上业务快速发展，信息系统与公民权益、社会秩序、公共利益紧密相关。然而，网站安全事件时有发生，一些政府网站时常被入侵、漏洞攻击导致网站页面被篡改，还受到SQL注入、跨站攻击等威胁导致被错误地重定向数据库或数据失窃。

● 解决方案：根据政府网站面向公众提供查询、交互等业务的特点，充分考虑到操作系统版本各异，物理机、虚拟化平台混合的复杂环境，建议采用基于数据中心的统一安全解决方案，即通过服务器深度安全解决方案 Deep Security 全覆盖数据中心业务系统。在物理机上部署代理客户端程序，在虚拟化平台上通过基于业务虚拟机无代理方式，实现防恶意软件、入侵防御、虚拟补丁、防火墙、完整性监控等功能，保障网站业务系统安全平稳运行。

● 解决方案的价值：基于 Windows、Linux 等多平台的网站系统全面覆盖、统一管理；通过虚拟补丁技术防范零日漏洞攻击，保障网站系统 $7 \times 24h$ 安全运行；基于虚拟化平台无代理的防护模式，减少资源占用，节省管理运维成本；防病毒、入侵防护、防火墙等功能有效地满足公安部提出的等级保护要求。

（2）金融行业ATM设备解决方案

● 面临的挑战。

第一，ATM面临的病毒威胁。

一是ATM系统全部都是基于微软的Windows系统，那么ATM的操作系统也会面临目前计算机所面临的病毒问题。特别是近年来针对Windows漏洞所进行的网络蠕虫攻击。

二是网络互连加速病毒传播。ATM系统本身就是一个网络，所以一旦某台ATM设备感染病毒，将有可能迅速感染其他ATM设备，产生连锁破坏。

三是ATM维护带来的威胁。ATM设备需要定期维护，在维护过程中会进行数据交换，比如采用USB移动存储介质，或者是使用笔记本电脑直接连接等等。这些维护的方法都有可能导致自助机具感染病毒。

第二，现有ATM防护方案的不足。

一是缺乏专门针对ATM的病毒防护产品。目前所有解决方案主要针对桌面PC操作系统，此方案很难保证其兼容性。

二是缺乏对ATM网络中病毒传播的控制。目前的防护体系没有针对每台ATM严格的访问控制策略，一旦有ATM或者业务网内的机器感染病毒就可能传播到其他ATM。

三是缺乏智能化的ATM补丁更新系统。

操作系统有对应补丁：微软公布补丁之后到ATM获得防护需要非常长的时间，而在这段时间内，ATM系统无法防御针对这些漏洞攻击的病毒而存在严重的安全隐患。

操作系统无对应补丁：针对Windows XP等微软已经停止提供系统补丁的操作系统，ATM系统将无法防御针对这些漏洞攻击的病毒而长期存在严重的安全隐患。

● 解决方案。根据ATM的防御特性，亚信安全提出了自助机具深度防御架构体系（如图3所示）。

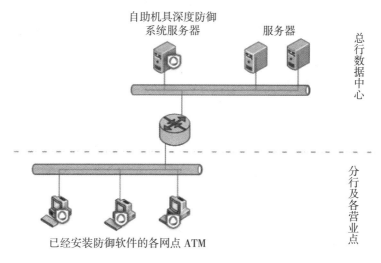

图3　自助机具深度防御架构体系

自助机具深度防御系统由两部分组成：部署在总行数据中心的自助机具深度防御系统服务器和各ATM上部署的客户端程序。

● 解决方案的价值。

第一，较小的系统资源占用。自助机具深度防御方案是特为ATM设计的定制方案，在确保为ATM提供全面防护的同时，系统内存的占用不超过50MB，完全可以部署在内存256MB及以上的ATM上。

第二，良好的兼容性。自助机具深度防御方案为企业提供的病毒码是有别于标准的桌面病毒防御软件的病毒码，更精准同时测试更为严格，可很大程度上地避免ATM的兼容性问题。

第三，颗粒化更细的网络访问控制功能。自助机具深度防御方案能为每台ATM设计单独的访问控制列表，确保每台ATM仅能与必须通信的其他机器通信而减少病毒感染的概率。同时，通过集中的控制台部署也非常简便。

第四，强大的虚拟补丁功能。自助机具深度防御方案提供具有和安装补丁相同功效的虚拟补丁功能，使ATM获得补丁防护的同时不改变系统文件。总部完成兼容性测试之后，可以通过控制台直接把策略推送给所有ATM终端，策略内存大小仅为几KB，不会对现有的ATM通信产生影响，也不需要重启机器。

第五，更专业的原厂服务。ATM作为金融行业提供对外服务的金融终端设备，代表着相关银行的企业形象，任何和ATM相关的安全事件都应该第一时间得到解决。

（3）客户应用案例

［案例1］浙江广播电视集团构建移动应用平台"安全第一"让云存储释放无限潜能——亚信安全企业安全云盘（SafeSync）满足广电行业音视频实时预览需求。

①客户诉求：

- 构建出一套便捷、高效、安全的移动应用平台；
- 在确保数据安全性的前提下，发挥移动互联技术的创新力。

②客户环境：

- 浙江广播电视集团处于传统媒体和新兴媒体加速融合期，挖掘移动互联网资源成为突出需求；
- 广电业务的特殊性，使得"安全第一、应用主导、利旧整合"成为建设总纲。

③使用产品：亚信安全企业安全云盘SafeSync（SafeSync for enterprise）。

④使用目标：

- 让集团内四处分散的文件集中至可控管的空间；
- 实现高清超大视音频数据的实时预览；
- 确保全面的数据安全。

随着新形态多媒体的崛起，广电行业不仅对数据容量的要求越来越高，数据的安全性也至关重要。为了在数据的处理能力上实现突破，浙江广播电视集团（以下简称"浙江广电"）选择了亚信安全企业安全云盘SafeSync，构建出了一套支持手机与PC数据同步、大文件云端分享、团队协作共享、邮件附件云存储等便捷、高效、安全的移动应用平台（见图4）。

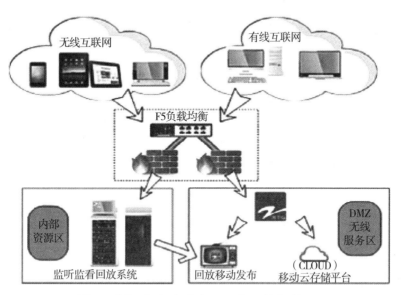

图4 浙江广电移动应用平台网络拓扑图

⑤设计特点。

● "安全第一"的移动应用平台。随着无线网络技术的推进以及移动互联网终端不断普及，占领信息传播制高点、挖掘移动互联网资源成为当前广电行业的共识。在此大背景下，浙江广电决定进一步提升集团的信息化水平，打造符合时代和应用需求的移动应用平台。在对业内先进的云计算解决方案和产品进行充分调研之后，浙江广电信息中心为移动应用平台确定了"安全第一、应用主导、利旧整合"的建设总纲。

打造网络层的"安全地带"。由于广电业务的特殊性，浙江广电需要通过互联网接入区域设立DMZ高安全区，在无线互联网区和集团局域网不同安全域间构造一个"安全地带"。

框架兼顾"便捷与安全"。"安全第一"是建设总纲之首，移动应用平台需要从开发环境保障系统的数据安全。另外，浙江广电还考虑到公有云环境下运维管理的自主性、空间扩展等可能在后期遇到限制性问题。

● 在"公和私"之间的取舍。基于以上问题和风险的存在，新建立的移动应用平台，不但要实现支持大文件云分享、跨系统实时同步、团队协作，更应在网络架构加强访问控制，在数据存储上实现加密和防泄漏功能。在综合评估之后，浙江广电最终决定采用亚信安全企业安全云盘SafeSync，作为移动应用平台应用便捷、安全牢固的底层支柱。

浙江广电借助亚信安全企业安全云盘SafeSync，构建了独立的私有云存储系统，可以让集团内四处分散的文件集中至一个控管的空间，并提供文件自动备份及随时随地同步功能，这让集团的数据能力在云端得到成长。另外，浙江广电以亚信安全企业安全云盘SafeSync为数据存取基础平台，采用开源跨平台的技术组合，实现高清超大视音频数据的实时预览，可以让用户更便捷、实时地分享到视音频文件。最重要的一点，浙江广电移动应用平台采取了高安全性的加密设置，并在数据防泄密保护功能上实现了历史版本恢复和用户权限管理。同时，其独特的病毒防护和数据泄露保护技术，能防止因遗失、失窃、病毒或设备故障所造成的数据损失。

● 无处不在的云存储。为了解决集团用户信息访问无处不在、安全无处不在的需求，云存储平台采用了"终端接入层+应用服务器云层+存储数据交换层+云存储数据单元层"核心硬件体系，以及亚信安全企业安全云盘SafeSync软件应用和防护体系（如图5所示）。

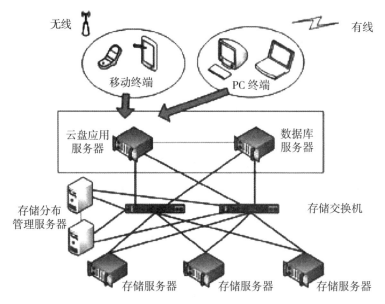

图5　浙江广电云存储结构图

其中,终端接入层包括有线接入和无线接入,可以将用户的需求提交给位于应用服务器云层的云盘;应用服务器云层用来支持云盘应用服务,提供上传下载、存储管理、对象操作等功能,同时对外提供访问接口;存储数据交换层采用双链路结构,存储交换机进行双点配置;云存储数据单元层可以对存储服务器组成的云存储集群池资源进行有效管理。

[案例2]亚信安全服务器深度安全防护系统让虚拟化"既稳又快"助力中信证券实现业务连续性管理。

①客户诉求:

- 全面化解虚拟机防毒扫描风暴难题;
- 让业务连续性管理水平不断提升。

②客户环境:

- 信息技术中心对自身的IT基础架构进行虚拟化改造;
- 虚拟化安全变成网络中的防护弱点,影响业务连续性。

③使用产品:亚信安全服务器深度安全防护系统。

④使用目标:

- 消除防毒扫描风暴,最大限度地设计虚拟机密度;
- 解决防护间隙的难题,让更多的业务应用汇聚于虚拟化数据中心。

作为提升信息化效率、降低成本的重要手段,虚拟化是企业在信息化道路上必需跨过的一道门槛。为了全面推进虚拟化进程,避免安全失控的风险,中信证券股份有限公司(以下简称"中信证券")携手亚信安全,采用无代理特性的亚信安全服务器深度安全防护系统,全面化解虚拟机防毒扫描风暴难题,在虚拟化安全统一管理平台上实现了更稳、更快的目标,业务连续性管理水平不断提升。

⑤设计特点。

- 稳定第一,但不能放弃"性能"。作为一家全国性综合类证券公司,中信证券在统一营业部系统、开通网上交易、实现广域网连接、数据中心虚拟化等方面,都处于"旗标"位置。随着对虚拟化技术的深入探究,中信证券信息技术中心对自身的IT基础架构进行了虚拟化改造,在北京、深圳、青岛三大数据中心搭建了虚拟化平台,并将测试网中大部分服务器迁移到了VMware虚拟化平台。

在坚持守法合规经营、严格控制各类风险的规划目标下,中信证券对应用测试环境的部署效率，以及测试与生产环境一致性的要求变得越来越高。而在40多台VMware ESX服务器上，既要实现1：50的虚拟机密度，又要同时保护千余台虚拟机的安全运行，使运维部门工作压力越来越大。

虚拟化系统在响应速度和性能方面的表现，将直接关系到最终用户在使用相关服务时的用户体验，这是中信证券服务质量中最重要的一环。但由于传统防病毒软件不是针对虚拟化而设计的，虚拟机上安装传统防病毒软件后，当所有的虚拟机进行预设扫描时，VMware虚拟化平台的CPU利用率、I/O读写等都变得非常高，访问延迟让人无法接受。因此，虚拟化安全已经变成了网络中的防护弱点，更是保障业务连续性不得不面对的挑战。

● 聚焦"无代理"特性，亚信安全服务器深度安全防护系统屡立战功。对中信证券来说，提前一步发现虚拟化防毒可能带来的"性能锐减"问题，对全面推进并最终在生产网络上实现虚拟化架构则是"一件好事"，可以提前把虚拟化安全风险降至最低，让安全策略与防毒管理提前适应架构的变化。

为此，中信证券对市场上所有防毒软件的功能进行了综合评估，也与VMware厂商的资深工程师对原有传统病毒防护软件"不适应性"进行了分析。最终，中信证券信息技术中心将目光锁定在基于无代理特性的亚信安全服务器深度安全防护系统身上。

首先，亚信安全服务器深度安全防护系统的无代理防病毒解决方案集成了VMware的vShield Endpoint技术接口，使VMware虚拟化平台上的所有虚拟机无须安装任何软件就能对病毒、间谍软件、木马等威胁进行查杀。

其次，亚信安全服务器深度安全防护系统有效降低了虚拟机并发全盘扫描、病毒库更新时对VMware虚拟化平台产生的大量资源消耗，不存在防毒扫描风暴的问题。

最后，管理员可以利用亚信安全服务器深度安全防护系统发现藏匿在虚拟网络中的恶意流量，还可以利用VMware的vShield技术保护处于运行状态和休眠状态的虚拟机。

中信证券为保障生产网万无一失，首先在测试网部署了亚信安全服务器深度安全防护系统，并对其防护效果、性能、稳定性及兼容性进行测试评估，为虚拟化推至生产网络做足了准备。2012年底至今，亚信安全服务器深度安全防护系统稳定运行并在测试网中屡次"杀毒立功"，而安全防护系统在杀毒时所占资源比使用传统防病毒软件明显减少，随着虚拟机数量的增加，性能方面的优势也愈加明显。

6. 纵深防御，自主可控让用户"安心"

在"互联网＋"的发展大潮中，创新发展和信息安全保护是一体之两翼，遵循信息系统安全等级保护要求，实现关键系统与设备的自主可控对于维护国家信息主权、降低安全风险有着重要意义。目前，亚信安全通过对云安全、APT治理、移动安全等新兴安全关键技术的自主掌控，具备立体化的安全纵深防御解决方案，在安全等级保护市场不断拓展。

（1）安全威胁持续精进，等级保护建设亟待推进

亚信安全研究院报告指出，在网络攻防中，黑客并非总是会采取固定不变的攻击套路，而是会根据企业的安全防御措施改变攻击方式。因此，尽管网络安全技术在不断进步、网络安全投入迅速提升，但重大的安全事件仍然时有发生。

在当前安全威胁不断精进的环境下，加快推进信息安全等级保护工作就成为当务之急，其面向政府、电力、石化、能源、金融等国内的信息敏感行业，要求不同安全等级的信息系统应具有不同的安全保护能力，为信息安全建设制定了一个明确的规范。通过进一步完善企业信息安全管理制度和技术措施，提高信息安全管理水平，增强安全防护能力，减少安全隐患。

为了形成信息系统的完整性可信链条，政府出台了大量引导政策，国家信息中心、公安部等单位也着手编订了《政务云安全技术要求与实施指南》《信息系统安全等级保护基本要求》《云计算安全技术要求》等相关标准，推动着等级保护市场的迅速扩展。有专家预测，等级保护市场的规模将达到数百亿元，增长潜力巨大。

亚信安全CEO张凡表示：要满足等级保护的要求，不仅要实现信息设备的自主可控，还要将安全规划和建设整合到业务系统中，从结构安全、

访问控制、安全审计、入侵防范、恶意代码防范、网络设备加固等方面同时着手。亚信安全的优势在于建立了非常完善的网络安全服务体系，可以从各种层面帮助用户防御网络安全威胁，让用户在系统上线的第一时间就能得到完整的安全防护。

（2）亚信安全为"等保"建设苦练"内功"

我国信息安全等级保护制度不断成熟，已经完善了网络安全顶层设计，加强了对国家级重要信息系统的安全保障。在自主可控的发展过程中，亚信安全不断修炼"内功"，体现出了在自主可控和安全技术两个层面的强大竞争优势，并不断拓展等级保护市场的能力和规模。

在自主可控层面，亚信安全通过收购全球最大的独立安全软件厂商趋势科技的中国业务后，迅速推动了关键技术与应用的本地化进程，不仅通过在南京、北京2个自主研发中心来支撑完全本地化的安全服务，还与国家信息中心、成都市政府、哈尔滨工业大学等单位建立了密切的合作关系，在安全实验室以及基础研发层面进行了大量的落地工作，实现了核心技术的本土化，完全满足了自主可控的需求。

在安全技术与产品层面，作为中国领先的云与大数据安全技术、产品、方案和服务供应商，亚信安全在网络安全领域沉淀了丰富的研发经验，并拥有全球领先的云安全产品。通过亚信安全防毒墙网络版、定制化智能防御、深度威胁发现平台等领先的产品，可以与亚信安全其他的网关、虚拟化、服务器以及终端安全防护产品整合，帮助用户全面防御网络中流窜的各种威胁，打造立体化的威胁防御体系。

（3）云安全技术为"等保"建设纵深防御体系

近年来，亚信安全在政府与行业市场的等级保护建设工作中取得了良好的进展，成功中标了中智集团、北医三院、广东移动等的等级保护项目，为用户的网络安全构建了纵深防御体系。

亚信安全还为国家信息中心等政府单位提供了亚信安全4A统一安全管理平台（融合统一用户账号管理、统一认证管理、统一授权管理和统一安全审计），通过高度定制化的整体解决方案，涵盖单点登录（SSO）等安全功能，完成云管理系统和政务外网电子认证系统集成、密钥基础设施集成接口研制，既能够为实验室提供功能完善的、高安全级别的4A管理，也能够为各级电子政务外网用户提供符合信息安全等级保护的内控要求。

　　亚信安全积极构建安全防御体系和全球化的安全服务，以降低系统风险，应对全球网络威胁，将继续坚持以自主可控的核心技术为重点，并致力于全球的网络安全。

解读北信源的信息网络安全

2015年，北信源顺应技术和市场趋势，启动并实施了全新战略规划，布局信息安全、大数据、互联网三大业务方向。并以信息安全为基础，充分借力大数据平台及技术，进一步完善和提升终端安全体系防护能力，提高信息系统的IT运维水平。同时，以安全即时通信为基础，打造移动安全互联平台，实现对资金投入、研发力量、网络应用和媒体内容的聚合，多维度助力"互联网+"行动计划，从而将北信源打造成为业界领先的平台及服务提供商。

结合用户需求，北信源创造性地提出了安全互联的即时通信体系，以安全高效的即时通信为基础，打造了新一代移动安全互联平台。通过该平台，实现对资金、人力、应用和内容的聚合，大大拓展了平台的应用面，能够很好地服务于国家"互联网+"行动计划。

1. 北信源积极部署，实施"互联网+"战略

为了保障国家网络空间安全，保证我国经济建设的健康发展和社会生活的安定繁荣，国家启动了网络强国战略、国家大数据纲要，发布了网络安全法草案，实施"互联网+"行动计划，设立了网络空间安全一级学科，全面推进我国信息网络安全的稳步发展。

北信源提出了信息安全、大数据和互联网三大发展战略，积极部署实施"互联网+"行动计划。其中，信息安全战略方向是基础和根本，围绕终端安全，继续深化技术和产品的革新；大数据战略方向是信息安全的延展和手段，利用大数据平台和技术来提高IT运维和安全管理水平，并增强网络安全态势感知和威胁情报获取能力；互联网战略方向是助力"互联网+"行动计划的重要举措，以安全即时通信为基础，构建通用的移动安全互联基础平台，承载各种类型的、各个行业的应用，实现以平台助推应用、应用充实平台的协同发展生态圈。

2. 北信源的信息安全路：专注、极致与创新

2015年12月9日，微软发布了12月的安全补丁，北信源因发现并协助微软修复了Windows系统漏洞，凸显了北信源安全团队优秀的漏洞挖掘能力。20年来，从PC互联到移动互联，北信源的安全业务线一直紧密围绕终端安全，并已建立起完善的终端安全体系。

（1）专注

北信源公司于1996年成立，在计算机病毒肆虐的20世纪90年代，以杀毒产品进入信息安全领域，投身终端安全。目前，公司拥有自主知识产权的杀毒产品在安全市场成绩斐然，被广泛用于政府、军队和军工等行业以及个人用户市场。借此东风，北信源于2003年在终端安全领域革命性地推出终端安全管理产品，开启"终端安全管理"技术革新之先河。随着云计算、大数据时代的到来，北信源与时俱进，基于"云管端"立体纵深防御的策略，在对终端的范围、内涵和外延进行拓展的同时，引入大数据技术来不断强化终端安全管理的广度和深度。基于创新的VRV SpecSEC模型，建立了三纵四横的新一代终端安全体系，从内网安全、数据安全、边界安

全三个方面，对Windows终端、国产操作系统终端、移动终端和虚拟化终端，提供全方位、立体化的安全保护。

北信源时刻关注服务器这一类型的终端。2015年，通过收购中软华泰公司的全部股权，全面进入服务器安全领域，从而在网络安全纵深防御的最核心一环——计算环境安全，成功构建了"服务器+桌面主机+移动智能终端"的一体化终端安全解决方案，进一步强化了北信源的终端安全领域地位。

在用户层面，北信源以国家信息安全为己任，聚焦行业用户，以政府、军工、军队、金融和能源等涉及国家政治经济安全的重要信息系统和关键信息基础设施为主要防护目标，产品和服务的应用遍及国家各重要行业上万家单位。同时，也推出了数据装甲、金甲防线这样的可满足互联网个人用户的免费产品。

基于在终端安全市场的专注度，北信源屡获部委褒奖和佳绩，是全国"两会"的安全保障单位，荣获多项国家科技进步二等奖和省部级科技进步一等奖。在国家重大安全专项、信息安全标准制定等方面多有建树，同国内外著名院校、国际顶级IT厂商长期保持良好的战略合作关系，并于2012年9月登陆深圳创业板，成为中国信息安全领域首批上市公司之一。

（2）极致

北信源终端安全管理产品已连续9年保持市场占有率第一，正是源于北信源对终端安全方向的专注，对终端安全产品和服务的极致追求。

北信源对极致的追求已成为一种企业文化。正式产品的发布从来没有V1.0版。V1.0版只会出现在试点试用中，这源于公司对方案、技术和产品的精雕细刻，源于积极听取不同用户对产品试用的反馈意见。行业安全在互联网企业看来是"辛苦活、挣钱少，人均产出比低"的领域，不存在互联网领域那样简单复制的大规模化效应，更多的是用户不断提升的安全认识和需求变化。北信源根据用户需求的变化和技术的进步，坚持不间断进行产品升级更新。

20多年来，北信源产品不停更迭、组合变化，唯一不变的是对用户需求的积极快速响应。2014年4月8日，微软正式停止对Windows XP的支持服务。北信源在国内率先及时跟进，推出"金甲防线"产品，有效应对了停服事件，受到了上级部门的表扬和用户的好评。

（3）创新

创新引领未来，创新引领潮头。作为高科技软件和信息安全企业，创新已融入北信源的血液，并且淋漓尽致地体现在思路创新、技术创新和产品创新三个方面。过去的20多年，北信源正是基于对终端安全的理解和创新，提出了终端安全管理的概念并研发了相关产品，这不但与信息安全业界风险管理的思想高度契合（如国际标准ISO/IEC27000系列），还为国家相关信息安全政策（信息安全等级保护和涉密系统分级保护）的落地实施提供了强力保障。

新形势下，北信源提出了信息安全、大数据和互联网三大战略发展方向。三个方向相辅相成。信息安全方向是公司立足的基础和根本，大数据方向是安全和IT运维的延展，互联网方向则是在前两个方向基础上的新技术、新应用领域的开拓。三个方向的发展都要基于公司现有技术和应用的积淀，并将国家战略、技术发展、用户需求和应用领域进行紧密融合。

在技术层面，为了不断提升网络安全管理的水平和效率，应对日益增长的网络空间安全威胁，终端安全体系必须采用大数据技术和平台，以利用更大时空范围的数据。北信源通过所部署的终端安全管理产品，迅速构建了基于终端的大数据分析体系框架和支撑平台，开发了北信源网络和终端大数据分析系统，从而能够面向不同的行业，部署不同规模的大数据分析系统。

随着移动互联网和移动办公的发展，即时通信与人们的工作生活息息相关，其安全性也得到越来越多的重视。基于自身的信息安全技术，结合用户的需求，北信源创造性地提出了新一代互联网安全聚合通道——安全互联的即时通信体系，以安全高效的即时通信为基础，打造新一代移动安全互联平台。通过该平台，实现对资金、人力、应用和内容的聚合，大大拓展了平台的应用面，能够很好地服务于国家"互联网＋"行动计划。

3. "互联网＋"背景下的北信源信息安全战略布局

信息安全、大数据、互联网三个方向相辅相成、相互推进。以信息安全为基础，充分借力大数据平台及技术，进一步完善和提升终端安全体系防护能力，提高信息系统的IT运维水平；以安全即时通信为基础，打造移动安全互联平台，实现对资金投入、研发力量、网络应用和媒体内容的聚合，多维度助力"互联网＋"行动计划，从而将北信源打造成为业界领先的平台及服务提供商。

（1）信息安全

北信源以三纵四横的新一代终端安全体系为基准，依据国家和行业的相关标准与规范，紧密结合用户在新时代下的安全需求，深入研发相关信息安全技术和产品，不断提升终端安全系列产品的品质和水平。云计算环境下虚拟化终端的安全、移动办公条件下移动智能终端的安全、国产操作系统主机的安全和服务器的安全，将成为技术和产品发展的重点。

（2）大数据

大数据是方法和手段，信息系统的安全和安全管理才是最终目标。大数据方向将以"大数据加固内网安全、大数据提升管理效率"的理念，加快大数据技术与终端安全产品的深度融合。基于在行业终端安全市场超高的占有率和4 000万台量级的终端数量，北信源将深化打造基于行业终端的大数据分析系统，利用行业终端采集的数据，帮助用户实现基于大数据分析的网络安全管理、行业业务应用分析、网络安全态势感知和威胁情报获取。

（3）互联网

互联网方向是北信源在国家"互联网+"行动计划下的发展机遇和挑战。北信源既要为"互联网+"保驾护航，拿出过硬的安全技术、产品和解决方案，又需要利用"互联网+"去拓展新的应用领域和市场。基于此，公司将以Linkdood安全即时通信系统为基础，打造智能化的、万物互联的社交网络通信系统，为用户提供自主可控的新一代移动安全互联平台，从而建立聚合资金、人力、业务应用和媒体内容的生态圈。

高水平实施"互联网+"行动计划，确保三大战略方向的平稳发展，专利与标准是基础支撑和有力保障措施。为此，北信源积极参与国家部委和省市一级的标准制定、修订工作，参与全国信息安全标准化技术委员会工作，申请成为中关村国家自主创新示范区标准化试点示范单位和中关村专利试点单位。而且，通过大力实施多项包括奖励在内的措施，仅在2015年就申请了66项国家专利和13项国际PCT专利，其中，大部分都是与"互联网+"相关的发明专利。

4. 建立符合标准要求的终端安全体系

北信源的目标是建立监管与防护一体的终端安全体系，并与整个网络安全体系紧密融合。为此，北信源以VRV SpecSEC模型和三纵四横的新一代终端安全体系为基准，依据国家和行业的相关标准与规范，紧密结合用户在新时代下的安全需求，深入研发相关信息安全技术和产品，不断提升终端安全系列产品的品质和水平。

行业终端及其信息系统与普通的互联网终端完全不同，合规性是行业安全的基准。无论是云计算环境，还是传统的网络信息系统环境，终端都将是安全防护的核心区域，将依据国家信息安全等级保护和涉密信息系统分级保护的相关标准，比如GB/T 22239–2008《信息安全技术 信息系统安全等级保护技术要求》和BMB17–2006《涉及国家秘密的信息系统分级保护技术要求》，以终端的"可信、可控、可管、可用"目标，为用户提供集方案、产品、建设、服务于一体的整体解决方案。

（1）VRV SpecSEC模型

进一步完善公司创新提出的终端安全管理模型VRV SpecSEC。该模型基于PKI/PMI和底层驱动技术，运用受控云计算、虚拟化理念，采用SOA/SaaS理念进行设计，完整覆盖终端的资产安全管理、数据安全管理、行为安全管理和服务安全管理。可满足国家等级保护、分级保护要求，支持基于证书、令牌、口令等多种认证方式，实现自主访问控制、强制访问控制、角色访问控制和使用控制，支持超大规模用户终端"多级部署、集中管理"，实现网络空间终端全方位、多层次、立体化的终端安全管理与服务。模型示意图如图1~图3所示。

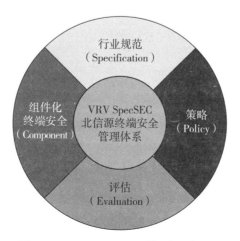

图1　VRV SpecSEC模型示意图1

图2　VRV SpecSEC模型示意图2

图3　VRV SpecSEC模型示意图3

（2）国产操作系统主机管理

针对国家的自主可控安全战略，北信源发布了针对国产操作系统主机的安全管理产品。支持包括资产管理、行为安全、数据安全、移动介质、安全准入、补丁管理、安全审计等在内的多种安全功能，并通过对安全事件的事前预防、事中监控、事后审计，实现了国产操作系统终端的全方位管理。能够适配中标麒麟、深度、COS、思普、优麒麟等国产操作系统，支持龙芯、飞腾等各类国产芯片，支持国产数据库，为用户打造自主可控的一体化安全解决方案奠定基础。

（3）虚拟化终端安全管理

针对云计算环境下虚拟终端的广泛使用局面，北信源发布了虚拟化终端安全管理系统VDSM。这是公司总结多年在桌面终端安全管理领域开发、实施的经验，针对当前虚拟化环境下桌面终端所面临的安全问题提出的安全解决方案（见图4）。以虚拟化终端为核心保护对象，综合考虑虚拟机监视器、虚拟化服务器、接入客户端运行环境三个关键防护支点，构建涵盖从事件检测、关联分析、安全策略到防护响应的防护体系，从系统安全、数据安全、安全监控和安全审计多角度提供全方位安全保障。

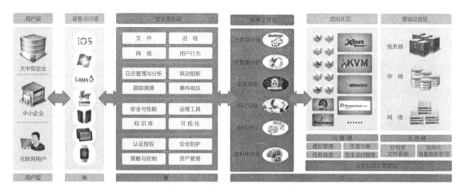

图4 终端平台示意图

（4）移动终端安全管理

随着移动互联网的发展，移动办公正逐渐成为一种趋势，特别是即时通信与移动办公的结合，使BYOD变为一种常态。但是却产生了很大的安全风险，企业无法让一个不可信的设备接入企业网络。北信源适时推出了企业移动化管理平台（EMM），采用移动智能终端管理（MDM）、移动应用管理（MAM）和移动内容管理（MCM）的一体化管理方式，保证了移动智能终端、应用、数据的安全性。

（5）防病毒

北信源杀毒产品的适时重新推出，是为了更好地应对网络空间安全威胁，强化终端的安全防护能力，具有私有云查杀、九重防护、智能引擎、闪电查杀、超轻客户端和优化识别等技术特点。同时，相关的技术将用于大数据安全分析平台，可显著提升数据采集与分析能力，并进一步转化到对APT类型攻击的监测、检测、预警和控制。

5. 构建基于行业终端的大数据分析平台

随着国家大数据战略在政府、金融和电力等重要行业的落地实施，如何借助大数据来提升IT运维水平、网络安全管理水平以及应对日益增长的网络空间安全威胁，成为信息主管部门面前的主要难题。面对当前网络空间安全威胁的严峻形势，基于公司在行业终端安全市场超高的占有率和4 000万台量级的终端数量，基于行业终端的大数据研究和产业化工作启动。

大数据是具体的方法和手段，信息系统的安全稳定运行和安全管理才是最终目标。为此，基于"大数据加固内网安全、大数据提升管理效率"的理念，北信源继续深入打造基于行业终端的大数据分析系统，建立大数据安全分析体系，利用行业终端采集的数据，帮助用户实现基于大数据分析的网络安全管理、行业业务应用分析、网络安全态势感知和威胁情报获取。

（1）目标

与基于网络的大数据和基于互联网终端的大数据不同，由于行业内网是一个相对自成体系和封闭的信息系统，行业终端大数据分析会有自己的独特特点和要求。北信源构建基于行业终端的大数据分析平台，将实现从信息系统运维、网络安全管理到网络安全态势感知和威胁情报获取的几个逐级提高的目标，同时，在大数据的采集、传输、处理和存储过程中，自身安全十分重要，数据不能被泄露。

一是以大数据提高信息系统运维水平。作为一个相对封闭的内网，安全事件通常并不多，信息主管部门更关注信息系统本身的运维水平和业务应用的运转效率。不同的行业或单位，业务应用也不同，安全需求不同。基于行业终端的大数据分析，有能力精确分析获得每台终端的资源运转、安全状态和使用情况，每种业务应用的使用情况和安全状况，以及每个用户的业务使用情况和行为状况，例如应用的使用人数、使用时间、产生的业务数据等，从而提升信息主管部门对行业业务应用的感知能力，做到准确的终端资源部署以及业务应用的开发、选择和升级更新。

二是以大数据提升网络安全管理能力和效率。通过利用大数据技术和平台，采集超大时空范围的安全相关数据。例如，针对信息安全风险要素相关的资产、威胁、脆弱性和安全事件等相关数据，可以覆盖一个行业或一个地区的信息系统，进行多年相关数据的采集存储。然后在此基础上，根据相关标准规范和安全管理的具体需求，在不同的层次和维度，开发相关数据融合与分析模型，为用户提供不同视角和层次的安全管理信息，从而实现精准的、高效的网络安全管理。

三是以大数据应对新型网络空间安全威胁

如果说网络安全管理关注的是风险要素相关数据的采集，那么网络安全态势感知更关注向用户呈现网络攻与防的对抗状态，使用户时刻掌握自己的防护能力和状态，以及面临的网络安全威胁状态。需要采集安全防护体系相关的数据、资产的价值和脆弱性数据，以及面临的安全威胁的数据，甚至是外部输入的预警信息，在此基础上利用相关网络安全和威胁模型进行分析。威胁情报获取则更进一步，需利用网络攻击线索，在大数据集合中聚焦相关数据，并通过关联分析和威胁模型，来验证和确认网络攻击事件，实现威胁情报获取。

（2）建设内容

为达成上述目标，北信源首先构建了基于行业终端的大数据分析体系。该体系包括行业私有云和北信源安全服务云两个部分。其中，行业终端的大数据分析以一个行业私有云为单位，各个行业私有云自成体系、相互独立，具有很强的安全性和伸缩性。例如，可以针对一个行业比如电力，一个信息系统比如省级电子政务外网，来建设大数据分析平台。北信源安全服务云则基于公司的团队、技术、平台、计算能力和知识库进行建设，为各个行业私有云提供安全服务和威胁情报支持。

基于行业终端的大数据分析平台是面向行业终端大数据分析体系的一个具体实现。它是企业级的大数据处理、分析、挖掘平台，采用云到端的一体化、扁平式架构，有目的产生、收集数据并把数据进行有效的组织，解决天量安全要素信息的采集、存储，利用平台的数据分析引擎进行实时的挖掘，能够更加智能地洞悉安全态势，更加主动、弹性地应对威胁和风险，并可对用户行为和应用业务等各类需求进行分析评估。

该平台部署在一个行业、企业或组织的网络信息系统或私有云上。例如，一个地区各级政府的信息系统可以部署一套，一个银行体系的信息系统可以部署一套，一个大型企业也可以部署一套，它们自成体系、各自独立。同时，北信源安全服务云平台不会主动向这些行业云提取任何数据，只会接收他们授权提交的可疑数据和网络威胁数据，并及时为他们提供网络威胁情报信息和安全服务。

北信源将会从网络攻防对抗、博弈的角度，通过自动化分析处理与专家智慧相结合的方式，进一步强化云端的安全分析、安全管控和威胁情报获取能力，以持续提升产品品质和安全服务水平。

（3）动力

基于公司在大数据分析方面的准确定位和基础优势，北信源计划投资3 000万元，着手启动基于行业终端的大数据安全分析实验室的建设，以更好地满足行业用户的安全需求。2016年1月29日，该项目被北京市发改委认定为2015年北京市工程实验室，为北信源的大数据开发工作注入了强大动力。

该工程实验室的主要研究方向是基于行业内网终端的大数据安全分析，即面向终端安全管理、行业业务应用分析、网络安全态势感知和威胁情报获取的大数据技术研究、产品原型开发和相关技术服务。建设内容包括：1套实验室信息基础设施——行业终端大数据安全分析技术工程实验室共性技术研发基础设施环境。4个科研实验平台——终端安全管控技术研究支撑平台、行业大数据业务应用分析技术研究支撑平台、网络安全态势感知技术研究支撑平台和网络威胁情报获取技术支撑平台。

6. 打造"互联网+"时代的新一代互联网安全聚合通道

为积极响应国家"互联网+"行动计划的实施，北信源确立了互联网战略发展方向。基于移动互联网的发展态势和人们的工作与生活需要，拟以安全即时通信为基础，打造新一代互联网安全聚合平台即移动安全互联平台，实现对资金投入、研发力量、网络应用和媒体内容的聚合，从多个维度助力"互联网+"行动计划，最终将北信源打造成为业界领先的平台及服务提供商。

北信源之所以选择安全即时通信作为实施"互联网+"行动计划的先锋，是因为即时通信已成为移动互联的基础通信手段，并具有应用支撑的趋势特点。目前，面向普通互联网大众的即时通信系统严重缺乏安全性，特别是在大数据时代，服务商部署和控制的即时通信服务器，个人隐私和企业秘密很容易被泄露；而企业级的即时通信产品只能内部使用，无法与合作伙伴进行即时通信，且缺乏与网络应用的结合。实际上，很多的行业用户和个人都具有较高的安全要求，他们首先希望即时通信服务器是自己控制的，其次，能够进行消息和数据的传输和存储加密，而且，在需要时还能够与合作伙伴进行安全的即时通信。因此，北信源在资本市场上通过定向增发，募集15亿元资金，以移动安全互联平台作为切入点大举进军互联网。

（1）商用级的安全即时通信系统

北信源的移动安全互联平台，首先为通信运营商、云服务商和社交网络运营机构提供商用级的安全即时通信系统，从而可在其网络或信息基础设施之上，构建一流的互联网增值应用与服务，显著提升互联网资源利用效率，为现代云服务提供最佳的应用体验。而且，通过各类安全保密技术来打造安全可信的通信通道，实现用户身份认证，客户端与服务器的数据加密传输、存储和访问控制，并通过提供用户私有服务器及安全策略定制接口，提升用户对信息的自主安全管控能力。

（2）互联互通的安全即时通信系统

北信源移动安全互联平台采用创新的互联互通的安全即时通信体系架构，在常规的"系统+用户"即时通信架构之上增加一个"互联"层，实现类似于网络路由、域名解析和协议转换的功能，形成"互联网+系统+用户"的创新三层即时通信架构；而且基于创新架构中各组件的身份标识，构建基于标识的安全体系，实现即时通信数据的存储安全和传输安全以及各组件之间的双向身份认证。该即时通信体系的构建，在保证各即时通信系统自身独立性和私密性的基础上，实现了安全策略控制下不同即时通信系统的互联互通。进一步地，通过定义基础通信协议与标准，组成产业联盟米构建标准化的移动安全互联通道。

该平台的安全特性体现在三个方面：一是私有服务器。无论是企业或组织，还是社会团体，是自购的服务器，还是云端租用的服务器，均可以拥有自己私有的即时通信服务器，其安全策略由自己管理配置。二是即时通信安全。即时通信数据的安全传输与安全存储，用户身份鉴别等，以及常规的阅后即焚、消息回执等。三是互联互通安全。实现基于用户标识和服务器标识的访问控制,确保只在需要时与正确的服务器和用户进行即时通信。

(3)平台化

北信源利用移动安全互联实施平台化战略,全面推进"互联网+"行动计划,通过平台来聚合资金、人力、设备、应用和内容,建立合作共赢的互联网应用生态圈。通过提供开放的安全即时通信SDK,鼓励APP开发商研发各类与移动安全互联平台无缝融合的网络应用,丰富和拓展平台功能。这不但能够实现平台支撑各种网络应用的运行,还可以实现各种网络应用对用户即时通信的支持。通过这种基础社交网络平台产生的聚合作用,大大促进用户规模与网络应用的协同发展,从而构建一个合作共赢的、开放式的网络应用APP开发生态圈(如图5所示)

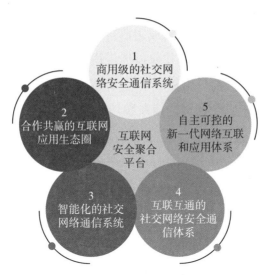

图5 安全聚合平台示意图

对于企业级用户,北信源移动安全互联平台将提供签到、邮件、审批、电话会议和视频会议等通用的移动办公应用,满足大部分用户的移动安全办公需求。进一步地,通过所提供的安全即时通信SDK,企业或组织能够很容易地开发出自己的具有安全即时通信功能的"互联网+"应用,例如远程医疗、远程勘探。而且,通过大数据、自然语言处理、人工智能和隐私保护等技术,在各种形式的即时通信中嵌入智能机器人,致力实现基于会话内容的对话助手、问题提取与分析、远程协助和安全审计等功能,提升用户体验和用户黏性。

同时，平台化的设计思想也有力响应了国家"万众创业、大众创新"的号召。北信源拟在南京子公司的科技产业园设立众创空间，通过资金投入、研发奖励和互助推广等措施，吸引小微初创企业和研发团队参与北信源移动互联平台的互联网应用开发，以支持人们衣食住行的各种互联网应用，真正实现资金投入、研发力量、互联网应用和数据内容在互联网通信通道中的安全聚合。

（4）筹划面向工业4.0的智能设备

在万物互联的物联网时代，北信源，不仅仅在考虑物联网设备的联网问题，而是更进一步考虑如何智能化的网络接入，使人与物、物与物能够智能交互。而这一切都可以基于北信源的移动安全互联平台展开。通过在物联网设备或在物联网设备接入网关中植入特定芯片，使得物联网设备能够成为应用机器人，能够与人进行拟人化交互操作，自动感知人们的话语信息。为此，北信源进行了大量的研究和实验工作，并与国内外科研院所和智能家居厂商展开合作。也许在一两年后，我们的智能家居设备都可以拟人化地出现在与我们的即时通信中，用户能够以自然语言方式在聊天中控制智能家居设备，智能家居设备也能够自动感知人们的聊天内容执行相应动作。

7. 总结

从反病毒到终端安全管理，再到终端安全管理体系，北信源走过了20多年时间，在国家实施网络强国、大数据战略和"互联网+"行动计划的新的历史机遇期，在互联网蓬勃发展的浪潮中，北信源启动并实施了全新的战略发展规划，布局信息安全、大数据、互联网三大互为支撑和促进的业务方向，致力将北信源打造成为业界领先的平台及服务提供商。

解读联想集团的网络安全

识别和有效管理网络参与者的身份目前成为各界面临的最为棘手难题。联想集团在中国信息安全市场启动之际，成立了信息安全事业部并加大了投入。联想网御公司承担了北京奥组委管理网及奥运转播网的信息安全保障工作。国民认证科技（北京）有限公司是联想创投在联想互联网转型和推动"设备＋云"服务的战略下成功孵化的子公司，致力于利用基于FIDO 联盟UAF/U2F 国际标准协议的先进技术，并通过多种技术创新，研发符合中国市场及管理规范的身份认证系统，满足国内市场需求与监管要求，向机构用户提供从客户端到服务端完整的身份认证解决方案。联想创投集团积极进行信息安全产业的投资布局。

1. 网络可信身份识别与管理：信息安全的现实课题

2016年4月19日，习近平总书记在京主持召开网络安全和信息化工作座谈会并发表重要讲话，强调按照创新、协调、绿色、开放、共享的发展理念推动我国经济社会发展，是当前和今后一个时期我国发展的总要求和大趋势。我国网信事业发展要适应这个大趋势，在践行新发展理念上先行一步，推进网络强国建设，推动我国网信事业发展，让互联网更好造福国家和人民。网络空间是亿万民众共同的精神家园。网络空间天朗气清、生态良好，符合人民利益。网络空间乌烟瘴气、生态恶化，不符合人民利益。谁都不愿生活在一个充斥着虚假、诈骗、攻击、谩骂、恐怖、色情、暴力的空间。互联网不是法外之地。利用网络鼓吹推翻国家政权，煽动宗教极端主义，宣扬民族分裂思想，教唆暴力恐怖活动等，要坚决制止和打击，决不能任其大行其道。利用网络进行欺诈活动，散布色情材料，进行人身攻击，兜售非法物品等，也要坚决管控。

习近平总书记指出，可以从三个方面把握：一是基础技术、通用技术；二是非对称技术、"杀手锏"技术；三是前沿技术、颠覆性技术。在这些领域，我们同国外处在同一条起跑线上，如果能够超前部署、集中攻关，很有可能实现从跟跑并跑到并跑领跑的转变。我国网信领域广大企业家、专家学者、科技人员要树立这个雄心壮志，要争这口气，努力尽快在核心技术上取得新的重大突破。正所谓"日日行，不怕千万里；常常做，不怕千万事"。我国信息技术产业体系相对完善、基础较好，在一些领域已经接近或达到世界先进水平，市场空间很大，有条件有能力在核心技术上取得更大进步，关键是要理清思路、脚踏实地去干。我们不拒绝任何新技术，新技术是人类文明发展的成果，只要有利于提高我国社会生产力水平、有利于改善人民生活，我们都不拒绝。问题是要搞清楚哪些是可以引进但必须安全可控的，哪些是可以引进消化吸收再创新的，哪些是可以同别人合作开发的，哪些是必须依靠自己的力量自主创新的。核心技术的根源问题是基础研究问题，基础研究搞不好，应用技术就会成为无源之水、无本之木。

近年来，互联网应用已渗透社会生活的各个领域，广泛形成了以互联网为基础设施和创新要素的经济社会发展新形态，对经济社会发展产生着战略性和全局性的影响。最为明显、最为紧迫的影响是人类社会千百年来形成的成熟社会治理体系难以直接应用于网络空间，其中如何标识和识别、如何有效管理网络参与者的身份是安全系统中的第一道屏障，成为各界面临的最为棘手的难题。

习近平总书记在网络安全和信息化工作座谈会中强调要"本着对社会负责、人民负责的态度，依法加强网络空间治理"。鉴于此，有必要整合国内优势力量，建立一套可信身份提供、可信服务评估、可信隐私保护、可信行为监控的网络可信身份管理体系，作为我国网络可信身份战略资源，服务于国家安全、经济发展、网络治理。

网络空间安全是近几年世界各国共同关注的战略和课题。2011年4月，美国政府发布了"网络空间可信身份国家战略（NSTIC）"，重点强调了网络空间的战略地位，明确要建立基于网络安全的身份管理战略，计划用10年时间构建"可信网络身份生态系统"，大力推动个人和组织在网络上使用安全、高效、易用身份的解决方案。2013年9月，英国政府与5个身份服务提供方签署了服务协议，英国公民可以从中自由选择身份服务提供方完成注册。英国发布身份保障计划，通过"Document Checking Service"系统保护公民隐私，利用政务服务引导分级的、开放竞争的第三方身份服务市场，旨在创建提供跨部门的身份保障服务。2011年，欧盟推出了FIDIS计划，提出建立覆盖欧盟范围的"电子身份认证系统"，在电子商务、信息网络与未来网络等应用中引入并部署身份管理的相关技术和产品，以加强个人、组织以及实体之间的相互信任，建立强大的身份验证、数据保护和隐私保护系统，为欧盟成员国所有公共和私人提供具备"互操作性"的服务。亚洲邻国中，日本2013年6月出台《网络安全战略》，明确提出"网络安全立国"；印度2013年5月出台《国家网络安全策略》，目标是"安全可信的计算机环境"；同样地，韩国也于2007年开始推行"I-PIN"认证，对网络业务实施实名制管理。

网络时代，个人信息的安全成为现实课题。个人信息泄露一般是指不愿意让外界知道的个人信息被外界知晓。个人信息一旦泄漏，轻则导致被骚扰、个人隐私被曝光，严重的会导致个人经济利益损失，甚至威胁人身安全和国家安全。个人在网络空间中的可信身份和可信体系，至今都还没有完全建立起来，还存在着冒用身份、传播欺诈信息、泄露个人信息以及网络暴力活动等各种问题。这就给网络消费和资金安全带来了隐患。

构建安全的网络空间，对每个人的身份有保障的同时又有鉴别，做好网络身份认证，对我国社会的政治经济具有重要意义。从市场层面来讲，不同的企业之间，尤其是大公司之间，都有不同的利益合作关系。联想集团积极响应中央的国家网络安全战略和"互联网+"行动计划，重点在网络可信身份管理的开发与应用方面进行投入，为此，联想除了在身份认证领域促进产业融合、布局关键技术，还专门成立了国民认证科技（北京）有限公司，完全独立运作，负责这个领域的工作。

2. 联想在信息安全领域的深耕与布局

（1）联想研究院首当其冲

1999年成立联想研究院之初，联想就已经将战略发展的目光投向了网络安全领域，并组建了联想信息安全研究室。联想集团2000年进入信息安全研究领域。据CCID的调查结果显示，2001年底，联想网御防火墙已经在市场位居第三。

恰逢中国信息安全市场启动之际，联想成立了信息安全事业部。联想在信息安全领域的技术研发下加大了投入，并逐步搭建了联想研究院信息安全研究室与事业部信息安全应用研究的二级研发体系。技术研发的纵深发展，使得联想在信息安全领域不断突破。联想在信息安全领域已经取得了38项技术专利。其中，在防火墙领域联想就已申请和授权了20多项网络安全方面的专利。在产品上，联想信息安全事业部先从单一产品做起，逐步向完整的解决方案过渡，最终拥有了防火墙、VPN、入侵检测、安全隔离、安全管理平台五个系列的信息安全产品及专业安全咨询服务，并在此基础上能够向用户提供整体的安全解决方案。

据IDC当年的报告显示，2004上半年，联想防火墙以14.3%的市场占有率排名国内品牌第一，中国市场第二，仅次于思科（15.7%）。联想依靠强大的本土化和渠道的优势，终于在当时占据了整个市场份额的半壁江山，打破了中国信息安全市场被国际厂商一统天下的局面，从而与国外品牌平分秋色。

2004年4月，联想研究院承担的课题"网络安全管理和预警防御系统"

接受了国家"八六三"计划信息安全技术主题专家组的现场验收。经专家组充分讨论，认为该课题在多项关键技术方面有创新，形成的研究成果得到较好的推广应用，一致同意通过验收。联想研究院承担的是信息安全领域的重要课题研究，同时也是联想建立可信赖计算环境的重要组成部分。联想可信赖计算环境（Trusted Computing Environment，TCE）体系由三个关键领域构成，包括可信赖主机、可信赖网络和可信赖管理系统。该课题涵盖可信赖网络和可信赖管理系统两个领域。在验收会议上，来自全国的专家组成员对联想自主研发的高速入侵检测产品、安全集中管理产品、拓扑发现技术、安全联动技术和可信赖计算环境技术等给予了充分肯定，展示了联想在信息安全领域的实力和技术能力。

（2）联想网御：专业公司护卫北京奥运会转播

按照我国相关规定，凡是从事国家信息安全业务的公司必须是本土公司，不得有外资背景。因此，在完成了收购IBM个人电脑业务之后的联想集团，将信息安全事业部分拆出来，成立联想控股公司旗下的独立子公司——联想网御科技有限公司，完成与联想集团的脱离，以便继续进行国家信息安全的业务。

联想网御聚集了一支来自于军队、中国科学院、著名高校和知名安全企业的信息安全队伍，其主要任务是"配合国家安全建设的步伐，为客户构建安全有效的等级化安全体系"，对于国家信息安全，即为国家政府部门以及电信、金融等核心领域提供包括防火墙在内的信息安全管理。

2005年，联想集团正式推出了国内第1款在国家密码管理局立项，并由企业自主研发成功的安全芯片"恒智"。这一历经2年不懈努力而获得的重大成果，意味着联想集团在国内可信计算领域率先掌握了芯片级核心技术，标志着中国在可信计算技术领域实现了重大突破。

联想正式推出预装"恒智"安全芯片的安全PC，满足了中国市场对可信计算的急迫需求。根据有关规定，我国密码芯片的设计开发和生产必须依靠国内的力量自主研制，不允许使用国外相关产品。而联想面向国内市场推出预装"恒智"芯片的安全PC，可以为我国政府、军队、科研技术机构等信息安全敏感部门，提供完全由中国人自主研发、控制，完全可信的PC计算终端。

在联想"恒智"安全芯片的整个研发过程中，从立项到最后成功，国家发改委、科技部、国家密码管理局及北京市政府等部门都给予了大力的支持。联想发布"恒智"安全芯片，标志着我国企业拥有了在可信计算领域里的核心技术能力，将对整个中国IT产业链、对国家经济和社会信息化的发展进程产生巨大而深远的影响。

2008年的北京奥运会和残奥会举世瞩目，伴随着这2项体育盛事的成功落幕，信息网络安全保障工作也画上了圆满的句号。作为国内信息安全产业的领军厂商及此次奥运会及残奥会的信息安全服务主要提供商之一，联想网御承担了北京奥组委管理网及奥运转播网的信息安全保障工作。此外，应主管部门和用户的要求，对众多与奥运相关的重要信息系统进行了安全监控，并为CCTV.COM等多个网络系统提供了7×24小时安全值守服务。通过提供产品、解决方案以及网络环境监控等多层面的信息安全服务，联想网御成功完成奥运信息安全保障任务，为实现奥运期间"网络不断、信息不瘫、赛事正常进行"的安全防护目标做出了贡献。

随着信息技术与现代奥运比赛的日益融合，安全、稳定的信息网络环境成为奥运保障的最重要内容之一。而作为历史上参与国家最多、参赛运动员最多的一届奥运会，此次北京奥运会及残奥会面临的安全挑战尤其严峻。在数以万计的奥运网络系统中，承载北京奥运会组织、统筹、协调工作的奥组委管理网，以及与奥运赛事报道息息相关的奥运新闻转播网更是这场奥运信息安全保卫战的重中之重。

凭借精干的技术力量和丰富的安全防护经验，联想网御参与到此次庞大而复杂的系统安全防护工作中。众所周知，奥组委管理网是奥组委工作人员在奥运期间的核心办公网，与奥运赛事的组织管理、人员调配等工作密切相关，是确保奥运赛事正常举行的中枢。因此，奥组委管理网的安全防护工作不容一丝差错。在众多网络安全厂商参与、由奥组委和国家相关安全部门牵头的多次测试和大规模攻防演练中，联想网御的异常流量管理系统凭借卓越的性能通过了各种严苛考验，最终入选奥组委管理网的安全防护系统。在奥运期间，该系统成功保障了网络流量的纯净，有效防护了DDOS的攻击，出色完成使命。

相关统计数据显示，北京奥运会期间奥运官方网站的访问量达16.6亿次，央视网的总体点击数达71.49亿次。面对前所未有网页浏览量，各奥运转播网在筛选合作伙伴时，是慎之又慎，并对信息网络的稳定性和安全性提出了更高的要求。在奥运转播网安全防护考验中，联想网御从众多国内外优秀安全厂商中脱颖而出，承载了央视网、新华网和人民网的安全防护，确保了这3家奥运转播网对奥运赛事和新闻的及时、顺畅转播。值得一提的是，联想网御为央视网提供的安全防护整体解决方案，在奥运期间以24小时无间断服务实现了网络运行安全零故障，并因此赢得央视的认可，被授予"央视新媒体转播合作伙伴"称号。

北京奥运期间的网络环境复杂，借奥运话题传播的木马、病毒等威胁猖獗。据统计，自2008年6月以来，网络攻击数量便开始大幅度递增，木马病毒和僵尸网络的数量与同年5月相比成倍增长。因此，除了对奥运核心信息系统的安全防护外，北京其他重要信息系统的安全也面临着极大挑战。联想网御通过组织精干力量，对网络与信息安全状况进行实时监测，对每日信息进行及时汇总和分析，通报相关部门，并及时提出监测预警并快速响应，从而助力"科技奥运"和"数字奥运"，有效保障了奥运会期间国家网络的安全运行。

（3）专注互联网软件生态安全，发起成立国际FIDO联盟

2012年，联想参与起草国家标准《GM/T 0012-2012可信计算 可信密码模块接口规范》的相关工作，该标准于2014年5月19日正式公布并开始实施。

2015年11月25日，联想作为会员单位代表，参加了中关村可信计算产业联盟标准化工作启动会。会议启动了2项主体标准（《可信平台控制模块》《可信基础支撑软件》），和4项配套标准（《可信计算规范体系结构》《可信服务器平台规范》《可信存储规范》《可信计算机可信性测评规范》）的研究工作，预计2016年上半年将发布联盟标准，并按信安标委有关要求申报国家标准。

近年来，在信息网络安全领域，移动支付行业快速增长，而安全性方面存在着移动支付环境复杂、安全隐患内外夹击、移动支付风险难以防范等亟待解决的问题。2014年移动支付厂商开始加强支付场景的建设，从微信红包、移动打车补贴大战、互联网理财等方式，全民普及移动支付的启蒙教育。2014年，第三方移动支付市场交易规模达到59 924.7亿元，较2013年增长391.3%；而2013年第三方移动支付增长率达到707%，移动支付已经连续2年保持高速增长（根据清科研究中心数据统计）。移动支付的主体从银行和支付公司，逐渐扩展到电脑、手机制造商甚至物流公司；而二维码、条码、声波支付、指纹支付、人脸识别支付等创新技术的发展催生了新的支付场景。手机系统和软件自身的漏洞成为手机支付的内部风险，为木马、病毒及钓鱼网站等外部风险的发生提供了土壤，而一旦风险事件发生，手机用户则面临着诈骗、支付信息被窃取等移动支付安全事件，遭受巨大的财务损失。与互联网支付不同，移动支付强调便利性和随身性，无法像互联网支付那样，通过外接移动数字证书和动态口令卡硬件设备的方式去防范风险。移动支付安全问题成为客户是否接受移动支付的关键，目前手机操作系统漏洞较多，容易受病毒木马的攻击。此外，用户的安全防范意识较为淡薄，成为导致安全风险发生的潜在因素。

随着移动支付行业发展的需要以及身份认证技术和应用的成熟，建立起一个更安全的支付体系和支付环境，对整个产业链进行有效整合的国家级生物识别安全认证基础平台，显得尤为迫切和重要。通过建立生物在线识别认证技术解决强身份验证设备间缺乏互通性和消除身份认证过于依赖用户名和密码产生的问题，是必然之道。联想集团在2012年专门成立在线认证部门，已经形成了比较完备的技术解决方案，在市场开始成熟应用。目前，国内最大的第三方支付平台支付宝、京东钱包等已经部署了联想在线身份认证方案。

2012年，联想集团作为6家创始公司中唯一的中国公司，发起成立国际FIDO（Fast Identity Online）联盟，旨在通过建立生物在线识别认证的行业标准，来解决强身份验证设备间缺乏互通性和消除身份认证过于依赖用户名和密码产生的问题。截至2015年7月21日，FIDO联盟总计有208家公司或机构加入，包括23家理事会员、63家赞助者会员（含2家政府级别会员）、122家参与者会员。其中，理事会员有3家中国公司——阿里巴巴集团、联想集团以及中国台湾公司神盾（由原先的赞助者成员升级为理事会员）；赞助者会员有5家中国公司——飞天诚信、汇顶科技、沃通电子认证、FingerQ和北京天地融；参与者会员有15家中国公司。

目前整个FIDO联盟中，仅有Nok Nok Labs公司和联想集团提供了完整的全系列FIDO UAF认证产品。同时，联想集团与Nok Nok Labs公司成立合资公司，在国内联合推广FIDO UAF认证产品。目前，产品已内嵌在谷歌的安卓生态系统、微软的Windows10.0操作系统、高通的手机芯片系统中。在三星最近发布的旗舰机型S6也已内嵌了身份认证技术，成为国际上事实的在线身份认证技术标准。

联想云服务集团专注于互联网服务/软件生态系统的建立，经过3年多的积累，联想云服务集团推出的联想身份认证服务通过采用FIDO UAF协议，以其通过任意应用、任意认证器、任意设备使用统一的协议进行身份认证的技术先进性，已在全球主流互联网服务商、金融机构、产品供应商获得了广泛的认可。谷歌、Visa、Mastercard、微软、三星、PayPal、ARM、阿里、京东、银联等国际国内相关企业均已在各自的产品和系统中不同程度地采用了该技术方案，并陆续在市场上应用。

FIDO的使命正是以创建行业标准的方式保证各个厂商开发的认证技术之间的互操作性，用简化的双因子甚至多因子认证技术结束多年来消费者记忆密码的烦恼。FIDO联盟，目前已经有谷歌、Visa、MasterCard、BC Card、微软、英特尔、PayPal、ARM、NTT Docomo、联想集团等252家公司与机构参与，同时包括美国国家标准技术研究所（NIST）、英国内阁办公室、德国联邦资讯安全局等政府权威机构。

FIDO联盟作为国际产业联盟标准组织，有强烈意愿在中国政府的监管下让这一国际技术为中国服务。随着FIDO逐步在国际领域得到认可和接受，我们有责任将FIDO这样一个先进技术标准引进中国市场，拥抱政府监管，做好本地化工作，使之更好地满足中国市场的独特需求和监管要求，最终推动网络身份认证的安全性和应用性，达成统一的规范标准。

背靠强大的新型身份认证技术，基于FIDO协议的用户则不必再担心商家服务器被攻破，导致密码被窃取或泄露。FIDO比市场上的大多数的身份认证体系更便捷、更安全。FIDO身份认证体系在主推指纹、面部识别和虹膜识别验证的同时，仍可将该功能暂作辅助屏障，与传统的密码支付、图形锁、短信验证等配合使用，实现安全性与应用性的平衡。

3. 联想投资和布局信息安全产业

中国现在是全世界拥有最多互联网、移动互联网用户的国家，网络应用环境和安全也相对复杂，网络安全对技术有强烈需求。

从技术发展角度，身份认证关键技术逐步成熟，如高保障公共身份认证、身份核实服务、令牌服务等等，从过去的探索期进入了成熟期。现在指纹识别已经有很多年的应用，也是应用最广泛的。人脸识别、虹膜识别以及其他的生物特征识别技术越来越成熟，并得到广泛应用。要建立可靠的、有公信力、高保障的公共身份云服务，需要政府参与、授权和普通用户的信任。

联想在开展在线身份认证业务的同时，深知建立起一个更安全的支付体系和支付环境，确保互联网应用、第三方支付、安全元器件、产品终端等产业链上下游在技术上的互联互通，离不开统一的技术标准。目前，国内还未形成像FIDO一样的国际产业联盟和技术标准。联想集团已经积极参与工信部相关技术标准的制定工作。

基于生物特征识别技术对国民进行身份认证，一定要从国家信息安全战略的高度出发。为此，联想集团已积极与国家网信办、公安部、工信部等主管部门沟通和汇报。联想集团也在和中国科学院、中国科学院信工所、中国科学院自动化所制定建设国家级生物识别安全身份认证基础平台的相关工作规划，以支撑国家网信办等相关部委在信息安全方面的工作。

从促进产业发展角度，建立一个第三方中立的市场化技术服务实体，是快速推进技术标准市场化落地、协调产业联盟各环节高效运作的必要手段。在国内移动支付领域的第一阵营，企业纷纷表示愿意投资支持成立第三方技术服务实体公司。公司主要经营目标是提供建立适用于中国市场的移动支付账户安全保护技术，构建和运营中国在线身份认证平台并最终建立推广国家生物识别行业标准。基于此，国民认证科技（北京）有限公司应运而生。

4. 产业投资和布局

联想创投集团的全价值链业务架构包括"风险投资＋投资管理部＋子公司＋联想加速器和创业服务"，致力于通过投资和孵化方式布局前沿科技，推动联想未来的创新发展。联想创投聚焦于具有高成长性的TMT领域创业公司，主要投资方向包括云计算及大数据、人工智能、智能设备、IoT和机器人、"互联网＋"以及消费升级等领域。

联想集团高级副总裁、CTO，联想创投集团总裁贺志强表示："联想创投承载着联想互联网转型的战略使命，联想集团一直在寻求核心科技，但通过内部创新的力量是有限的。联想创投希望以投资和孵化为手段为联想布局前沿科技，推动联想未来的创新发展；同时依托联想的全球资源优势，发挥我们独到的科技洞察力，创投出优秀的企业，同时辅以资金、人才等方面的帮助，孵化出好技术、好产品、好企业。"

贺志强认为，在联想创投已投资的40多家优秀企业中，拥有核心技术的企业超过80%。联想2012年投资旷视科技（Face++），该公司当时估值15亿美元以上，作为天使投资已经获得了数百倍的高回报。联想在信息安全领域的重点是在生物人特征识别和网上认证，各种生物特征包括指纹、身纹等方面。联想创投投资的水滴科技，通过走路和动作在几秒钟内在广场上对人进行识别，来促进公共安全。贺志强认为，未来信息安全最大的趋势是：从硬件到软件、从客户到云端是一个系统；在资源消耗的成本和安全保护找到一个平衡点；技术手段和政策方面需要一个平衡。联想在智能手机中嵌入安全系统，以定制、云化的方式置入。在人工智能方面，他认为未来的驱动是应用驱动变为任务驱动，自然交互更加深入自然。联想研究院目前重点课题是人工智能自然语言理解、建立视觉和环境感知。

联想创投集团一直致力于通过持续开拓与上下游合作伙伴的广泛合作，将国民身份认证技术的国际标准应用于更广泛的行业，从而推动整个在线支付体系的安全构建，为广大用户提供安全与便捷兼并的支付体验。国民认证致力于利用基于FIDO联盟UAF/U2F国际标准协议，向中国主流互联网服务商、金融机构、硬件制造商、生物认证技术商提供从客户端到服务端完整的身份认证解决方案。打造新型互联网认证技术，通过使用统一的协议，把任意应用、任意设备、任意认证方式结合在一起，统一进行身份验证，使整个身份认证方案形成一个统一的生态系统，从而顺应移动支付业务快速兴起以及指纹手机爆发式面世的发展潮流。

无论是从企业需求还是从市场趋势来看，在线身份认证标准的进一步规范势在必行。国民认证技术在未来将应用于更广泛的行业，包括运输、安保、交通等，从而推动整个在线认证体系的安全构建，让在线身份认证市场得以充分规范和成熟，为广大用户提供安全与便捷兼并的体验，进一步推动未来中国互联网环境更加健康有序的发展。

5. 联想国民认证：为用户提供信息安全服务

中国互联网络信息中心（CNNIC）发布的《第37次中国互联网络发展状况统计报告》显示，截至2015年12月，中国网民规模达6.88亿人，全年共计新增网民3 951万人，互联网普及率为50.3%，较2014年底提升了2.4个百分点。其中，中国手机网民规模达6.20亿人，较2014年底增加6 303万人。网民中使用手机上网人群占比由2014年的85.8%提升至90.1%。可以预见，随着手机网民的增长，手机消费也将迅猛增长，消费者对移动支付方式的多元化、便捷性和安全性的需求日益强烈。

当前消费者所持有的移动终端种类繁多、环境各异，给金融服务商和银行带来了很大的挑战。同时，移动终端（手机）作为一个便携设备，若采用各类操作复杂的认证手段，会使用户支付体验降低，使银行的用户认证体系变得更为复杂，增加各类成本（效率低下）。如何满足用户便捷性需求，适应移动终端的差异性，以及银行对身份认证系统的安全、高效、可控需求是移动支付发展亟待解决的难题，而国民认证基于FIDO联盟UAF协议的身份认证解决方案，能够解决上述问题。

国民认证科技（北京）有限公司成立于2015年，是联想创投在联想互联网转型和推动"设备+云"服务的战略下成功孵化的子公司。

信息技术发展至今，网络与社会的衔接更加紧密，影响更加深远。但网络空间中的可信身份和可信体系，至今都还没有完全建立起来，还存在着冒用身份、传播欺诈信息、泄露个人信息以及网络暴力活动等各种问题。过去，大家普遍使用的密码，很难同时做到易用性和安全性的平衡，简单的密码易攻破，复杂的密码难记住。近年来，指纹、虹膜等生物特征识别技术不断成熟，成为新的验证手段。但如果用传统的验证方式，隐私数据都必须在服务器端有匹配存储，网站才能够确认用户身份，所以，每年都有大量的个人隐私信息和安全信息，被黑客通过"拖库""撞库"等方式，大规模地攻击破解。如果用户的生物特征信息也备份到云端，就会对国家与社会安全带来巨大风险。所以，从2012年开始，联想就与谷歌、PayPal等国际巨头一起，联合发起成立了快速在线身份识别（Fast IDentity Online，FIDO）联盟组织，把认证方式和认证协议彻底分离。认证方式只跟设备有关，设备通过公司密钥再跟服务器端认证，从根本上解决隐私安全的问题。

这种方式目前已经得到全球产业界的一致认可。FIDO联盟目前已经有谷歌、微软、ARM、英特尔、高通、NTT Docomo、联想等252家公司与机构参与。其中，包括PayPal、阿里等互联网金融巨头，以及Visa、MasterCard、BC Card等全球五大银行卡组织。目前，高通的骁龙810、820等芯片和微软的Windows10系统等软件和硬件，都已经全面支持FIDO。随着指纹传感器以及其他生物识别技术在移动设备中越来越普及，支持FIDO的移动设备将会越来越多。

国民认证致力于利用基于FIDO联盟UAF/U2F国际标准协议的先进技术，通过多种技术创新，研发出符合中国市场及管理规范的身份认证系统，满足国内市场需求与监管要求，向中国主流互联网服务商、金融机构、硬件制造商、生物认证技术商提供从客户端到服务端完整的身份认证解决方案，构建和确保真实的人与虚拟世界的可信连接，为用户打造安全便捷的网络服务基础。并在FIDO标准的基础上，增加了辅助的安全管理、策略配置及日志监控功能。

该方案为应用方提供了客户端APP SDK和认证服务端；同时，为终端厂商提供了ASM以及认证器安全应用的模块。整个架构体系如图1所示。

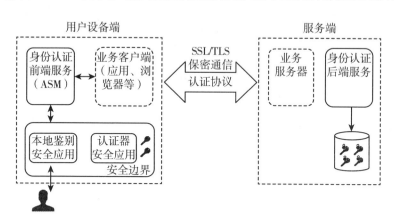

图1 国民认证统一身份解决方案架构示意图

国民认证统一身份解决方案（UAS）代表了当前身份认证业界的发展趋势，全球领先的新型身份认证技术使用统一的协议进行身份验证，使身份认证方案形成统一的生态系统，适用于任意应用、任意认证器、任意设备，使用户和服务提供者在信息安全与使用体验上取得了最佳的平衡点。

国民认证科技将用户的指纹、人脸和虹膜等生物特征存储于智能终端设备的安全硬件，对用户身份的识别全部在安全硬件中（独立隔离区域）完成。与传统通过互联网传递用户特征数据不同，验证通过后设备会使用私钥对认证信息进行签名并发送至登录服务器，而登录服务器则使用公钥进行验签，从而完成身份认证。通过这种新型身份认证技术，用户不必再担心商家服务器被攻破，导致密码被破解和盗取的问题。国民认证已在多个在线身份认证领域得以应用，包括翼支付、京东钱包、支付宝等主流在线支付技术。除了广泛主流在线支付应用外，截至2016年4月，已有来自包括高通、三星、LG、华为、谷歌、雅虎、夏普等150多种设备产品获得了FIDO官方认证。这些产品涵盖从数码设备到在线服务的不同领域，譬如运输、安检、交通、银行、门禁等。同时，人脸识别和虹膜识别等更加便捷、安全的生物认证安全解决方案也即将面世。国民认证希望和业界一起把可信认证做好，并帮助用户提供认证解决方案。

（1）国民认证产品特色及亮点

国民认证统一身份解决方案的工作原理是两步式认证：第一步由设备验证用户（通过指纹、声纹、人脸甚至PIN码等）；第二步由服务端验证设备。

● 设备验证用户：可以使用个人的生物特征（指纹、虹膜、声纹、人脸等），或PIN码（其他非生物特征）等对用户身份进行确认。通过设备（认证器）本地中的"本地鉴别安全应用"来完成此过程。生物特征关键信息被安全存储在本地设备（认证器）中，不会通过网络传输到服务端。

● 服务端验证设备：在用户注册时会生成该用户所对应的密钥对，密钥对采用国家允许的非对称加密算法，在设备（认证器）内部实时、随机生成并加密，安全地存储在本地设备（认证器）中，用户公钥通过加密信道传递至服务端并保存。在认证时，设备端（认证器）调用用户私钥对消息进行签名，服务端使用该用户对应公钥进行验证，从而完成身份认证过程。由于该过程中用户的密钥对由设备（认证器）负责管理，该认证过程可视为服务端验证设备的过程。

此外，服务端还会验证设备（认证器）本身的合法性。设备（认证器）在出厂前会预置验证私钥及公钥证书，同时提供元数据文件（包含认证器的根证书）给服务端。用户注册时产生的用户公钥将使用设备（认证器）

的验证私钥进行签名，而服务端则使用元数据文件中的根证书对公钥证书验证并使用该公钥来进行验签，从而完成服务端对设备（认证器）本身的验证过程。

● 便捷性：生物特征是人体固有的生理特性和行为特征，不需要像传统密码一样记忆，使用方便快捷，不会丢失，从而将用户从网络时代"多账户、弱密码、重复使用"的窘境中解救出来。

● 统一性与可扩展性：只要是符合FIDO联盟技术规范的终端设备都可以支持联想身份认证解决方案。对于各项生物识别技术或其他认证手段，可以通过在本地验证转化成公私钥密码体制，从而实现支持认证手段多样性和统一性。通过对现有网络认证机制的高度抽象，创造性地提出了全新的网络身份认证理念，在安全的前提下，在客户端统一了多种认证方式，通过统一的交互机制实现了认证服务端的统一。

● 安全、高效、可控：主要认证过程是公私密码算法中数字签名、签名验证过程，同时在通信、客户端、密钥保护等方面采用了多项安全手段。由于FIDO联盟统一规范，在服务端只要做简单配置即可完成对新设备、新认证方式的支持。通过配置服务器可以实现对不同设备、不同认证方式等要素管理，也可以根据实际需求增加相应的安全措施。

总而言之，国民认证统一身份解决方案满足了用户使用的便捷性，适应多种移动设备和生物识别手段，以及银行等金融安全、高效、可控的需求，实现了快速在线认证的目标。

（2）主要工作流程介绍

国民认证统一身份解决方案的主要环节为配置策略、用户注册、交易认证、用户注销等。

①配置策略

配置策略过程全部在服务端完成。可实现的配置项有：

● 允许支持终端设备的型号；

● 设置允许的认证方式；

● 设置手机银行App文件的版本检测；

● 设置手机银行App访问地址；

● 设置安全通信策略；

● 设置认证过程随机数令牌。

②用户注册

用户注册主要过程：实现检测终端设备是否合法；用户身份校验；生成注册对应的用户公私钥对等。

● 检测终端设备。检测终端设备的环境是否符合FIDO规范；预置的设备证书是否合法，且终端设备是否在服务器允许的范围内；所知的认证方式是否在服务器所允许的范围内。检测并采集终端设备的硬件信息，注册成功后，终端设备硬件信息将与用户公钥绑定。若使用过程中发生变化，可以选择对交易中止，增强认证安全性。

● 用户现有身份校验。用户登录手机银行后，使用已有的认证方式（如支付密码、手机短信验证码等）或其他认为安全可行的方式（如授权码、柜台办理等）来确认用户身份，然后根据认证方式设置用户的交易额度。身份确认的信息发送过程环节采用TLS加密通信等安全方式，确保信息不会泄露或窃取。此步骤完成后，当前的Web会话ID以及TLS通道ID将被绑定，以确保之后产生的用户公钥不会被非法篡改或替换。

● 生成注册用户公私钥对。通过用户身份校验后才能启动用户公私钥对的生成注册操作（过程如图2所示）。

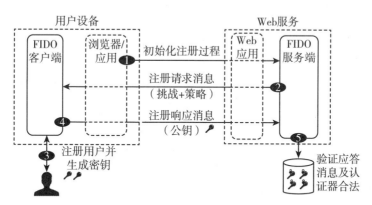

图2　用户注册过程

③认证过程

下面描述的认证过程主要是针对交易确认的场景，其主要流程如图3所示。

● 用户发起一个交易请求至服务器。

● 服务器向客户端发送认证请求、挑战值、策略、交易报文等。

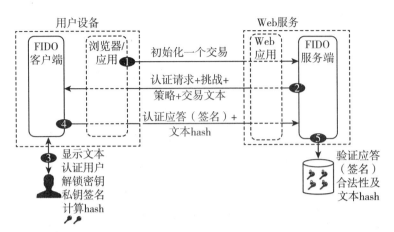

图3　用户认证过程

- 客户端收到信息并验证通过后，启动本地验证（如指纹、虹膜等）。本地验证通过后，将安全显示交易确认界面，点击确认将使用用户私钥对交易报文、挑战值等信息进行数字签名。
- 客户端将发送包含数字签名信息的报文给服务器。
- 服务器使用用户公钥对数字签名信息进行验签操作，同时也将验证挑战值等安全信息。
- 发送验证结果至客户端。

④注销过程

- 在客户端的用户主动注销过程相对比较简单，用户发起注销请求后，用户终端设备内删除用户密钥对，服务器端将用户公钥置为注销状态。具体步骤如图4所示。

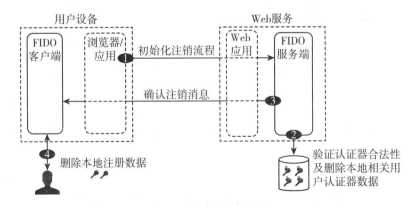

图4　用户注销过程

● 服务端注销过程。由于一些异常原因（如手机丢失等），需要用户通过银行现有的渠道，联系银行，确定后操作相应的接口即可完成服务器上用户公钥的注销。

（3）指纹及TEE安全可靠性

生物识别技术（指纹）的应用是国民认证统一身份解决方案中便捷安全特征体现之一，仅限在近距离（本地）使用。当前生物识别技术有指纹、虹膜、掌纹、脸谱等多种。指纹识别技术是当前技术中最成熟的，应用最广泛的。根据指纹识别厂商新思（Synaptics，智能手机市场占有率40%，笔记本电脑占有率65%）提供的数据，当指纹拒真率（FRR）小于万分之一时，误识率（FAR）小于百万分之一。

国民认证统一身份解决方案的客户端核心安全程序是运行在可信运行环境（TEE）下的。TEE是目前智能终端上的主流系统安全方案，提供了系统级芯片（SoC）级别的安全，通过在通用CPU上创建隔离的计算环境，确保常规执行环境无法在非授权的情况下访问、修改TEE的代码和数据。

除了TEE隔离运行环境的安全性外，国民认证统一身份解决方案也设计了多重安全机制来保护整个客户端的安全。使用FacetID设计（被后台服务用来验证App是否被篡改，若是验证不通过，App是无法与后台服务建立连接的）确保了手机App的合法性安全；"密钥处理访问令牌"确保ASM与认证器通信安全；"认证器验证密钥"确保认证器自身的合法性安全。对于核心的机密信息，采用了"用户保护密钥""认证器验证密钥""认证器验证证书"等手段来进行保护。其中，用户保护密钥是随机生成且唯一的，即使TEE被攻破，也无法得到用户保护密钥，也就无法解密出私人密钥。即使攻击者窃取了某台手机的用户保护密钥，也无法用于大规模攻击。

6. 联想在信息安全方面的未来战略

联想创投集团总裁贺志强表示，联想从2012年开始在身份认证领域进行投入，并且是TCG组织的董事会成员，曾经做过防火墙、TSM安全芯片。在身份认证领域联想做了三件事：一是促进产业融合。联想很早意识到认证方式的提升不是一两家企业或者一两家学术机构可以驱动的，需要所有的学术界、企业界、政府共同推进。2013年成为发起企业之一，加入了FIDO联盟。短短3年时间，FIDO联盟从最初6家发展到现在的252家，覆盖了IT、金融等领域。2015年政府、学术机构也参与其中。相信通过上下游、学术界、产业链共同努力，网络身份认证领域能够为用户服务得更好。二是布局关键技术。2013年以天使投资的身份投资了Face++。这是人脸识别的一项技术，那时联想就意识到要扶持这些公司的发展。同年在硅谷投了Nok Nok Labs。它们是FIDO的早期创始成员之一，在技术手段上实现了FIDO标准；在客户端和服务器端，是技术方案的提供者。2015年和中国科学院自动化所一起成立了中科身份认证云服务联合实验室。

信息技术发展至今，网络与社会的衔接更加紧密，影响更加深远。但网络空间中的可信身份和可信体系，至今都还没有完全建立起来，还存在着冒用身份、传播欺诈信息、泄露个人信息以及网络暴力活动等各种问题。

联想最大的目标是在FIDO的基础上，立足于我国的互联网应用环境，制定满足各方面需求的中国标准。

目前，FIDO非常重视中国的发展，已有超过30家的会员单位。但中国依然需要一套自己的网络身份认证国家规范。

目前，国民认证正在跟产业链上下游，包括芯片公司、操作系统公司、支付宝、微信等等这些支付企业合作，在FIDO本地化的同时产学研多方合作，齐心协力为产业链的高效供应和互联网身份认证升级服务作出应有的贡献。同时，国民认证已经在和其他企业、机构一起，共同起草和推动中国的网络身份认证国家规范标准。

在移动互联网时代，任何创新都没有办法孤立存在，需要跨行业、跨部门，需要共同推进才能够解决问题，包括操作系统厂商、设备厂商、服务应用提供商、设备提供商等等，必须要共同努力。

助力网络强国：
企业网络安全战略及经营

第三部分

海康威视：创新科技助推智慧城市与网络安全

建设智慧城市、平安城市已成为当今世界城市发展不可逆转的历史潮流，网络安全则是其重要的部分。杭州海康威视数字技术股份有限公司（以下简称"海康威视"）以视频监控应用为基础业务，发展成为今天以视频为核心的物联网解决方案和数据运营服务提供商，面向全球提供安防、可视化管理与大数据服务，为智慧与平安城市建设提供高质量的服务与解决方案。海康威视实施的人才战略与开展的机器人和汽车电子新业务，也引起了各界关注。

1. 积极助力智慧城市建设

海康威视是以视频为核心的物联网解决方案和数据运营服务提供商，面向全球提供安防、可视化管理与大数据服务。

2016年度，公司实现营业总收入约320亿元，比上年同期增长26.69%；实现营业利润约68.6亿元，比上年同期增长24.84%。实现归属于上市公司股东的净利润2016年度业绩增长的主要原因为：报告期内，公司依托领先的技术创新能力、完善的产品开发体系和行业解决方案能力，通过不断开拓国内外市场，提升管理水平和运营效率，增强盈利能力，继续稳健成长。

海康威视全球员工有2万人（截至2016年底），其中研发人员超过8 300人，研发投入占企业销售额的7%左右，绝对数额占据业内前茅。海康威视是博士后科研工作站单位，在国内设有五大研发中心，在海外建立蒙特利尔研发中心和硅谷研究所，拥有视音频编解码技术、视频图像处理技术、嵌入式系统开发技术等多项核心技术，以及云计算、大数据、人脸识别、深度学习、视频结构化等前瞻技术，并针对金融、公安、电讯、交通、司法、文教卫、能源、楼宇等众多行业提供专业的细分产品、IVM智能可视化管理解决方案和大数据服务。依托视频技术，海康威视将业务延伸至智能家居、工业自动化和汽车电子等行业，为持续发展打开了更大空间。

海康威视在中国35个城市设立了分公司及售后服务站；在美国、加拿大、俄罗斯、新加坡、意大利、澳大利亚、法国、西班牙、波兰、英国等国家设立了25家子公司。

海康威视是全球视频监控数字化、网络化、高清智能化的见证者、践行者和重要推动者。曾连续5年（2011—2015年）蝉联iHS全球视频监控市场占有率第1位，硬盘录像机、网络硬盘录像机、监控摄像机第1位，视频管理软件第3位（2015）；连年入选"国家重点软件企业""中国软件收入前百家企业"、A&S《安全自动化》"中国安防十大民族品牌"、CPS《中国公共安全》"中国安防百强"（位列榜首）；2007—2015年连续9年以中国安防第1位的身份入选A&S《安全自动化》"全球安防50强"；2016年位列全球第1位。

2010年5月，海康威视在深圳证券交易所——中小企业板上市。基于创新的管理模式、良好的经营业绩，公司先后荣获"2016 CCTV中国10佳上市公司""中国中小板上市公司价值10强""2016年A股上市公司未来价值排行以及A股最佳上市公司"榜首、"第六届中国上市公司口碑榜最佳公司治理实践奖""中国中小板上市公司投资者关系最佳董事会"等重要荣誉。

在智慧城市领域，海康威视是重要的践行者和参与者之一。除了提供视频监控设备、用于智慧城市基础设施建设以外，海康威视还为各行各业提供行业应用解决方案，这些行业应用本身就是智慧城市的重要组成部分。

面对自然灾害、事故灾难、公共卫生事件、社会安全……，如何提升城市公共安全管理水平？海康威视立足城市安全管理需要，以城市应急指挥在公共安全事件中的及时防控作用为中心，提供事前风险防范预警、事中应急指挥调度及事后的分析研判能力，以公共安全大数据为基础，综合预警、防控、研判的可视化应用，为打造智慧型平安城市提供整体解决方案。

● 智慧交通。海康威视智慧交通涵盖交通管理、城市轨道、铁路、公路、港口、海事航港、机场、公交、客货运、物流等交通领域，综合运用传感、视频监控、卫星定位、地理信息、无线传输等技术，以智慧交通综合管控中心为核心，提供基于视频云存储、视频云分析、大数据服务的可视化基础管理服务平台，满足智慧交通的可视化需求，使公众出行更安全便捷。

● 智慧教育。海康威视为智慧教育提供系列解决方案，结合感知采集、可视化分析处理技术，推出教学录播、在线教育、远程点播等可视化应用，解决当前教育资源不平衡的问题。以萤石云为基础，结合手机应用，将学校、教师资源、家长、学生广泛联系起来，打造便捷易用、轻松管理的个性化教育系统，为教育资源均衡化、教育现代化、透明化、高质化提供基础设施保障。

● 智慧旅游。海康威视智慧旅游系列解决方案为景区道路管控、安全巡查、应急防范、报警出勤、门禁管控、停车管理等应用提供感知基础设施，建设智慧旅游指挥中心，同时以萤石云、云计算为基础为客流分析、手机APP、智能信息发布等提供可视化服务能力，主动将旅游资源、文化、经济、民生等各方面的感知信息，通过互联共享为智慧旅游管理提供支撑服务。

● 智慧环保。海康威视智慧环保解决方案致力于建设"广泛感知、准确感知、实时感知、完备感知、智能控制"的感知层，采集排污水、废气、辐射源、固体危废、企业工况、机动车尾气、噪音等污染源数据，与可视化感知相结合，集成环保管理系统数据，以云计算为核心，提供环境质量改善、安全防范的智能预测分析服务能力，应用于河流断面水、城市空气、饮用水源地、城市土壤、城市噪音、湖库水等场景。同时，建设智慧环保指挥中心，实时可视化处理危险、危化事故，及时降低事故风险。

● 智慧水利。海康威视智慧水利解决方案通过感知层基础设施采集水文监测数据，结合可视化感知数据，借助云计算、云分析和大数据服务技术对感知层数据进行分析处理，为防汛抗旱、中小河流水文监测、山洪灾害预警监测、农村饮水安全、城市供水各环节应用系统提供数据支撑。建设智慧水利指挥中心，实时可视化管理调度，保障水利工程设施安全。

● 智慧制造。海康威视智慧制造解决方案借助视频分析及处理技术、物联网技术、视频云技术、生物识别技术等信息化技术，对生产制造各环节感知信息进行采集和分析处理，如工具3D定位测量、物流包裹体积测量、室内场景3D重建等，为生产过程可视化管理、智能可视化物流管理、智能可视化仓储管理、可视化园区综合管理等应用提供物联感知基础数据支撑，帮助企业实现全面透明化管控，深入实施智慧制造工程。

2. 智慧城市建设中重视网络信息安全

在智慧城市的建设过程中，网络信息安全是需要考虑的重要因素。随着网络和信息技术的不断演进与发展，信息安全面临的威胁和挑战日益严重。海康威视充分理解网络信息安全在智慧城市建设中的重要性，并积极采取切实有效的措施提升产品和服务的安全性，帮助客户规避和减少安全方面的风险。

（1）组织保障

为支撑公司高速发展、战略目标达成，全面提升公司产品的安全性，海康威视成立网络与信息安全实验室，全面负责公司产品的安全问题。另外，作为依托单位，海康威视联合浙江省公安厅、浙江省网络通信管理局、国家计算机网络应急技术处理协调中心浙江分中心、杭州安恒信息技术有限公司成立了"嵌入式设备网络安全联合实验室"。

海康威视积极探索政府职能机构、技术需求企业、技术提供企业联合研究安全技术的创新模式，着眼于嵌入式设备、互联网、信息安全等领域的科研工作，加快推进嵌入式网络设备安全信息设施的标准制定、技术研究、产品创新及人才培养。

（2）研发安全

为具备可信赖的产品安全交付能力，确保产品是安全的且能安全运行，海康威视将"安全性"作为产品的一项基本属性融入产品开发生命周期过程中。安全需求、安全设计、安全开发、安全测试等安全活动融入高效产品开发流程，保证安全性的有效落地。

● 安全流程。公司遵循SDL（Security Development Lifecycle）构建公司安全开发流程，通过在软件开发生命周期的每个阶段执行必要的安全控制活动或任务，避免设计缺陷、逻辑缺陷和代码缺陷，保证软件在开发生命周期内的安全性得到最大的提升，真正做到从应用产生的源头来避免安全风险。

● 安全审计。安全验证检查准备试生产的产品是否满足安全基线，是否存在安全漏洞和风险，检查安全保障所需的证据是否完备，验证交付的文档是否满足安全保障基线。安全审计检查安全策略、安全基线、流程是否有效得到执行，通过检查安全活动和规定的执行情况，评估安全风险，对不合规的进行改进。

● 安全测试。为了保证海康威视产品的安全性，防止由于研发过程中可能导致产品出现的各种安全问题，公司在产品研发的每个阶段都进行相关安全测试，确保产品的安全。

● 内控安全。公司对内控安全的管理符合ISO27000（信息安全标准体系族）的风险管理要求，依据ISO27001信息安全管理标准，在整体业务活动和风险的环境下，建立、实施、运作、监控、评审、维护和改进信息安全管理体系。

● 安全事件响应。海康威视成立了SRC（Security Response Center），负责接收、处理和披露海康威视产品和解决方案与安全相关漏洞的应急响应。

另外，公司还规定产品安全事件管理的流程和各部门职责，保证产品安全事件管理的质量和效率。对于安全事件的执行效率，管理规范有明确的规定，如安全事件初步确认时间不超过24小时，高危以上级别的安全漏洞修复期限为30天。

（3）交流合作

● 加强与国内外安全厂商的交流与合作，提升公司产品的安全性；

● 邀请国内外知名的安全测试团队，对公司产品进行渗透测试，最大限度地减小业务风险以保持安全风险在可控制的范围内；

● 邀请国内外知名安全专家对研发人员进行授课，提高研发人员的安全业务水平；

● 网络与信息实验室和客户进行多次有关产品安全专题、应急响应工作机制和安全需求的交流，并及时向客户推送安全进展，了解客户需求；

● 面向社会推出"安全白帽子奖励计划"，对关注海康威视信息安全的国内外"白帽子"进行奖励，回馈推进海康威视产品安全不断进步的优秀安全技术研究者。

海康威视通过对外交流与合作，接纳利益相关方的反馈，吸收安全领域先进技术和管理经验，系统地转换为未来改进的目标，不断提升公司的信息安全能力。

3. 助推智慧城市与网络安全科技创新是保障

海康威视通过不懈努力，在智慧城市和网络安全上均表现不俗，走在了行业的前列。这一切背后的强大动力和保障，正是其积极、持续的科技创新。

2015年5月26日，习近平总书记来到杭州海康威视数字技术股份有限公司进行视察，对他们拥有业内领先的自主核心技术表示肯定。

习近平总书记指出，企业持续发展之机、市场制胜之道在于创新，各类企业都要把创新牢牢抓住，不断增加创新研发投入，加强创新平台建设，培养创新人才队伍，促进创新链、产业链、市场需求有机衔接，争当创新驱动发展先行军。

（1）勇于创新、敢于突破，引领行业技术新发展

海康威视科技创新坚持以应用为牵引，以技术进步为支撑，以产品性能为保障，不断推出符合行业发展趋势、满足市场应用需求的产品和服务，实现创新成果的产业化应用推广。

在公司由全线视频监控产品向行业解决方案及视频内容服务商转型的过程中，将技术、产品、行业需求有机结合，开发出丰富的行业产品线、数十个细分行业应用平台，深入挖掘细分行业应用需求，将视频信息与行业应用深度融合，促进科技创新更好地为用户和社会创造更大价值。

海康威视作为一家以技术见长的公司，在视频监控产业向数字化、网络化、高清化、智能化方向发展的过程中，始终保持高额的研发投入来保障持续技术创新。海康威视的研发团队超过8 300人，是目前全球最大的安防研发团队之一，公司每年将营收的7%左右投入研发。

在自主核心技术方面，海康威视已获得授权专利超过1 200项。在长期专注的创新投入下，公司在计算机视觉算法上已取得突破性进展。2015年海康威视研究院智能算法团队，在KITTI的评测中车辆检测和车头朝向估计2项任务评分均排名世界第一；在MOT Challenge算法测评中获得"计算机视觉的多目标跟踪算法"世界第一。多项国际顶级竞赛的领先成绩，代表着海康威视研发团队在计算机视觉算法上已跻身于世界顶级技术团队之列。

（2）把握趋势、谋划市场，实现创新技术的产业化应用

2015年，基于深度学习技术的后端智能产品"猎鹰""刀锋"面世，在一定程度上解决了视频结构化问题，推动了安防大数据应用向前发展；2016年10月，公司发布了基于深度学习的从前端到后端全系列智能安防产品，不断推进智能安防全面落地、深入发展和产业化应用。

海康威视智能安防产品将助力平安城市犯罪线索挖掘、智能交通分析、商业业务决策等，为打造平安城市、优化城市交通、提高企业运营效率等带来持续而深刻的影响。举世瞩目的G20杭州峰会，海康威视荣当"安全保障兵"，为峰会打造了多层域的安全防护体系，向全世界充分展现了当代安防的"智能、智慧"。

（3）聚焦核心、厚积薄发，多维化布局打开发展新空间

近年来，海康威视基于视频核心技术积累，不断实现业务创新，先后创造性提出"新安防·iVM时代·云时代"理念，率先在国内发布智能系列产品，提升视频应用效用；率先拓展民用安防消费电子市场，拓展视频互联网运营服务；发布机器视觉产品，开发智能制造解决方案；研发车用电子产品及软件，进入智能汽车领域。

杭州海康机器人技术有限公司开发的"阡陌"系统是通过移动机器人来代替人工劳作，作业人员只需要进行"必要"的管理与操作，其他各项作业均可由机器人来完成，把原来的人到货、人找货、人搬货变成现在的机器找货、搬货、货到人，大幅提高了仓储管理效率。

海康威视从原来的视频应用业务拓展到机器视觉业务，并面向市场推出无人机、工业相机、智能仓储机器人及系统这三个细分行业应用的产品，看起来有一定跨度，但海康威视一直掌握视频应用的核心技术，在硬件、嵌入式、ISP、模式识别等领域有非常深厚的积累，这些也都是机器视觉的基础核心技术。

2016年11月16日，世界互联网大会来自全球各地的观众在乌镇亲身体验海康威视智能停车场的方便与快捷。海康威视泊车机器人采用视觉和惯性双导航定位，定位误差小于5毫米，可完成2 500公斤汽车的升举、搬运、旋转、下放，2分钟帮你稳稳地停好车。可同时调度500辆汽车，最多可并排停放4排汽车，使得同等面积停车场停车位数量增加40%。

此外，海康威视还向汽车电子业务探索。2016年6月，海康威视以1.5亿元的注册资本，在滨江区设立了杭州海康汽车技术有限公司，主营业务涉及车用电子产品及软件、汽车电子零部件、智能车载信息系统等范围，此举也意味着海康威视正式进军汽车电子行业。

（4）重视人才资源、多元化激励人才创新

海康威视始终秉持"人，是企业发展的核心资源"这一人才理念，不断加强专业人才队伍的建设与人才培养体系的完善。

在人才培养方面，设立"新人训练营""鹰系列""孔雀翎"等核心人才培养机制，持续促进海康威视人才创新能力的不断提升。在激励机制方面，海康威视设有中长期激励、关键岗位人才培养机会等物质激励和精神激励20余项，鼓励和奖励人才创新。

2015年9月，海康威视《核心员工跟投创新业务管理办法（草案）》获得国资委批复，成为促进海康威视新业务创新发展的重要长效激励方式。跟投创新机制把一批批核心员工的事业梦想与公司创新业务发展融为一体，摆脱核心员工创新激情生命周期的宿命和产业生命周期的宿命。该激励方案突破了原有国有企业员工激励的限制，成为市场化竞争国企改革创新的重要试点，将为进一步激励企业创业创新，激发企业持续创新活力。

除此之外，海康威视还采用了多样化的激励机制鼓励创新。目前，设有股权激励、特别贡献奖、技术创新奖、专利奖、项目开发奖、质量改进金奖、关键岗位人才培养机会等各类激励措施20余项，基本覆盖公司所有部门。

在人才培养和人才队伍建设方面，海康威视建立起涵盖培训需求识别、培训计划制定与执行、效果评价与改进等环节的完整培养体系。目前已自建内部标准课程超过700门，内部认证讲师200余人，开设网络学院，推广自主学习，打造"管理、专家"职业发展双通道，为员工职业发展提供帮助，形成了完整的后备干部培养和储备机制，持续满足公司快速发展对核心人才的需求。以杭州为中心，打造了网络协同研发平台，使公司成为视频监控领域科技创新与成果转化的聚集地和扩散源，为人才提供广阔的创新平台。

（5）走向国际化3.0、中国高科技企业站在世界舞台中央

全球化是中国企业走向世界舞台的必经之路。海康威视在国际化进程中建立了自主品牌，海外拓展10年，经历了国际化1.0"走出去"到国际化2.0"本地化"的过程。截至目前，已在全球120多个国家和地区注册了商标，海外自主品牌率超过80%。

海康威视开始设立海外研发机构，更好地为国际客户提供服务。2017年2月13日，海康威视宣布，计划在蒙特利尔建立研发中心，在硅谷建立研究所。这是海康威视首次在中国境外设立研发机构，专注于工程研发。海康威视硅谷研究所专注于广泛的技术研究。蒙特利尔拥有卓越的人才库和适合企业发展的良好环境，是北美区域新研发中心的理想位置，作为高科技聚集地的硅谷则是设立海康威视研究所的最佳选择。

其中，蒙特利尔研发中心将更好地践行为北美地区重要集成商合作伙伴提供定制化企业级产品的承诺。在过去几年，海康威视在美国和加拿大打造了具备出色专业知识的工程、技术和销售团队，为客户提供企业解决方案服务。海康威视深知不同地区对解决方案的需求各不相同，新的海康威视研发团队将致力于开发专门为北美企业市场而设计的新产品。作为高科技企业，海康威视将追随全球化趋势，走向国际化3.0——在全球各个地

方配置好资源，把全球的资源为我所用。未来，海康威视希望能通过自身的努力，成长为一个优秀的国际品牌，使中国的高科技企业在世界舞台上占有一席之地。

4. 结语

从深耕传统的视频应用，到今日成为以视频为核心的物联网解决方案和数据运营服务提供商，面向全球提供安防、可视化管理与大数据服务，海康威视走出了一条自己的创新发展之路。建立良好的创新机制、重视与大力投入技术研发、重视人才与激励、积极进行科技创新，都成为海康威视成功元素。海康威视以积极的创新实践，在智慧城市建设与网络安全方面，起到了一个高科技企业的表率作用。

数字认证：连接信任的世界

　　北京数字认证股份有限公司（以下简称"数字认证"）是北京市政府批准成立的全市信息安全基础设施提供商，为电子政务和电子商务提供电子认证服务，获得了工信部电子认证服务许可证的第三方电子认证服务资质，同时具备较强的电子认证产品的自主研发能力，是行业内少数整合电子认证服务和电子认证产品、能够为客户提供"一体化"电子认证解决方案的公司之一，具备突出的市场竞争优势。电子认证解决方案以《电子签名法》为依据，以密码技术为基础，主要用于以身份认证、授权管理和责任认定为主要内容的网络信任体系建设以及信息保护，能帮助客户建立起身份可信、电文可信、行为可信的安全可信网络空间。

　　数字认证以国家安全观为总体指导，贯彻落实创新、协调、绿色、共享的发展理念，为完善网络空间安全治理、构建网络信任体系做出重要贡献。

1. 中国实施网络强国战略，建设网络信任体系是基石

当今时代，以互联网为代表的网络信息技术日新月异，引领了社会生产新变革，创造了人类生活新空间，拓展了国家治理新领域。密码技术是保障网络与信息安全的核心技术和基础支撑，密码工作直接关系国家政治安全、经济安全、国防安全和信息安全，直接关系公民、法人和其他组织的切身利益。在大数据的时代背景下，信息安全的核心业务需求包括信息的控制和信息的保护两个方面，信息控制的内涵是指确定信息由谁使用，以及确定使用者的身份；信息保护的内涵是指行为责任的落实，并且防止信息的泄露。

2017年4月13日，为适应我国国家安全面临的新形势和密码广泛应用带来的新挑战，制定的密码领域综合性、基础性法律《密码法（草案征求意见稿）》面向社会公开征求意见。这体现了党和国家历来对密码工作的高度重视，体现了密码作为维护国家安全和根本利益的一项基础性工作的重大意义。规范和促进密码应用，充分发挥密码在网络空间中身份识别、安全隔离、信息加密、完整性保护和抗抵赖性等方面的重要作用；加强密码监管，防范和打击密码违法犯罪活动，切实维护国家安全和根本利益，是坚持总体国家安全观，切实维护国家网络与信息安全的有力保障。

安全是发展的前提，发展是安全的保障，安全与发展要同步推进。2017年4月15日，习近平总书记在主持召开中央国家安全委员会第1次会议时提出，坚持总体国家安全观，走出一条中国特色国家安全道路，首次提出总体国家安全观，并首次系统提出构建11种安全于一体的国家安全体系，体现出安全的整体性和全方位性，确保国家安全利益的平衡化、最大化。

与此同时，在2017年6月1日《网络安全法》正式实施，标志着我国网络空间治理、网络信息传播秩序规范、网络犯罪惩治等方面即将翻开崭新的一页，国家网络安全将拥有更为完善的法律基础和保障。

数字认证以国家安全观为总体部署，深刻理解国家保护关键信息基础设施安全、维护网络空间主权的坚定信心和决心，积极投身建设"自主可控、安全可信、高效可用"的业务信息系统。数字认证在《"十三五"国家信息规划》的指导下，认真学习《国务院办公厅关于印发"互联网+政务

服务"技术体系建设指南的通知》、卫生行业《电子病历应用管理规范（试行）》以及《中国保险业标准化"十三五"规划》、《保险电子签名技术应用规范》等重要文件精神，积极开展实现重要领域信息系统安全可靠、业务可信及数字资产保护。

2. 数字认证的信息安全发展之路和新动态

云计算、物联网、区块链等新技术的出现使网络空间逐渐步入万物互联的大时代，但也进一步加大了网络空间所面临的安全威胁。为应对新形势下的安全风险，数字认证积极响应国家在网络空间治理方面的需求，将构建安全的网络信任体系作为终极目标，形成以密码技术为核心、以可信数字身份管理和可靠电子签名为关键发展脉络的战略布局。

数字认证前身为北京数字证书认证中心有限公司(英文简称"BJCA")，是根据北京信息安全保障的需要，经市政府批准成立的全市信息安全基础设施提供商，负责为电子政务和电子商务提供电子认证服务。2016年12月23日，公司在深圳交易所成功挂牌上市，是国内首家登录创业板的电子认证企业。目前，数字认证旗下拥有2家全资子公司和3家分公司（深圳分公司、广州分公司、浙江分公司）。

数字认证致力于保障业务可信开展，全资子公司安信天行致力于保障信息系统安全可靠，全资子公司版信通致力于数字资产保护。公司以为用户提供高品质的信息安全服务为己任，帮助用户创造安全可信的网络空间。业务实现全国布局，重点覆盖领域包括政务、卫生、金融、交通。数字认证是目前国内综合实力排名第一的电子认证服务机构。

作为信息安全的领航企业，同时具备地缘优势，数字认证建立覆盖北京市电子政务的电子认证服务体系，保障重大活动期间的网络安全，保护北京市电子政务网络安全，切实担当北京市信息安全基础设施的使命。数字认证为北京市一证通、京医通等多个重要项目提供服务。"北京市法人一证通"已成为北京市优化行政审批体制、提升政府服务的标志性项目，并被国务院推进职能转变协调小组办公室当作"北京市推进'互联网+政务服务'惠企利民"典型事例。

数字认证持续强化技术创新引领发展，通过十余年的积累和耕耘，已经成为国家网络与信息安全通报中心的技术支持单位、中国国家信息安全漏洞库技术支撑单位、国家信息安全漏洞共享平台技术合作组成员、北京市互联网信息办公室技术支持单位、全国信息安全标准化技术委员会成员单位。为国家重要领域信息化顶层设计建言献策，是行业应用规范的倡导者，也是行业应用的引领者。积极参与、承担"十三五"国家重大科技专项《网络空间安全》子课题《亿级规模网络身份管理与服务系统技术》、国家"八六三"《虚拟资产保全系统及应用》等国家重大科研项目的研发建设；牵头制定《安全电子签章密码技术规范》《信息系统等级保护密码技术要求》《电子病历密码应用技术要求》等国家标准和行业标准。此外，数字认证还拥有多项省部级科技奖项，技术实力获得政府部门及其他客户的广泛认可。

数字认证构建了基于国产密码算法的密码技术体系（如图1所示），基于安全可靠、层次分明、标准开放的原则进行构建，由密码基础设施、密码设备、密码服务以及密码支撑的安全服务四个部分组成，满足大数据时代下信息安全的核心业务需求，形成以密码技术为核心的信息保护和网络信任体系，实现对信息的真实性，有序可控流动以及完整性的保护。运用密码技术对信息进行加密，实现对信息的保护；以密码为基础、以法律法规、技术标准和基础设施为主要依托，能够解决网络空间实体的身份认证、授权管理和责任认定问题。

数字认证实施可信数字身份管理战略解决网络空间实体身份识别问题，是构建安全网络信任体系的基础环节。数字身份的内涵包括网络行为主体的社会属性、自然属性等多种信息，因此标识数字身份的凭证形态也呈现多样化的发展态势，从传统的USB-key硬件介质到如今的手机、生物特征等。新的技术挑战不断涌现，使得网络空间实体的身份难以依靠单一的技术手段实现认证，而数字认证实施的可信数字身份管理战略能够促进网络各方配合，实现数字身份的统一认证及授权管理。例如公司承建的北京市法人一证通工程，为互联网企业法人颁发唯一身份标识的数字证书，目前已实现北京市36个政务部门间的业务协同办理和信任互联。

数字认证实施可靠电子签名的发展战略，为解决海量网络实体行为可信追溯和责任认定难的问题提供技术发展路线。同时，数字认证对接权威司法机构，以可靠电子签名为主线，对网络空间中的实体行为数据完成司法鉴定。

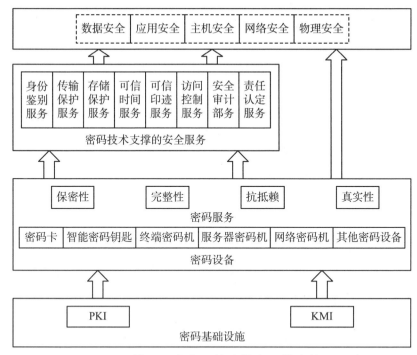

图1 基于国产密码算法的密码技术体系

　　数字认证针对"互联网+"革命所带来的产业转型需求和新兴业务模式，实施战略布局，推动云签名服务平台及运营系统研发工作。公司的自主产品"信步云"服务平台已陆续在政务、旅游等业务领域展开试点应用；公司面向医疗卫生领域搭建的专业云签名服务平台"医网签"已与多家互联网医疗服务平台进行了集成测试和试运行。子公司安信天行成功开发并上线国内第一个云安全监管平台，成为全国第一家云安全监管服务商，协助市经信委构建了市级政务云安全管理体系与运营管理机制，有效实现了市级政务云计算平台安全稳定运行。

　　数字认证积极参与信息安全领域的国家标准、行业标准工作。全国信息安全标准化技术委员会（简称"信安标委"）2017年第1次工作组"会议周"在武汉召开。数字认证作为信安标委WG3组副组长单位、WG4组副组长单位、大数据组的成员单位积极参与标准的制修订工作，牵头编制了国家标准《信息安全技术安全电子签章密码技术规范》，参与《信息安全技术签名验签服务器技术规范》等多项国家标准的制定。

3. 数字认证在信息安全的差异化技术和产品优势

随着信息安全问题的日益复杂，单一的信息安全产品已无法满足网络空间治理的需求。网络信任体系的构建需要的是一个安全可信的整体架构和"一体化"的信息安全解决方案。数字认证作为连接网络信任的关键环节，其所衍生的技术和产品均遵循可信数字身份管理和可靠电子签名这两个构建网络信任体系的关键脉络展开。

（1）一体化"电子认证解决方案优势

数字认证是获得工信部电子认证服务许可证的第三方电子认证服务机构，同时具备较强的电子认证产品的自主研发能力，是行业内少数整合电子认证服务和电子认证产品，能够为客户提供"一体化"电子认证解决方案的公司之一，具备突出的市场竞争优势。公司电子认证解决方案以《电子签名法》为依据，以密码技术为基础，主要用于以身份认证、授权管理和责任认定为主要内容的网络信任体系建设以及信息保护，能帮助客户建立起身份可信、电文可信、行为可信的安全可信网络空间。公司的"一体化"业务电子认证解决方案架构如图2所示。

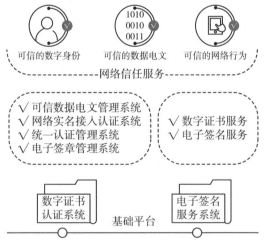

图2　BJCA一体化业务电子认证解决方案架构

在基础平台方面，公司建立了数字证书认证系统、电子签名服务系统等基础平台，为电子认证服务、电子认证产品提供可靠的基础技术支撑。

在电子认证服务方面，公司构建了数字证书和电子签名服务体系，不仅能可信规范地提供可信数字身份服务，还在国内率先形成了可靠电子签名服务支撑能力，建立了提供网络信任服务的基础。在电子认证产品方面，公司拥有自主知识产权的产品体系，涵盖电子认证基础设施、可信数字身份管理、可靠电子签名等主要产品。在此基础上，通过对应用业务的深入研究，整合电子认证服务和电子认证产品，公司能够快速和有效地为多个行业、多种业务应用建立完整的电子认证解决方案，以满足快速发展的可信数字身份、可信数据电文、可信网络行为等一体化网络信任需求。

（2）行业领先的技术水平

掌握核心技术，保持技术领先是公司提升竞争力的重要手段。数字认证拥有行业一流的技术研发团队，全面掌握电子认证基础设施系统、电子认证服务、电子认证产品的核心技术，并在电子认证中间件技术、数据电文签名保护技术、网络系统身份认证技术、时间戳技术、跨信任域的授权管理技术、单点登录技术、移动签名技术等关键技术方面具备领先水平。在安全服务方面，公司率先开展了以用户为核心、可运营、可管理的服务体系建设，推动了行业服务模式的创新，并在安全事件分析技术、渗透技术、Web安全保护技术等方面形成了较强的竞争优势。

数字认证是行业技术创新的重要参与者，是业内应用模式创新、商业模式创新的重要推动者。近年来，为顺应无纸化、网络化和移动化的应用需求，公司推出电子病历、电子保单、电子发票的可靠电子签名解决方案，在医疗卫生、保险、电子商务等领域得到了成功应用。在电子认证系统研发方面，2011年，公司率先完成支持SM2国产密码算法电子认证系统的自主研发和生产运营，成为首个同时具备SM2算法电子认证系统研发与服务运营能力的机构。此外，公司也持续跟进云计算、移动互联网、物联网等产业的发展，将移动互联网技术、云计算技术融入电子认证服务及产品的设计中，进一步提升了电子认证业务的市场适应能力和技术领先水平。

公司通过持续的技术创新，形成了丰富的技术成果。公司拥有软件著作权73项，电子签名相关发明专利5项。公司还主持或参与了多项行业标准和规划的制定过程，并承担国家发改委国家信息化试点工程、信息安全专项、科技部科技支撑计划、"八六三"计划等多项重点课题及研究攻关项目。

在上述技术能力的支撑下，公司获得了完备的电子认证、安全服务相关资质，具备提供电子认证服务、生产和销售电子认证产品、提供安全服务的完整资质体系。

（3）面向全国的电子认证服务能力

数字认证建立了以自主研发技术为基础、以用户为中心的电子认证服务体系，包括电子认证基础设施、数字证书服务交付系统、数字证书服务支持系统、安全管理体系和应用支撑体系等主要内容。该体系凭借在服务理念、服务技术、服务模式等方面的优势，于2009年被国家发改委认定为"国家信息化试点工程"，体现了公司电子认证服务体系的领先水平。

公司的服务交付系统具备完善的策略管理、服务管理、渠道管理与业务流管理，建立了支持在线与现场受理点相结合的灵活交付模式，实现与第三方支付、物流、鉴证系统的无缝对接，可支撑全国范围内的证书服务交付。

（4）优质的客户群体及行业先发优势

凭借专业的服务能力和领先的技术实力，公司电子认证服务受到广大用户的认可，完成了从地区性公司到全国性公司的转变，业务经营区域由单一的北京市场延伸至全国各地，实现了"立足北京、服务全国"的战略目标。目前，公司拥有广泛的数字证书用户群体，客户涵盖国内政府机构、优质企业和个人用户，奠定了公司稳定、可持续的发展基础。

在具有广泛应用前景的医疗卫生、保险等新兴应用领域，公司通过持续的技术研发与模式创新，已经获得了一批优质的客户，并建立了具有代表性的示范应用。未来随着电子认证业务在新兴应用领域的普及，公司将在这些应用领域中占据市场先发优势。

（5）品牌优势

数字认证秉承以用户为中心的发展理念，重视产品和服务在用户业务中的价值提升。公司在全国范围内开展电子认证业务，公司的电子认证服务在业内具有较高知名度。公司在政府、保险、医疗卫生等行业建立了用户信赖的品牌形象，为公司拓展业务奠定了良好的基础。

此外，公司在密码科学技术及电子认证应用技术领域的研发优势也获得了政府及客户的广泛认可，相继获得"2010中国IT创新企业奖""2010

年中国医药卫生信息（金牌服务单位）金鼎奖"2015中国信息产业年度电子认证服务杰出应用支撑奖"，荣获"北京市诚信创建企业"称号等荣誉，统一认证管理系统荣获"2014中国计算机信息产业年度最具竞争力产品"，公司信手书产品获得"2013中国信息产业安全行业优秀产品奖"、"2014中国计算机行业发展成就奖之最具竞争力产品"等，病历无纸化电子签名应用解决方案荣获"2014中国计算机行业发展成就奖之行业影响力解决方案"等，显示出公司卓越的技术实力和行业影响力。

4. 客户使用产品的解决方案及成功案例

数字认证通过整合自有产品和服务，为政务、保险、卫生、教育、交通等领域提供安全解决方案，完整解决客户信息化建设过程中的总体安全策略、网络应用中身份认证、授权管理、责任认定等安全需求，部分代表性的解决方案如下：

（1）业务可信解决方案

①电子政务行政审批无纸化方案

电子政务网上办事服务信息化工作的开展，推动了政府部门行政审批进一步实现业务无纸化，也对网络安全问题提出了更高的要求。通过审批业务无纸化系统，公众及法人用户可以在网上完成工商年检、税务申报及社保申报等，并在完成审批后在线收到具有法律效力的电子批文。

电子政务网上办事服务信息化工作对网络安全方面的重点要求包括：有效识别用户主体的真实身份，防止身份假冒和越权操作；保证无纸化下审批业务的安全合规；有效替代传统模式下的签章或签名，保证对申请材料及电子批文的管理和操作具有法律效力；以及安全保存历史申办及审批操作数据，实现业务留痕。

为满足上述要求，公司为工商行政管理局、地方税务局、社会保障局等部门提供电子政务行政审批无纸化方案。该方案需采用公司的数字签名验证服务器、时间戳服务器、电子签章系统等产品，其中数字签名验证服务器基于数字证书实现社会公众及法人用户的身份认证，为其提交的申请材料提供数字签名和数字签名验证功能；时间戳服务器为行政审批服务平台提供精准、安全和可信的时间认证服务，针对流程中的应用请求签发时间戳并提供时间戳验证服务，可有效记录各阶段的审批时间；电子签章系统以电子化的签字代替传统的纸质签字盖章流程，对电子申办材料及电子批文等加盖电子签章。

公司电子政务行政审批无纸化方案总体框架如图3所示。

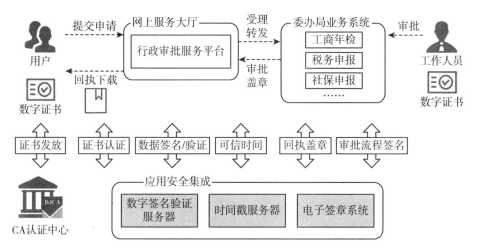

图3 电子政务行政审批无纸化方案总体框架

公司提供的电子政务行政审批无纸化方案，可以在简化公众办事流程、提升政府审批效率的同时，保障数据的真实性、完整性和不可抵赖性，保障电子签名的法律效力，为其提供权威验证，提高审批业务无纸化系统的安全性。

②电子病历安全解决方案

随着国内医院信息化建设的深入，医院信息化水平已成为医院核心竞争力的重要组成部分。医院已经建立的众多业务系统中，电子病历系统作为核心的系统，整合医院的所有信息资源，面向患者展现全面的诊治信息。如何解决电子病历系统的安全性，规避医疗行为的法律风险，已成为各家医院信息化发展过程中亟待解决的问题。

电子病历系统对网络安全方面的重点要求包括：解决基于用户名、口令方式的弱认证问题，解决医患双方的身份真实可信；对电子病历系统产生的数据存储和网络传输进行加密和完整性保护；解决电子病历关键数据产生、提交、审批等环节的责任认定，防止各方抵赖；为电子病历系统提供可信时间服务，确保医嘱、住院记录等工作的时间权威性；解决病案归档的真实、完整以及长期保存。

为应对上述需求，公司开发了电子病历安全解决方案。该方案通过数字证书实现医生、护士等相关人员实名身份认证；提供数字签名验证服务器、手写数字签名系统等产品，实现电子病历在各个流转环节进行电子签名；提供时间戳服务系统、可信数据电文系统等系列产品，实现病历文档的可信处理，使各类电子病历资料保证真实性、完整性、不可否认性，具有法律效力。

公司电子病历安全解决方案总体框架如图4所示。

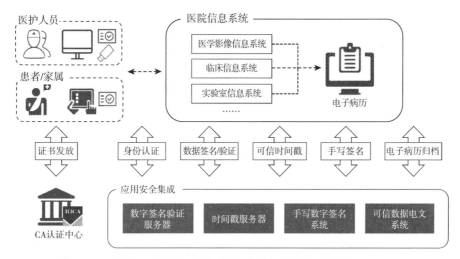

图4　电子病历安全解决方案总体框架图

公司提供的电子病历安全解决方案，有效规范医护人员的工作流程，医院在内部管理中有了可追溯责任的技术手段；病人或家属使用手写签名终端设备完成无纸化签名，节省硬件介质成本的同时满足了偶发大众群体的无纸化签名需求。最终通过具有法律效力的电子病历的实现，提高医院信息系统的效率，提升医院的服务水平。

③电子招投标安全解决方案

电子招投标具有在线操作、无纸运行、信息公开及全程监管等特点，在提高采购透明度、节约交易成本、利用技术手段防止弄虚作假等方面具有独特优势。随着各行业广泛应用电子招投标，电子招投标中交易各方的信息安全保障、交易文档及过程的法律合规性成为焦点问题。

电子招投标业务对信息安全的重点要求包括：验证招标人、招标代理机构、投标人等所有相关用户的身份的真实性；保证投标文件在网络传输、存储过程中的真实、完整和避免遭受泄露；保证投标、截标、开标等时间因素的真实性、权威性；保证中标通知、专家评标意见等文件权威性；保证电子招投标过程归档文件的存储安全，防止遭受恶意篡改。

为应对上述需求，公司为政府部门、电信运营商、大型企业等客户提供电子招投标安全解决方案。方案基于数字证书的相关技术，通过采用签名验证服务器、时间戳服务器、电子签章系统、可信数据电文系统等产品，结合招投标过程中发标、投标、开标、评标等具体业务需求，实现业务安全所需的加解密、签名验签、电子签章等功能，保证了电子招投标业务的安全性和合法性，降低电子招投标风险。

公司电子招投标安全解决方案总体框架如图5所示。

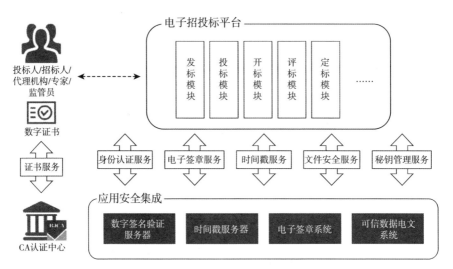

图5 电子招投标安全解决方案总体框架图

公司提供的电子招投标安全解决方案，很好地解决了招投标过程中信息安全问题、招投标文件的法律效力问题以及整个业务的真实性和权威性问题，确保电子招投标整个环节的公平、公正和公开。

④电子保单安全解决方案

在线化、移动化的发展驱动了保险行业进一步实现业务无纸化的需求，也对保险业务电子化安全问题提出了更高的要求。通过电子保单系统，保险经纪人和投保人可以通过网络完成投保、核保、传送、使用、存储等业务，并且其中产生的各种电子单证具有法律效力。

电子保单业务对信息安全方面的重点要求包括：有效识别业务中主体的真实身份，防止身份假冒和越权操作；保证无纸化下保险业务的安全合规；有效替代传统模式下的签章或签名，保证对投保材料及电子保单的管理和操作具有法律效力；以及安全保存保险业务办理的电子数据，实现业务留痕。

为满足上述要求，公司为保险公司提供电子保单安全解决方案。该方案采用公司自主研发的手写数字签名系统、时间戳服务器、电子签章系统、可信数据电文系统等产品。其中，手写数字签名系统基于数字证书和电子取证技术实现签署人的身份认证，为其提交的保单电子数据提供手写数字签名和数字签名验证功能；时间戳服务器为电子保单系统提供精准、安全和可信的时间认证服务，针对流程中的应用请求，签发时间戳并提供时间戳验证服务，可有效记录各阶段的操作时间；电子签章系统以电子化的签字代替传统的纸质签字盖章流程，对电子申办材料及电子批文等加盖电子签章；可信数据电文系统实现对所产生的电子保单查询、下载、展现、验证、打印等服务，在整个服务过程中保证电子保单符合法律要求，可提供司法证据。

公司电子保单安全解决方案总体框架如图6所示：

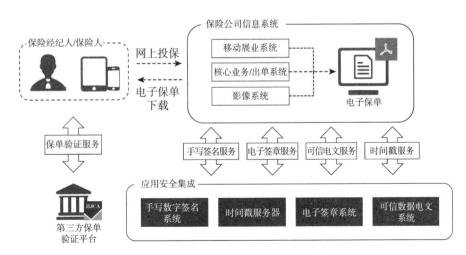

图6　电子保单安全解决方案总体框架

公司提供的电子保单安全解决方案，不仅能在保险业务得到合法安全保障的前提下，实现保险全业务流程电子化，提高业务办理的时效，降低管理和销售成本，节能减排和绿色环保，而且保障了保险业务数据的真实性、完整性和不可抵赖性，保障电子签名的法律效力，提高保险业务电子保单系统的安全性。

⑤法人一证通安全解决方案

随着面向企业法人的电子政务服务快速发展，政府部门通过互联网提供的政务服务逐步增多。法人用户与多个政府部门办理业务，需要采用不同的身份认证凭证，反复提交基本资料信息。法人用户与政府部门之间缺乏统一、可信数字身份信任体系，政府各部门难以实现业务互通、信息共享，成为电子政务进一步发展的瓶颈。

政府各部门在对法人用户服务时，需要构建一个可信数字身份的信任环境。在此环境下，法人用户采用统一的身份凭证，可在网络上开通并开展工商、税务、社保等各项业务；而政府各部门可以信任法人提供的网上数字身份，并在安全的通道内开展对法人服务。

为满足上述需求，公司为政府客户提供了法人一证通安全解决方案。该方案提供数字证书服务和一证通服务平台的建设，搭建法人用户与政府各部门的信任环境。面向法人提供数字证书服务，以数字证书作为法人的数字身份凭证；以统一认证管理系统产品建设一证通平台，实现与各政府部门应用对接，向法人用户提供业务开通、业务授权、消息通知等服务；通过部署数字签名验证服务器产品，实现法人用户身份认证，单点登录到各政府业务应用。

公司法人一证通安全解决方案总体框架如图7所示。

通过法人一证通安全解决方案，为法人用户发放数字证书作为可信的网上身份凭证，有效保障了互联网上法人用户身份的有效性、真实性；建立法人一证通平台为法人用户与政府各部门建立信任桥梁，建立政府部门业务系统之间互认互信机制，实现统一申请应用开通授权，提高政府服务效率，方便法人用户并节约使用成本。

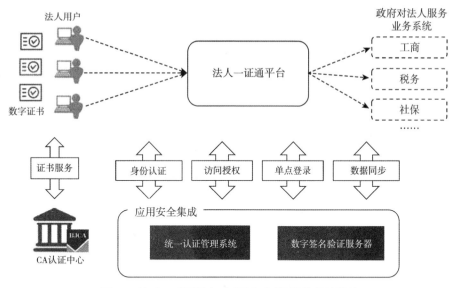

图7 法人一证通安全解决方案总体框架图

⑥服务大厅无纸化安全解决方案

随着信息化和互联网的发展，政府、电信运营商、金融机构在服务大厅中实现无纸化，向用户提供更加便捷、快速的临柜服务。电子受理单、审批单替代纸质文件实现电子化流转，在降低流转存储成本、提高审批处理效率、优化服务体验等方面，均具有传统业务模式所不可比拟的先进性。

在服务大厅无纸化业务建设中，需要解决电子审批文件的法律效力认定和电子审批文件签署的责任认定两个关键问题。在无纸化业务中，需要依照法律要求实施可靠的电子签名，使电子单据具有原纸质单据相同的法律效力；同时，需要使用技术手段保障电子化审批过程中当事人身份和行为认定，并能够实现长期证据保存，应对日后纠纷风险。

为满足上述需求，公司为政府、电信运营商、银行、证券等客户提供服务大厅无纸化安全解决方案。该方案通过可信第三方电子认证服务和可靠电子签名，保障服务大厅无纸化业务中各种业务单证的法律效力。该方案部署手写数字签名系统，结合个人身份证件信息、手写签名笔迹数据、业务过程录音/照片/视频等，生成符合法律要求的电子凭证，确保服务大厅签署的各项电子业务单据符合监管要求，确保电子签名的电子协议与纸质签名协议具有同等的法律效力。

公司服务大厅安全解决方案总体框架如图8所示。

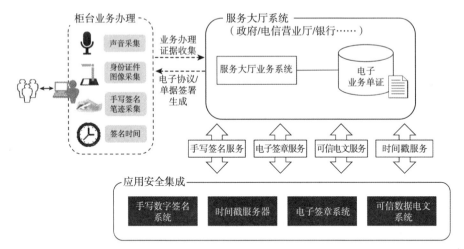

图8 服务大厅安全解决方案总体框架图

通过公司的服务大厅无纸化安全解决方案，可以很好地实现服务大厅传统纸质业务的全流程电子化，降低纸质耗材带来的印刷和存储管理成本，为服务大厅部门减负，为实现"轻型营业部"奠定良好基础。

⑦电子证照安全解决方案

电子证照是政府或具有资质的第三方机构出具的具有法律效力的各类批文、证件、执照、鉴定报告等文件，是政务服务系统的重要组成部分，为了进一步深化网上办事，突破网上办事瓶颈，在证照电子化方面需要实现电子证照在线受理、在线生成、执照验证及归档等，并且其中产生的电子证照具有法律效力。

电子证照是通过证照的网上受理、在线生成、网上验证及归档等全流程电子化，提高证照管理的信息化、便利化和规范化，其安全需求包括：有效识别颁发证照机构的真实身份、防止身份被冒用；申请电子证照资料网络传输的安全性；无纸化环境下电子证照的验证问题；保证电子证照与传统纸质证照信息的一致性及具有同等的法律效力；电子证照的安全归档等。

为满足电子证照解决方案的相关需求，公司为相关政府客户提供电子证照安全解决方案。该方案能够形成具有法律效力的电子证照并保障其生命周期内使用的安全、规范。电子证照安全解决方案通过向证照发放机构提供数字证书实现身份认证；提供电子签章系统、时间戳服务器等产品，实现电子证照在其产生和签注环节中进行电子签名；提供可信数据电文系统实现电子证照的可信归档和验证，使各类电子证照资料具有法律效力的长期保存。

公司电子证照安全解决方案总体框架如图9所示：

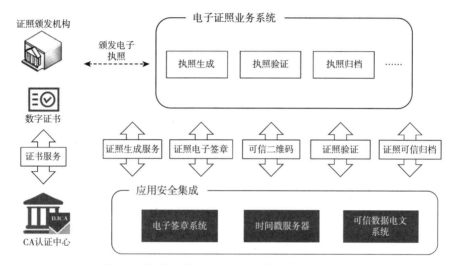

图9　电子证照安全解决方案总体框架图

通过电子证照安全解决方案的应用，政府部门可以构建合法、高效、优质、安全的电子证照服务，增强证照的管理能力和服务水平，通过电子证照可信二维码和证照验证服务的方式，有利于杜绝假证泛滥，促进社会信任体系的建设。

（2）信息系统安全解决方案

数字认证全资子公司安信天行拥有国内一流的信息安全专家和安全服务队伍，紧跟信息安全领域发展动态，深刻理解各种信息安全政策、标准的要求，遵循"分域防护、深层防御、分级保护、动态防范"的原则，建立起了服务专业、响应及时、保障可靠的安全咨询及运维服务体系。

安信天行提供风险评估、合规性咨询、代码审计、脆弱性检查、渗透测试、安全巡检等多项专业安全服务，具体服务内容如图10所示。

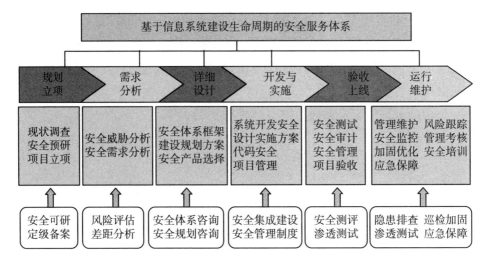

图10　信息系统安全服务体系

①安全咨询服务

随着各行业越来越依赖于信息化，如何保证系统和数据安全已经成为业务开展的首要前提。安信天行安全咨询服务基于各单位业务和安全现状，根据网络安全相关标准规范，提供全生命周期的安全调研、分析、规划和体系建设等，从而建立立体化的网络安全保障体系。

②安全运维服务

随着信息系统持续运行，其自身存在的脆弱性和面临的威胁都在发生变化。安信天行安全运维服务帮助用户在系统运行期间，不断发现问题和解决问题，并优化安全策略，建立防护、检测和恢复的闭环安全机制，保证各单位业务系统持续安全。

③安全集成服务

结合各行业用户业务风险，安信天行安全集成服务按照信息安全集成规范，把安全产品、网络产品等有效集成到信息系统网络环境中，提高信息系统自身安全防护能力。安全集成包括需求分析、方案设计、集成实施和验证监控等环节。服务内容包括安全集成及网络架构优化。

④云安全运营及管理服务

"睿云"是安信天行打造的首款基于政务云主机的安全运营服务平台。以"让信息安全变得简单并可管理"为核心，以管理"安全变化"为理念，提供"安全合规、管理易知、运维易用"的信息安全服务。"睿云"集合云主机的防护、监控、管理为一体，以符合等级保护要求为基础，以业务安全为目标，全面保障政务云端的可信无忧。

- 入云无缝迁移保障。入云业务系统在安全管理上与传统的应用系统相同，需要在信息系统的全生命周期贯彻落实国家等级保护制度要求。在系统信息规划阶段同步设计安全防护体系，应对云计算环境下新的风险；同时在系统正式上线前开展全面的漏洞检测和加固优化工作，确保设计的各项安全措施落地实现。

- 在云平稳运行保障。在信息系统运行期间，持续完善云环境下的信息安全保障体系，参考《信息安全技术云计算服务安全指南》（GB/T 31167–2014），落实安全政策和标准中的各类要求，提升安全运行保障水平。

- 更换和迁出云端保障。

5. 公司的未来战略

数字认证将持续以技术创新为核心竞争力，进行电子认证与新兴技术结合，扩大公司的技术领先优势；开展信息安全技术与相关应用融合，深入具体行业业务领域，拓宽公司业务经营范围。对面向移动互联网、物联网等新的业务场景提供信息安全支撑。

（1）提升传统产品提高产品市场适应能力

降低产品研发及实施售后成本，提高产品可维护性、行业免定制等为努力方向，进一步提高产品成熟度和竞争力，降低项目实施和售后成本。

（2）完善电子签名云服务体系

逐步完善电子签名云服务体系，在"互联网+政务"和"互联网+医疗"两个重点领域发力，将数字证书引入政府和医疗机构对公众个人的服务体系，基于移动认证服务核心技术，面向广大的公众提供认证服务。

（3）围绕数字资产管理，拓展衍生业务

调研数字资产管理的需求和政策要求，抓住无纸化在各行业领域全面兴起的契机，研究信息安全技术的数字资产管理业务系统，并加大合同签署平台和电子档案系统的研发力度。

（4）加大可管理信息安全服务创新力度

在云安全监管系统基础上开发面向云租户的服务平台，开展面向租户的云安全服务，尝试建立面向中低端用户的在线安全服务商业模式，将信息安全服务向全国范围推广。

（5）抓好"十三五"重大科技专项

完成"基于国产密码算法的服务认证与证明关键技术"的底层核心技术研发工作，实现网络强国战略的底层核心安全。

数字认证将持续运用创变求新的技术及业务发展理念，推进我国信息化水平的进一步提高，以及信息安全技术支撑能力的大幅提升。

6. 结语

一直以来，数字认证以系统扎实的核心技术和市场优势为基石，为客户建立起身份可信、电文可信、行为可信的安全可信网络空间。数字认证为用户连接信任的世界，相信未来有更美好的前景。

安盟信息：致力于万物互联的网络安全

　　北京安盟信息技术股份有限公司（以下简称"安盟信息"）成立于2005年3月，公司总部坐落于北京上地信息产业基地，是一家专业从事信息安全与工控安全产品的研发、生产、销售及服务的国家级高新技术企业。公司坚持自主技术创新，是我国边界隔离交换产品的重要解决方案提供商。14年来，安盟信息一直坚持"以客户业务需求定义安全"为导向，不断为用户提供领先的安全技术、可信赖的安全产品、贴心的技术咨询和服务。安盟信息不仅通过了ISO9001质量体系认证以及ISO27001信息安全体系认证，还荣获了"最佳网络安全产品奖""质量合格消费者放心产品奖"等全国性大奖。

1. 助力安全中国：积极响应国家网络强国战略

党的十八大以来，习近平总书记多次从保障网络安全、掌握核心技术、汇聚网络人才、清朗网络空间、加强国际合作等方面部署网络强国建设。习近平总书记指出，没有网络安全就没有国家安全，没有信息化就没有现代化。建设网络强国，要有自己的技术，有过硬的技术；要有丰富全面的信息服务，繁荣发展的网络文化；要有良好的信息基础设施，形成实力雄厚的信息经济；要有高素质的网络安全和信息化人才队伍。

2016年4月19日，习近平总书记在京主持召开网络安全和信息化工作座谈会并发表重要讲话，再次强调推进网络强国建设。2018年4月20日至21日，全国网络安全和信息化工作会议在京召开，强调网络安全和信息化对一个国家很多领域都是牵一发而动全身的。要认清我们面临的形势和任务，充分认识做好工作的重要性和紧迫性，因势而谋，应势而动，顺势而为。网络安全和信息化是一体之两翼、驱动之双轮，必须统一谋划、统一部署、统一推进、统一实施。做好网络安全和信息化工作，要处理好安全和发展的关系，做到协调一致、齐头并进，以安全保发展、以发展促安全，努力建久安之势、成长治之业。

安盟信息成立于2005年3月，并持续在边界隔离交换技术方面加大资金投入。安盟信息的产品已被广泛应用于公检法、国土、军工、军队、航天、金融、交通、能源、冶金、化工、医疗等关键基础设施行业，并得到了广大用户的认可与好评。

安盟信息坚持自主创新，坚持把边界隔离交换产品做大、做强，立志在保证安全的前提下，消除政府、企业的信息孤岛。同时，随着近几年工控安全的研发持续投入和创新型产品持续推出，2019年安盟信息提出"让万物互联更简单、更安全"的企业愿景，全力为"中国制造2025"计划保驾护航。

2. 坚守与突破：信息安全创业之路

随着新千年的开始，互联网技术在中国大地蓬勃发展。彼时最热闹的就是散落在城市各个角落中的网吧。网吧中最热的游戏是星际争霸与CS反恐精英，那时计算机应用刚刚开始从单机向网络过渡，这种能够通过网络进行实时通信、团队协作类的游戏吸引着大批年轻人。

同样，当时各级政府与企事业单位网络基础刚刚构建完毕，处在各类应用从单机运行、独立运行向联网运行、数据交换的阶段过渡。当时电子政务中有一个词很热，也很扎眼，甚至到如今数据大集中的时代，这个词也常常被提起，即"信息孤岛"。"信息孤岛"向人们昭示着数据金矿就在眼前，却无法让其发挥价值的孤独。

2005年3月，在深切感受到客户业务系统数据交换的技术痛点之后，几个年轻人毅然决然辞掉薪资不低的工作投身到创业大军中。用安盟信息总裁闫春义先生的话说，就是"兄弟几个一拍脑门，这事就这么干了"。

创业不仅仅需要激情，更需要在合适的时间选对赛道与坚持的恒心。在创业初期，没有资金，大家就都拿出自己的积蓄来坚持；没有办公场所，就借用别人的地下室和小阁楼。就是这样的坚持，终于在半年后研发成功了自己的第一代安全隔离网闸产品。

产品有了，销路又成为最大的问题。没有品牌，没有市场，没有人脉，最后大家只能通过合作把自己的产品贴牌对外销售，以换取微薄的代工收入。但是，贴牌合作是把自己的命运交到了别人手中，当合作伙伴放弃这个市场时，带来的是对公司毁灭性的打击。

在公司成立1年后，安盟信息遇到了严重的生存危机，公司资金链已断裂，几位创业者的积蓄也已经耗光，已经无法维持公司正常运营。在迫不得已的情况下，安盟信息的几位优秀合伙人，迫于生计退出了安盟信息。

创业的坚持不仅仅是物质的坚持，更是信念的坚持，只要方向正确，黑暗总会过去。安盟信息在苦苦支撑了2年多以后，2007年随着国家信息安全等级保护制度的强力推行，公司终于迎来了一丝曙光。各级政府与大型企业开始逐渐重视网络安全，随着解决"信息孤岛"的问题，边界隔离交换产品开始广泛应用于电子政务、警务通等业务场景。

虽然缺乏品牌知名度，安盟信息的产品无法在市场上大量推广，但是由于产品品质好，逐步在市场打开局面。随着客户业务量的不断增加，公司开始在全国重点城市布局分支机构。2012年，由于产品品质出众，安盟信息签署了一个国内一线网络安全大厂。通过与该厂商的合作，安盟公司的产品功能、性能以及企业运营规范又上了一个新的台阶。

为了更好、更快地发展，安盟信息在2016年筹划公司挂牌新三板，并于2017年3月成功挂牌，标志着安盟信息进入资本市场。从此，安盟信息步入了发展的快车道，相继迎来了多位重要的合伙人。目前，公司分支机构已覆盖全国主要的市场区域，能够为客户提供本地化服务。

随着客户资源的不断积累和品牌影响力的不断提升，安盟信息更多优质产品进入市场。由单一的安全隔离网闸产品，持续创新推出了视频网闸、单向光闸、视频采集单向光闸、视频交换平台、数据交换平台等一系列边界隔离交换产品，形成了隔离交换产品家族。

隔离交换产品的主要目标客户群是政府单位，但由于各政府单位的数据大集中工作的不断深化推进，原有的隔离交换产品最主要的部署应用场景在不断减少，导致隔离交换产品市场不断萎缩。

其一，网上政务的"政务业务专网与互联网间互联"场景在减少，导致隔离交换产品需求减少。行业数据在不断大集中，原本在区县里的数据在向地市、省、国家集中。最典型的就是税务，现在已经实现省数据大集中，地市和区县只保留终端，无服务器和存储，终端通过专线与省中心连接进行业务交互。原本在县、市网上报税外联没有了，隔离交换产品的市场也就消失了。

其二，各级政府业务部门间的"政务业务专网间互联"场景在减少，导致隔离交换产品需求减少。当前，很多地市在推行建设政务大数据中心，同时部分城市也在配套组建大数据局部门，原分散在各政府单位的业务数据被集中，原本清晰的部门业务数据中心被集中，业务专网间的界限也随之模糊化或消失，互联场景也就消失了。

随着国家对工业产业升级的政策引导和对智能制造的资金投入，工业企业进入全面的产业升级阶段，原本与外界隔离的生产网开始与办公网等其他网络互联互通。生产网和办公网互联提高生产效率的同时，随之而来的就是网络安全问题。乌克兰电网攻击事件、委内瑞拉大停电事件等一次次警醒我们，工控网络安全事件不同于传统信息安全事件的数据丢失或被篡改，而是涉及人民生命和财产安全，甚至是国家安全。因此，工业网络外联时首先要考虑安全防护。

安盟信息一直坚持"以客户业务需求定义安全"为导向，所以一直紧贴市场，对市场需求和变化有很强的敏感度。2008年，河北某钢厂的生产网与办公网之间互联需要网闸产品，需要网闸对OPC协议深度解析。由于只是1台网闸需求，所以很多厂商拒绝了。当客户需求反馈到公司时，安盟信息认识到这是难得的机遇，全力参与，为客户实现了网闸深度解析OPC协议功能，保障了客户工控生产网络安全，进而推出了国内第一代工业网闸产品。

由此，安盟信息不断基于工业客户的工控安全需求打磨产品，推出了工业防火墙、工业数采单向光闸、主机卫士等业内独创或领先产品，进而形成了完整的工控安全产品线，并可提供灵活可控的工控安全解决方案。

当前，安盟信息"传统边界安全隔离产品线与解决方案"及"工控安全产品线与整体解决方案"这两个强有力的业绩驱动轮已经形成，并且进入了企业高速发展的快车道。

此外，安盟信息特别注重核心技术的研发与应用，早在2014年就推出了基于国产龙芯CPU的隔离交换产品。近年来更是不断加大国产化技术安全产品的研发投入，陆续推出了基于申威、飞腾、海光等国产芯片的边界隔离交换产品，并有很多客户使用。信息安全无小事，只有核心技术掌握在自己手中才能真正实现网络安全，进而实现国家安全。

3. 创新与超越：安盟信息的技术创新和产品差异化优势

安盟信息一直围绕着"网络间高安全隔离防护"和"工控安全防护"持续投入研发，不断引领着国内相关技术发展并推出了一系列创新型产品。

2005年，公司成立之初，即推出了网闸产品，成为国内最早的少有几家拥有自主研发网闸产品能力的厂商之一。2007年，推出国内第1台创新的"安全通道"技术的网闸产品。2008年，推出国内第1台能深度解析工控OPC协议的网闸产品，解决了工控网间安全防护的技术难题。2014年，推出基于"龙芯"芯片的国产化网闸产品。2015年，推出工业防火墙产品。2016年，推出国内第1台基于"申威"芯片的国产化单向光闸产品。2017年，推出第1台全球首创的"视频采集单向光闸"产品，引起了众多业内专家的广泛关注。

2018年，安盟信息推出第1台全球首创的服务于工控安全的纯物理单向的"工业数采单向光闸"产品。2019年，应用于泛在电力物联网的"一体化安全接入平台"问世，并在电力系统推广使用。2019年，推出基于"飞腾"芯片的网闸和单向光闸产品，以及基于"海光"芯片的交换平台产品。

以上这些成就表明了安盟信息研发持续投入能力、技术持续创新能力、产品更新迭代能力等均达到了业内较高水平。

（1）安盟华御工业数采单向光闸

①产品定位。为了满足工控生产网的安全需求，由自动化与信息安全多名专家组成的研发团队开发出了强专业性的创新型产品——安盟华御工业数采单向光闸。

利用SFP光模块中发光器和收光器分离的技术特点，安盟华御工业数采单向光闸完全屏蔽了安全威胁从管理网络向生产网络导入的风险，同时其内网侧系统主动实现采集生产数据，从而实现生产数据物理单向实时上传到管理网络。

安盟华御工业数采单向光闸外网侧新系统可发布OPC-SERVER、MODBUS-SALVE等服务，也可通过IEC104等协议主动推送生产实时数据。同时，该系统具有断点续传功能，当网络故障恢复时，可以将断网过程中的数据通过用户指定的方式提供给数据采集者。

②产品特色。

● 安全隔离：工业数采单向光闸采用2+1系统架构，内外端处理单元从来没有直接连通过，其传输数据类似U盘摆渡的过程，因此可以做到内外网的安全隔离。

● 单向传输：工业数采单向光闸内部采用物理单向光纤进行数据的单向传输，任何反馈信号均不可能通过此通道反向穿透。任何双向交互式的应用都无法通过工业数采单向光闸进行传输数据。所有的实时数据均是由设备自身主动采集并发布。

● 协议转换：工业数采单向光闸可以通过485总线、工业以太网总线采集OPC/MODBUS/IEC104/IEC61850等多种工业协议，并可实现各种协议之间的转换，如通过MODBUS采集，发布为OPC。

● 数据缓存：工业数采单向光闸在内端机采集到的实时数据单向发布

到外端机后，外端机通过协议转换发布模块进行数据发布，同时在外端机本地做定时的数据备份，以备网络故障时生产数据不丢失。

（2）安盟华御视频采集单向光闸

①产品定位。2012年，针对涉密、工业、军事等对安全要求极高且数据单向传输的场景，利用光器件的物理特性，安盟信息研发出单向隔离软硬件系统，即所谓的单向光闸。2017年，结合视频传输协议深度解析，安盟信息推出了创新型产品"安盟华御视频采集单向光闸"，来满足视频物理单向传输的业务要求。

②产品特色。

● 单向传输：基于单向传输部件，结合传统安全隔离网闸的"摆渡＋代理"技术，安盟华御视频采集单向光闸在保证单向数据传输的同时，保证了数据的实时、准确、可控传输。

● 视频直播转发：内置的RTSP和RTMP等主流直播媒体服务，支持主动采集和被动接收视频直播数据，并推送至目标媒体服务器或在外部形成直播服务，等待直播客户端播放。

4. 综合优势：安盟的技术与应用解决方案

如今，安盟信息作为边界安全隔离交换产品厂商，针对不同用户业务场景定制了40多个针对性的网络安全解决方案。以下是三个具有代表性的解决方案。

（1）军工智联融网安全隔离解决方案

当前，通过技术手段，军工企业在实现军工生产制造工控系统、军工内网内部多个网络之间的安全可控互联互通，来解决生产制造、试验测试环节的信息传递问题，从而实现流程闭环管理，进一步提高工作效率。但是，在实施智联融网过程中，军工企业对网络安全、数据保密、工作效率有更加迫切的需求。

安盟信息提供了1套适合中国国情的军工生产制造业工控系统互联的"军工智联融网安全解决方案"（如图1所示）。该方案既满足了跨网数据交换需求，又做到了数据物理单向无反馈传输，解决了传统访问控制技术无法满足国家相关涉密管理规定的问题。

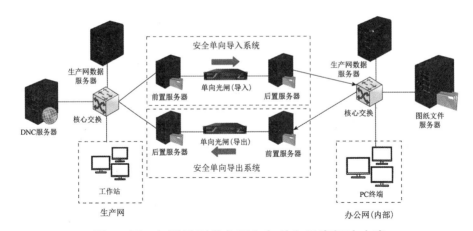

图1 军工智联融网单向导入与单向导出解决方案

对于生产控制网络将生产数据导入到办公网，可基于安盟信息的"安全隔离与信息交换平台"方案，通过单向光闸的物理单向导入技术，办公网无任何返回数据上传到生产控制网络，前置服务器对导入数据进行全程监控与综合审计，且做到对病毒、木马等恶意程序的检查。

对于军工办公网将排产数据导出到生产控制网络，可基于安盟信息的"安全隔离与信息交换平台"方案，通过单向光闸的物理单向导入技术，前置服务器全程监控与综合审计导出的数据，满足密级标识鉴别技术、文件防夹带技术、人工审核等，对数据进行病毒、木马等恶意程序扫描。

基于安盟信息不同的数据单向导入和导出2套"安全隔离与信息交换平台"方案，针对军工企业应用需求量身定制，分别完成不同方向的单向无反馈数据传输。2条独立物理单向通道互不干涉，最大限度实现了信息的实时传输和保密管控。对特殊应用需求支持二次开发，做到无缝衔接军工生产控制网络。

（2）法院庭审直播安全隔离解决方案

法院庭审直播是法院司法公开化的一个重要环节，而庭审直播应用主要是音视频流的传输，并且对音视频数据的实时性、稳定性、完整性均有较高要求。

按照《安全隔离与信息交换平台建设要求FYB/T53001—2017》的规定，各地法院应当采用三合一的安全隔离与信息（数据）交换平台产品/技术来实现跨网数据的交换。

法院庭审直播音视频数据只允许从法院专网单向传输至外网，杜绝外网数据直接传输到法院专网。控制信令双向是指法院专网和外网之间的控制信令双向传输；音视频控制信令是音视频设备之间的会话管理信息，用于约定音视频设备间逻辑通信信道的建立、删除以及数据传输控制和管理等行为。

针对此场景，安盟信息推出了法院庭审直播安全隔离解决方案（如图2所示），提供"安全隔离与视频交换平台"，2套单向光闸与前（后）置服务器配合使用。

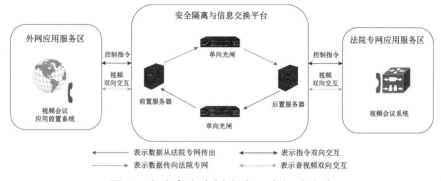

图2　法院庭审直播安全隔离解决方案

● 单向光闸：通过内部协议封装数据，以信息摆渡的方式实现单向数据传输。基于安全策略，只执行单向传输音视频数据。

● 前（后）置服务器：实现与音视频系统对接和设备认证、格式检查等安全功能。只对接符合GB/T 28181规范及RTSP、RTMP、H323协议的音视频系统。

（3）钢铁企业生产网安全防护解决方案

钢铁生产支撑系统包含工业控制系统网络与生产管理网络两大网络系统。其中，工业控制系统网络分散于物理隔离在生产流程中的多个工业控制网络中，大部分为DCS系统，部分控制单元采用PLC设备。现场控制层主要包括各类控制器单元及数控机床控制单元，用于对各执行设备进行控制。过程监控层主要包括监控服务器与HMI系统功能单元，用于对各生产过程数据进行采集和监控，并利用HMI系统实现人机交互。

在钢铁实际应用环境中，控制网络都是"敞开的"，比如与MES、办公网的数据采集，且在各控制系统和区域边界缺乏有效单向控制与隔离、入侵防范等技术和机制。

针对此场景，要实现钢铁工控系统单向数据采集上传到生产管理网络的MES系统，又要做到采集链路间的隔离与访问控制，因此推荐"工业防火墙+工业数采单向光闸"方案（如图3所示）。

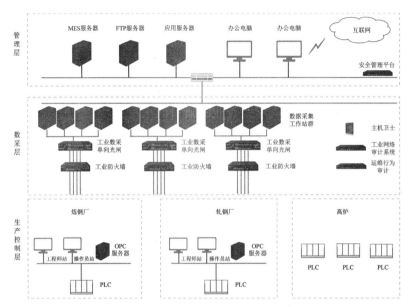

图3　钢铁企业生产网安全防护解决方案

①安盟华御工业防火墙，实现采集链路间的隔离与信息采集访问控制。

②安盟华御工业数采单向光闸，实现工控系统单向数据采集上传到办公网MES系统（光信号，无反馈）。

本方案以钢铁企业实际业务需求为基础，综合各类安全产品特性，以生产安全为目的，通过最小经济投入，合理配备少量安全产品，实现最大化的安全收益。所选产品能够满足与钢铁工控系统无缝对接，能够提升整体计算环境的性能和稳定性，实现数据采集与物理单向上传，安全量身定制。

（4）泛在电力物联网智能变电站高安全隔离与安全接入方案

①背景说明：2019年国家电网公司作出全面推进"三型两网"建设、加快打造具有全球竞争力的世界一流能源互联网企业的战略部署。

泛在电力物联网，就是围绕电力系统各环节，充分应用移动互联、人工智能等现代信息技术、先进通信技术，实现电力系统各环节万物互联、人机交互，具有状态全面感知、信息高效处理、应用便捷灵活等特征的智慧服务系统，包含感知层、网络层、平台层、应用层四层结构。

②存在的问题。

第一，物联网终端自身安全。由于智能巡检机器人自身的硬件设计缺陷（硬件没有电磁信号屏蔽机制、设备没有防拆功能等）、软件漏洞（缺乏安全有效的更新机制、薄弱的身份认证和授权机制），物联网终端在方便生产作业的同时，存在被攻击、被入侵的可能，极易埋下安全隐患，为安全生产带来风险。

第二，互联安全。智能巡检机器人需要将数据实时回传给变电站信息内网工程师站进行故障分析。受工程师站的控制，须为智能巡检机器人开放其应用端口，而常规的防火墙等安全设备很难保障其安全性，攻击者很有可能将巡检机器人当作攻击跳板，进而对变电站信息内网工程师站进行非法控制。

第三，数据篡改风险。智能巡检机器人通过内置无线模块接入变电站信息内网，巡视数据实时回传到工程师站。在这个过程中，由于是无线传输，极有可能会被不法分子通过无线监听等手段获取数据，甚至对数据进行篡改，然后传回工程师站，导致运维人员对于现场设备运行状态的判断出现问题，造成重大安全事故。

③安盟信息解决方案。智能巡检机器人通过站内无线接入变电站信息内网。为了确保变电站信息内网所承载的业务安全可靠运行，要对变电站信息内网进行安全隔离，进行可控的数据交互，同时保证传输数据的安全性、可靠性、机密性（具体拓扑如图4所示）。

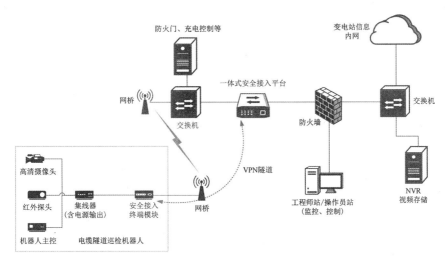

图4　泛在电力物联网智能变电站高安全隔离与安全接入方案

第一，变电站信息内网高安全隔离。智能巡检机器人与变电站信息内网工程师站数据交互密切，应重点保护变电站信息内网的安全，在智能巡检机器人和变电站信息内网之间部署安盟华御一体式安全接入平台，实现仅次于物理隔离的高安全隔离。安盟华御一体式安全接入平台采用专用信息摆渡机制，解决了网络隔离引起的数据交换问题，既保持了网络之间高安全隔离的特性，又提供了一种安全、有效的数据交互方式。

第二，安全接入及数据回传加密。对于回传给变电站信息内网的数据，应当进行通信认证和数据加密，保证数据安全准确。安盟华御一体式安全接入平台采用基于国密算法的VPN技术，与智能巡检机器人建立基于安全加密的数据传输隧道。依靠VPN功能本身完整的安全机制，变电站工程师站对各个智能巡检机器人作VPN连接认证，只有认证通过，才可以建立VPN隧道，防止黑客非法接入建立数据通道。同时，对传输数据进行加密和校验，解决智能巡检机器人回传数据的泄露和篡改问题。

④方案总结。泛在电力物联网是电力互联网实现信息互联的基础，贯穿电力系统发、输、变、配、用等各环节，遍布全社会各个角落。通过针对性防护，构建电力网络安全防护体系，才能更好地服务社会，才能提升社会用电智能化水平，进而在2024年建成泛在电力物联网，实现负荷与可再生能源的互动。

安盟华御一体式安全接入平台，实现了高安全隔离与远程安全接入。不仅允许远程设备安全可控地访问电力网络，还能够实现对建立的链路进行基于国密算法的硬件加密，最大限度地实现数据的高安全隔离与接入，确保智能巡检机器人和变电站生产网络之间传输数据的机密性、完整性和可用性。

5. 以人为本，自主创新：安盟的人才与企业战略

人才是企业发展的根本，是企业的第一资源，是企业最珍贵、最稀缺的资源。现代企业竞争归根到底是人才的竞争。谁拥有人才，谁将占据市场竞争的制高点。

对于安盟信息来说，人才管理主要包括吸纳人才、留住人才和激发人才能动性三个方面。

（1）吸纳人才。对于规模不大的安盟信息来说，无法全面整齐划一地要求全部人才都是高素质的经验丰富的，同时公司的财力也无法支撑。安盟信息走出了符合自身特点的人才引入之路，即"引头狼，建方阵"。

"引头狼"就是重要部门引入从业经验丰富和很强管理能力的主帅。由能力强的主帅来建队伍、带员工、立规矩。"建方阵"就是基于部门主帅定义的岗位职责和岗位需求，招聘基本适合相应岗位的员工，通过主帅的传帮带来建立能战斗、有执行力的团队。

（2）留住人才。为了留住人才，安盟信息制定了完善的薪酬管理体系和职业进阶管理体系。譬如，对销售人员和研发技术人员制定了岗位职级，岗位职级与基本工资相挂钩。制定了技术人员转岗进阶路径，如"研发测试岗——售后支持岗——产品售前岗——售前专家"的技术人员职业发展路径，非常明晰地为技术人员职业发展指明了方向。

（3）激发人才能动性。为了激发员工的潜力，安盟信息于2019年初实行了第一期股权激励计划，让众多骨干员工成为公司股东，极大地激发了员工内生动力。同时，安盟信息在薪酬体系方面也贯彻"多劳多得"的激励原则。

安盟信息深知，掌握核心科技就有市场的话语权，就有发展的原动力，就有持续创新的能力。因此，安盟信息一直坚持核心产品独立自主研发的发展原则，从而持续推出具有引领意义的创新技术、创新产品和创新方案。

安盟信息从自主研发的网络隔离产品网闸开始，到现在的"传统的网络边界安全隔离产品线与解决方案"和"工控安全产品线与整体解决方案"双轮驱动，所涉足的领域从传统信息安全步入了工业控制安全。

工业控制网络的网络边界也越来越模糊化。如工业企业已开始广泛使用窄带物联网络，传感器监测的设备运行状态数据直接通过运营商网络上传到数据中心，万物互联的时代已到来。接下来，随着5G和IPv6的普及，万物互联将全面展开。

因此，为了顺应市场发展，2019年初安盟信息将企业愿景更改为"让万物互联更简单、更安全"，就是要让企业发展战略紧扣市场发展的脉搏，基于多年积淀的网络安全技术研究、产品开发和方案整合经验，全面迎接并致力于万物互联的网络安全。如果说传统的网络隔离交换安全是安盟信息万物互联安全战略的第一步，那么工业控制安全就是第二步，每一步都走得很扎实，相信安盟信息接下来的每一步都会走稳健！

6. 结语

近年来，全球网络威胁持续增长，各类网络攻击和网络犯罪现象日益突出，并呈现出专业化、商业化、组织化、多样化等特点。伴随着以商业化为目的网络犯罪活动的日益猖獗，信息安全威胁的范围加速扩散，全球频现重大信息安全事件，严重危害网络空间安全、经济安全和公共利益。

安盟信息是小而专的企业，十几年如一日地坚持研发投入和技术创新，将技术应用到极致，踏踏实实地做产品，任劳任怨地做服务，实现了细分领域的超越与领先。面对手段日新月异和有组织性的网络安全攻击，安盟信息必须不断努力创新与拓展，坚持配合国家战略，坚持自主创新，继续努力为国家网络空间安全贡献力量。

任子行：坚持走信息安全自主创新之路

任子行网络技术股份有限公司积极响应国家号召，依托十几年的技术研发成果和数百名经验丰富的网络安全技术研究人员，坚持走自主创新之路，在深圳、北京、武汉、成都建立四大研发基地，参与多项国家网络信息安全行业标准的制定，拥有40余项国家级核心技术，承担30多项国家级重大课题研发；拥有130多项行业准入资质，获得200多项国家级和省市级重大荣誉，被业界誉为"网络应用审计专家"。

1. 中国加快实施网络强国战略向网络强国目标奋进

2016年11月16日，第三届世界互联网大会在乌镇召开。习近平总书记重申了全球互联网发展治理的"四项原则""五点主张"，他提出的"平等尊重、创新发展、开放共享、安全有序"网络空间目标，得到各国嘉宾的广泛认同。

党的十八大以来，党和国家领导人密切关注信息与网络安全，高度重视网信事业的发展进步。近年来，网络信息化建设突飞猛进，并已取得显著进步和多项成绩。互联网现已成为国家经济发展的重要驱动力，我国正在向建设网络强国的战略目标奋进。

2016年10月9日，习近平总书记在主持中共中央政治局集体学习时强调，要加快推进网络信息技术自主创新，加快数字经济对经济发展的推动，加快提高网络管理水平，加快增强网络空间安全防御能力，加快用网络信息技术推进社会治理，加快提升我国对网络空间的国际话语权和规则制定权，朝着建设网络强国目标不懈努力。

习近平总书记指出，当今世界，网络信息技术日新月异，全面融入社会生产生活，深刻改变着全球经济格局、利益格局、安全格局。世界主要国家都把互联网作为经济发展、技术创新的重点，把互联网作为谋求竞争新优势的战略方向。虽然我国网络信息技术和网络安全保障取得了不小成绩，但同世界先进水平相比还有很大差距。我们要统一思想、提高认识，加强战略规划和统筹，加快推进各项工作。

习近平总书记强调，网络信息技术是全球研发投入最集中、创新最活跃、应用最广泛、辐射带动作用最大的技术创新领域，是全球技术创新的竞争高地。我们要顺应这一趋势，大力发展核心技术，加强关键信息基础设施安全保障，完善网络治理体系。要紧紧牵住核心技术自主创新这个"牛鼻子"，抓紧突破网络发展的前沿技术和具有国际竞争力的关键核心技术，加快推进国产自主可控替代计划，构建安全可控的信息技术体系。要改革科技研发投入产出机制和科研成果转化机制，实施网络信息领域核心技术设备攻坚战略，推动高性能计算、移动通信、量子通信、核心芯片、操作系统等研发和应用取得重大突破。世界经济加速向以网络信息技术产业为重要内容的经济活动转变，我们要把握这一历史契机，以信息化培育新动能，用新动能推动新发展。要加大投入，加强信息基础设施建设，推动互联网和实体经济深度融合，加快传统产业数字化、智能化，做大做强数字经济，拓展经济发展新空间。

习近平总书记指出，互联网新技术新应用不断发展，使互联网的社会动员功能日益增强。要传播正能量，提升传播力和引导力。要严密防范网络犯罪特别是新型网络犯罪，维护人民群众利益和社会和谐稳定。要发挥网络传播互动、体验、分享的优势，听民意、惠民生、解民忧，凝聚社会共识。网上网下要同心聚力、齐抓共管，形成共同防范社会风险、共同构筑同心圆的良好局面。要维护网络空间安全以及网络数据的完整性、安全性、可靠性，提高维护网络空间安全能力。随着互联网特别是移动互联网发展，社会治理模式正在从单向管理转向双向互动，从线下转向线上线下融合，从单纯的政府监管向更加注重社会协同治理转变。我们要深刻认识互联网在国家管理和社会治理中的作用，以推行电子政务、建设新型智慧城市等为抓手，以数据集中和共享为途径，建设全国一体化的国家大数据中心，推进技术融合、业务融合、数据融合，实现跨层级、跨地域、跨系统、跨部门、跨业务的协同管理和服务。要强化互联网思维，利用互联网扁平化、交互式、快捷性优势，推进政府决策科学化、社会治理精准化、公共服务高效化，用信息化手段更好感知社会态势、畅通沟通渠道、辅助决策施政。

2. 任子行积极响应中央战略坚持走自主创新之路

作为国内最早的网络安全企业之一，任子行网络技术股份有限公司（以下简称"任子行"），历经十几年的发展壮大，依托十几年技术研发成果和数百名经验丰富的网络安全技术研究人员，密切关注网络安全发展趋势，准确把握网络安全业务需求，积极创新，勇于开拓，设计开发了一系列功能更强大、性能更卓越的网络安全新技术和新产品，为保障国家、行业、企业和广大用户的网络安全积极贡献力量。

任子行坚持走自主创新之路，在深圳、北京、武汉、成都建立四大研发基地，参与公安部、工信部等部委多项网络信息安全行业标准的制定，拥有40余项国家级核心技术，承担30多项国家级重大课题研发；拥有130多项行业准入资质，获得200多项国家级和省市级重大荣誉，被业界誉为

"网络应用审计专家"。

任子行已经成为国内领先的、拥有完全自主知识产权的网络内容与行为审计和网络监管解决方案综合提供商，拥有网络审计与监管领域最全产品线和解决方案，业务覆盖政府、军工、金融、通信、广电、教育、能源等各行业用户及企业用户7万余家。任子行在多个领域达到市场占有率第一：在网吧与公共上网场所安全审计市场占有率第一；在网络视音频节目监管市场占有率排名第一；在网络信息安全综合产品市场占有率行业领先。

任子行成立十几年来，一直保持年度27%的复合增长率，现已拥有员工1 000余人，在全国建立30多个分支机构，上千家渠道合作伙伴遍布全国，能够为客户提供快捷、专业的服务。

自2000年起，近百批次的国家级、省部级、市级领导和院士亲临任子行，为任子行的稳健发展提出指导意见。

2012年4月25日，任子行在创业板正式挂牌上市，成为国内首家登陆资本市场的网络信息安全企业。

任子行研发项目多次被国家科技部列入国家级火炬计划和重点新产品计划，产品分别荣获国家教育部科技进步一等奖、广东省科学技术三等奖、深圳市科学技术进步一等奖、深圳市科技创新奖等重大奖项。

作为较早涉足国内信息安全审计领域的企业，任子行成立十几年来，以铸造最具竞争力的网络信息和行为管理产品民族品牌作为公司发展的源动力，致力于"绿色、高效和安全网络"技术和产品的研发，通过不断加强核心自主知识产权研究，持续不断地为客户提供一流的网络安全产品和全方位的信息安全解决方案，与用户共同创造价值。

3. 推进技术创新业务创新为用户网络安全保驾护航

为了应对新形势下的网络安全威胁挑战，任子行凭借多年积累的技术优势，准确把握用户的安全需求痛点，积极推进技术创新业务创新，从技术研究、产品研发等层面，积极规划和落实新的网络安全工作布局，为国家、行业、企业和个人网络信息安全保驾护航。

（1）以创新为宗旨，高度重视核心技术自主研究

● 网络应用协议研究：作为互联网安全审计和监管领域的领军企业，

任子行在互联网底层协议研究以及海量非结构化数据处理方面有较强的技术优势。公司强大的技术优势体现在对互联网协议分析的深度和广度，支持1 000多种网络协议的分析和还原；而在处理全省的上网日志、省内的音视频节目分析以及全国范围内的IP追溯上，公司具有较强的海量非结构化数据处理能力；在有线、WiFi、3G等各种网络的位追溯上，公司都可以保持速度和精准性的领先地位。

● 大数据技术研发：信息时代，大数据平台承载了巨大数据资源，而大数据时代的网络安全问题，将是所有大数据利用的前提条件。任子行创立以来，精心耕耘网络应用与审计领域十几年，在数据采集与应用上积累了丰富经验。随着大数据时代的临近，任子行加大力度开展大数据技术的研发利用，并与国内大数据领域知名企业明略数据展开战略合作，应用多年在业务经验上的积累和对数据的深刻理解，双方通力协作，以实现网络安全和大数据的强强联合。

● 舆情管理技术研究：任子行是国内最早从事网络舆情研究的企业，在新闻、论坛、微博、音视频等多个领域取得了大量舆情采集和舆情分析的科研成果，成功应用到相关行业监管和市场分析领域。针对日益强烈的网络舆情引导和舆情对抗需求，任子行又率先提出了一套基于资源对抗技术与自动化仿真技术相结合的舆情管理系统，在实际应用中成效显著。

● 移动安全技术研究：在移动互联时代，手机病毒、网络仿冒等移动安全问题纷繁复杂，给广大手机用户带来严重的安全威胁。为加强移动安全监管和移动互联网安全防护，任子行成立了专门的移动安全研究团队，采用主被动结合、动静态结合的技术路线，研发了移动安全监测平台，实现对遍布全国的移动应用商店进行安全监测、对公共WiFi网络中的病毒传播以及网络攻击行为进行准确发现。

● 安全态势感知系统研发：网络安全形势日益复杂，网络攻击和网络威胁层出不穷、千变万化。任子行针对相关政府部门的监管需求和网络运营部门的安全防护需求，成立了专项团队进行网络安全态势感知技术研究。该团队依托丰富的网络安全工作经验，引入最先进的大数据处理技术、数据分析模型和数据展示技术，让复杂的安全问题变得清晰可见，让事件分析和应急响应变得简单易行。

任子行网络安全态势感知系统能够"快速、全面、准确"地感知过去、现在、未来的安全威胁。对网络信息系统进行持续的监测和分析，同时对已经具备的网络安全基础设施进行采集分析，发现面临的网络威胁态势，对正在发生的威胁及将来的损害进行"客观、准确、及时、直观"的展示与告警，为网络安全风险威胁分析，将来的安全保障措施提供客观的决策依据。

（2）以需求为指引，打造网络安全生态产品

任子行以技术创新和产品研发为主导，围绕国内外政府、企业、公众对网络安全环境的紧迫需求，以国家网络安全大规模整体解决方案为整体框架，研发网络安全、信息安全、云安全服务、移动互联网应用安全等一系列网络信息安全防护解决方案，为互联网管理部门、移动部门、运营部门提供细致、适用、可靠的网络安全监管服务。

网络基础设施和重要信息系统安全影响国家经济和人民生活，网上的反动分裂、歪理邪说、暴恐谣言等有害信息则扰乱人心、危害社会，是世界各国都要应对的安全问题。任子行紧密围绕大规模网络管理者的需求，研发了覆盖固网、WiFi和移动通信网络的大规模网络数据采集平台、大规模网络基础资源监管平台、大规模网络威胁分析平台、大规模网络舆情分析与正面引导平台，以及大规模网络突发事件应急管控平台（见图1），为互联网运营商、互联网监管部门等提供了完整、成熟、高效的安全管理解决方案，实现互联网的可管、可控、可溯源。

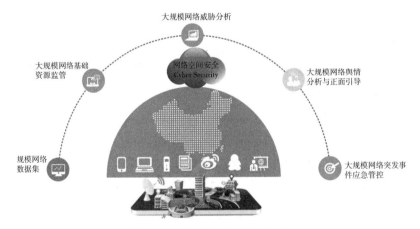

图1　大规模网络威胁分析

第一，针对管理痛点，研发网络基础资源和应用监管平台。不论是网络病毒还是恐怖谣言，各种网络威胁和有害信息往往发源于网络中被滥用的服务器。为满足网络管理和运营部门从源头上发现和控制网络威胁的需求，任子行精心研发了"网络基础资源和应用管理平台"，实现了对一定区域内网站、域名、服务器的发现和定位，对暗藏其中的恶意应用和有害信息进行精确打击，做到止恶从源。目前，该平台已在20多个省投入实战，在相关部门的网络管理工作上发挥了重大作用。

第二，迎接云时代挑战，推出云安全系列产品和解决方案。互联网进入云时代后，无论是政府、企业还是个人用户，在将大量业务和数据托管给云服务商的同时，也不得不将安全寄托在云上。针对这一普遍而严重的全依赖风险，任子行通过将核心技术向云操作安全延伸，研发了专门面向云服务用户的"云堡垒"和"云加密"系统，在云和云用户之间构建了一层铜墙铁壁，使用户在自如、安全地管理云上的业务系统的同时，把可能来自云内外的安全威胁拒之门外。此外，任子行还将网络行为审计系统、防火墙、WAF等诸多传统企业安全产品向云模式扩展，辅以国内一流的安全专家服务，既能够满足用户的企业侧安全防护需求，也能满足分布式用户的云集中安全防护需求。

第三，深化传统优势，研制新一代网络应用安全审计平台（见图2）。近年来公共场所的WiFi网络服务发展迅速，WiFi的安全性和可审计性成为用户关心的首要问题。作为国内领先的网络应用审计产品厂商，任子行基于业界领先的应用识别引擎和大数据异常行为分析引擎，研制了用于公共场所的WiFi网络增值服务与安全审计整体解决方案，研发了具有WiFi覆盖、增值服务、安全审计和集中控管功能的WiFi覆盖系列化产品，在满足WiFi接入的同时可以低成本满足管理部门的安全审计要求，为用户提供合规且高性价比的WiFi接入服务。针对音视频网络问题，任子行基于独特的音视频内容识别和分类技术，研发了互联网音视频智能监管平台，实现了对网上音视频内容的网站检测分类、内容识别检索以及违法内容管控等功能，为青少年保护、社会道德监管工作提供了强大的技术工具。

图2　新一代网络应用安全审计平台

第四，夯实基础，打造国内领先的网络应用识别与威胁分析引擎。网络新技术和新应用的发展日新月异，能否鉴别网络中的各种应用是发现安全威胁的必要前提。任子行潜心跟踪分析网络应用十几年，研发了国内领先的互联网应用识别引擎和移动互联网应用识别引擎。该系统已积累识别特征数千种，在通常网络应用环境下保持95%以上的应用识别率。该引擎不仅是任子行各项产品和解决方案的核心模块，同时还向业界诸多其他厂商开放，在更多的安全产品和技术平台中发挥核心作用。

4. 公司重点信息安全产品与解决方案

（1）大规模网络空间解决方案

● 信息安全威胁。信息安全威胁主要指的是国内外的各种不安定因素、分裂势力、敌对势力利用互联网各种信息发布手段，特别是社交网络，发布危害国家安全、社会稳定的言论。

信息安全解决方案的目标是对互联网各种信息做到可查、可管、可控，通过各种链路采集信息，包括固网、WiFi、2G、3G，对采集来的海量数据进行清洗和分析；在信息安全事件发生前，通过舆情分析形成情报，作出预判；在信息安全事件发生中，通过审计与管控手段对信息进行管理。

● 网络安全威胁。网络安全威胁是指通过僵尸、木马、蠕虫、网路攻击、APT等攻击手段对国家核心部门和基础网络进行持续攻击，对网民隐私信息、国家工控系统、基础网络设施造成巨大破坏。

网络安全解决方案的目标是建设可信、可管、可控的网络空间。

主要分为四大方面，分别为：

网络攻击防护模块，包括抗拒绝服务、入侵监测防御、下一代防火墙；

网络安全加固模块，包括病毒墙、终端安全、运维安全；

安全态势预警，包括网站监控平台、安全趋势态势分析、网络攻击告警、国家应急中心；

漏洞库建立，包括漏洞库、恶意网址库、恶意应用库、病毒库。

（2）网络基础资源和应用监管平台

通信管理局互联网综合管控系统是一套通过多种手段和多个子系统的配合，建立集互联网基础资源管理、信息和网络安全管理、网站备案管理等功能于一体的综合管理系统。

● 系统研发背景。随着互联网的发展，网络应用成为重要沟通方式和信息获取来源。但是各种淫秽色情、赌博、诈骗等不良信息，也借助这些渠道传播。如何使用先进的管理手段，帮助互联网行业的监管部门提高互联网的使用效率、监测不良信息，是当前十分紧迫的任务。

● 信息安全管理系统。IDC/ISP信息安全管理系统（ISMS）是IDC/ISP业务经营者建设的具有基础数据管理、访问日志管理、信息安全管理等功能的信息安全管理系统，用以满足IDC/ISP业务经营者和电信管理部门的信息安全管理需求。

每个IDC/ISP经营者应建设一个统一的ISMS，并与电信管理部门建设的安全监管系统（SMMS）通过信息安全管理接口（ISMI）进行通信，实现相关功能。

（3）基于云时代的网络安全产品

● 背景：随着公有云、企业私有云以及物联网的发展，无论是政府、企业或者终端用户，对于自身暴露在网络空间内的资源以及安全情况越来越重视，能够开发一套产品为这些用户提供基于集成安全监测、预警、运维的安全服务显得尤为必要。

现在国内外都在推下一代防火墙，任子行的虚拟防火墙与传统防火墙和下一代防火墙的区别是：目前国内传统防火墙或下一代防火墙都是以硬件设备交付，最核心的功能是对出口链路到物理服务器之间的网络流量进行分析、防护，流量一旦运行在虚拟机内部，则无法监测。而任子行未知威胁监测子系统，通过部署虚拟防火墙，对虚拟机内部未知流量进行分析、预警。

任子行的云堡垒机跟传统堡垒机最大的区别是：摆脱了对运维软件如Xshell、SecureCRT、Navicat等的依赖，使得堡垒机在使用起来很繁琐。任子行云堡垒机通过虚拟机部署，基于HTML5技术，无论PC还是平板，只要有一个浏览器就可以支持主流的运维协议，并且在业内首家支持跟云平台无缝融合。

● 云加密：云安全加密网关是任子行深刻理解客户在向云计算迁移过程中对保护敏感数据的需求而推出的针对邮件、云存储、SaaS等公有、私有应用数据加密保护的解决方案。

云加密能够有效帮助客户解决云计算中遇到的敏感数据泄露等问题，把敏感数据的所有权和控制权牢牢掌握在客户自己手中。相比传统加密产品，由任子行提供的云加密产品的一个显著特点是：不需要在终端安装任何软件，且不改变应用软件的功能、流程和使用习惯，自动对用户的敏感数据提供加密服务。

（4）公共网络安全解决方案

针对运营商、企业、高校、商业、餐饮、娱乐休闲等行业，任子行都能量身定制公共上网场所网络安全解决方案，从用户的角度出发为其提供最佳的运营支撑，协助监管部门实现对公共上网场所网络安全的落实。

（5）移动互联网应用安全监管平台

高速移动互联网的普及，迅速拉动了APP市场的增长。APP种类繁多，有微信、QQ等社交通信类，有百度地图、滴滴打车等出行导航类，有LeTV、PPS等影音娱乐类等等。在移动APP为社会提供大量便捷服务的同时，由于APP监管规范的不完善以及APP监管技术手段的缺乏，导致各种安全问题和行业乱象层出不穷。恶意吸费、短信钓鱼、窃取个人隐私、远程控制、消耗流量、监听手机、系统破坏以及涉黄、涉毒、涉恐等违规应用，使用户的隐私安全、财产安全遭受各种威胁，为产业健康发展带来严重不良影响。据相关权威部门统计，在移动互联网用户常用应用软件的安装渠道中，应用商店和市场占有率超过80%。由于监管规范的不完善和监管手段的缺乏，移动应用市场成为恶意APP软件的滋生地。

为了更有效地开展监管业务，任子行开发了移动互联网应用安全监管平台，可全面获取移动互联网各大应用市场中的应用，通过静态引擎扫描和动态沙箱模拟，对应用的基本信息、证书信息、权限信息、行为信息、广告信息、敏感词信息、病毒信息、内容违规信息等进行检测，自动发现应用中包含的恶意行为和违规内容并输出检测报告；根据属地原则，对应用市场进行监管，支持应用下架、举报、效果监控等监管业务场景。解决恶意移动应用的发现、分析、取证问题，为综合性监管要求提供全面的业务支持，净化移动互联网空间。

该平台的研发突破了移动互联网应用的监管关键技术，建立了具有技术前瞻性的综合移动互联网应用安全监管系统，构建了一个针对国内应用程序市场自动发现、采集、下载，结合静态分析与动态分析的全面监管系统，运用大数据技术，通过IDC渠道进行应用采集，实现应用内容可管、可控，不良信息有效溯源，解决了我国移动互联网面临的严峻的信息安全问题，为目前移动互联网生态圈面临的局限性做出了贡献。

5. 产品应用案例

[案例1] iWuhan-Free案例：爱武汉尽享WiFi生活之美

2015年底，随着武汉市政府公益上网工程iWuhan-Free建设完成，武汉全市新建1 000余个公益免费WiFi热点，免费WiFi实现了主要公共区域全覆盖。广大武汉市民，无论是在火车站、机场、旅游景点，还是办证大厅、便民服务窗口等公共场所，均可随时随地畅享WiFi美好生活。

《互联网安全保护技术措施规定》（即公安部82号令）规定："互联网服务提供者需记录、跟踪网络运行状态，监测、记录用户各种信息、网络安全事件等安全审计功能。"公共场所WiFi部署需要做好用户上网行为审计，并按要求接入公安网监平台，日志上传至平台审核管理。在这一背景下，WiFi安全审计需求可归纳为：无线网络运维分析用户、应用行为内容和流量日志数据；海量用户审计的数据传输，符合审计接入的合规要求。

任子行网络安全审计解决方案（SURF-SA）通过对网络应用内容审计和用户行为控制，为管理者提供网络信息安全整体部署与管理功能。在满足公安部82号令的要求下，实现对全市1 000余个iWuhan-Free站点的网络安全内容审计。

项目实施后，在武汉三镇公众场所，市民可随时随地享受免费畅快的WiFi服务。而在如此大的工作区域和复杂的部署环境中，任子行提供快速、完整、专业的网络安全审计方案（见图3），在为武汉公益WiFi安全保驾护航，满足了公安部公共WiFi接入规范要求的同时，也为武汉三镇WiFi安全保障提供了坚实基础，获得了主管部门和广大市民的一致好评。

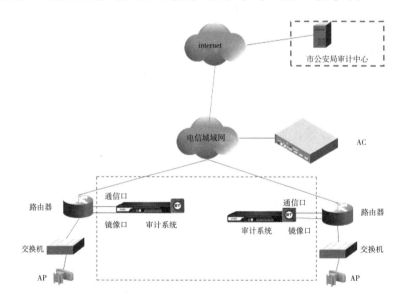

图3　网络安全审计图

[案例2] **化繁为简轻松维护医疗信息安全**

长期以来，医疗行业信息系统具有"三大三高"特点：

"三大"：数据量大，瞬时并发访问量大，系统后期数据维护工作量大。

"三高"：相应速度稳定性要求高，信息安全保密度要求高，信息数据复杂性高。

应对医疗行业信息安全等建设要求，发展健康医疗大数据，须根据"三大三高"这个行业特性来解决信息安保需求，实现信息安全整体建设。

兴文县人民医院医疗信息化工作面临以下难题和困难。

一是网络环境复杂：医疗行业本身信息数据复杂性高，在医院信息化建设过程中，设备部署及网络布控随业务需求增加扩充较为随意，对整体网络安全的排查和把控造成较大难度。

二是信息维护难度大：运维人员偏少，知识技能不足，医疗信息化安全运营需要降低管理难度，设备维护及控制策略不能增加工作量。

三是网络安全要求高：基础医疗信息系统"三大三高"特点，以及不断爆出的医疗信息泄露事件和世人关注焦点转向，决定了医疗信息安全整体要求偏高。

在解决医院信息数据安全、保障患者隐私方面，任子行网络信息安全整体解决方案，通过部署SURF-NGSA下一代防火墙、SURF-NDP入侵防御系统、SURF-SA网络安全审计系统以及SURF-HAC云运维安全审计系统，联动实现网域内边界安全、内网安全和数据安全的全网安全整体防护建设。

一是应对环境复杂、维护难度大难题，通过部署任子行SURF-HAC云运维安全审计系统，实现用户对各种操作（包括Unix等终端指令、Windows等图形操作、C/S客户端工具操作、浏览器操作）的集中管理，有效解决共享账号问题，满足了相关安全规范对运维人员的管理和审计要求。

二是应对网络安全要求高难题，通过部署SURF-NDP入侵防御系统，将识别应用、用户与内容三者结合，抵御源自外部的异常入侵攻击；而SURF-NGSA下一代防火墙的应用，是对端口访问进行限制，禁止特定端口的流出通信。SURF-SA网络安全审计系统的应用，实现了上网行为和异常攻击流量可视化，智能生成报表。

边界安全、内网安全以及数据安全整体防护策略的搭建，实现了基层医疗信息化整体信息安全防护。

任子行网络信息安全整体解决方案的部署，极大地促进了兴文县人民医院医疗信息化建设，满足了院方信息化整体建设要求（见图4）。

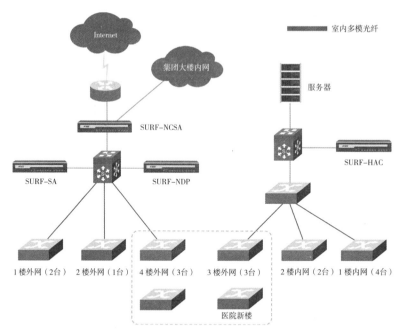

图4　某医院信息安全布局图

一是实现全院网络内用户、设备的集中管理与权限控制；

二是通过对内外网信息安全的整体布局与建设，满足医疗信息安全等保条例要求；

三是在保障院内信息数据安全的前提下，实现对用户操作行为的审计审核与责任追踪管理；

四是有效降低了医疗信息化系统的运维操作难度，在不增加人员成本的情况下，极大地提高了信息系统安全管理效率。

［案例3］哈工大威海校区布局校园网络安全

随着哈工大威海校区校园网建设的全面铺开，校园主干线路数据流量庞大，部署设备多，配置相对复杂，每台主干线路串入设备对网络或多或少都有影响，其对串入设备要求高。

任子行SURF-SA-8100网络安全审计解决方案，其基于行为、内容、对象识别技术和深度细粒度审计管理功能、直观丰富报表查询功能，为校方提供网域内用户详细网络行为，满足校方对用户上网行为精确记录与审计管理的需求，为学校网络管理提供便利，也满足了相关部门法规要求。

针对校方对审计设备的接入影响现有设备性能发挥的担忧，任子行

SA-8100审计设备采用旁路部署，核心交换机将上行流量镜像到设备采集口，部署方式不改变原有网络环境，不影响业务功能和设备性能发挥。

同时，通过对镜像流量的分析，结合对城市热点的透明识别功能，识别用户拨号账号，从而定位到人，为学校提供精准的用户上网行为审计功能，满足审计和法规需求。

在实施部署网络安全审计解决方案后，哈工大威海校区在满足部门法规审计要求的同时，实现了对校园用户上网行为的精确记录，丰富的报表查询也为学校网络管理提供了便利。

6. 实施新战略：内生发展＋外延扩张

（1）以实际问题为导向，共建校企人才培养平台

2016年6月12日，中央网络安全和信息化领导小组办公室等六部门联合发布《关于加强网络安全学科建设和人才培养的意见》指出："我国网络安全人才还存在数量缺口较大、能力素质不高、结构不尽合理等问题，与维护国家网络安全、建设网络强国的要求不相适应。"

任子行高度重视网络安全人才培养，积极探索网络空间安全学科发展与人才培养的新模式、新机制，在面向未来积极布局人才培养计划时，通过捐资助学、赞助网络安全联赛、成立科研院所、组建产学研用联盟等多种方式，推动网络空间安全学科建设和人才培养工作。

①支持网络安全学科建设。教育是立国之本，网络安全行业的蓬勃发展离不开网络安全教育的支持。任子行作为信息安全领域的先行者，除专注网络信息安全领域的研究外，也注重网络安全学科方面的建设。2015年2月，任子行获深圳市人力资源和社会保障局批准组建"博士后实践工作基地"，积极开展与各高校人才培养的互动；同年，公司董事长景晓军博士受哈尔滨工业大学威海校区聘请担任客座教授一职，正式开启与哈尔滨工业大学交流合作序幕，后续将加大人才的培养以及技术攻关的强强合作。在关键技术方面，任子行也与多家高校进行了合作。如2014年3月，与华南理工大学合作开发网站分类问题关键算法技术；2015年12月，与北京邮电大学合作开发溯源系统试验装置和传输安全管理系统试验装置。

该意见还指出："网络安全学科建设刚刚起步，迫切需要加大投入力

度。"公司领导层对高校网络空间安全学科建设尤为重视并积极捐款助学，先后向哈工大"光熙基金"捐款100万元，支持计算机学院人才培养；向哈工大威海校区捐款50万元，支持校园发展建设；向中国科学院大学教育基金会捐款20万元，支持网络空间安全学科建设。

这些举措是任子行对网络安全学科建设和网络安全人才培养重要性认识深化的集中体现。在加快网络安全学科专业建设同时，这些举措也将为高校网络安全科研项目研发、网络安全人才培养流动和校企合作协同育人发展提供了有力支持。

②深度开展校企合作。任子行高度重视校企合作工作，充分利用现有资源，依托行业、企业需求进行网络安全资源支持。在深入开展校企合作的过程中，任子行与哈尔滨工业大学在技术上、人才培养上联系紧密，交流频繁。作为哈尔滨工业大学的培训和实习基地，公司先后与哈尔滨工业大学共同培养研究生25名。校企合作模式让公司能主动参与培养信息安全人才，并从中选择优秀学生留在公司。另外，任子行还与中国科学院计算技术研究所等高校进行了广泛的技术合作；与中国科学院计算技术研究所、国家计算机网络应急技术处理协调中心、哈尔滨工业大学、北京邮电大学、中国科学院计划财务局、中国科学院高技术研究与发展局联合共建信息内容安全技术国家工程实验室；与国内7家著名大学、17家企业和2个研究院组成了"网络与信息安全产学研创新联盟"。公司将继续坚持产学研相结合的技术发展道路，巩固并发展与国内知名科研院所等的合作关系，在吸收、消化国内外最先进技术的基础上进行创新和改善。

任子行全面加强与高校的合作，构建高校与企业之间的合作平台，为高层次人才资源集聚与培养提供了良好的环境。为校企双方进一步开展多层次、多形式、多领域的合作，实现校企资源的有机结合和优化配置，共同培养网络安全发展需要的人才提供了新的途径。2016年，任子行赞助了"2016全国高校网安联赛"，在促进网络安全学科发展、培养学生的实际动手能力的同时，也将有力促进国家网安人才的培养，提高国内高校网安教学水平，推动高校网络信息安全队伍建设，为更多年轻安全人才提供实战、高校合作及工作的机会。

（2）面向未来：提出"内生发展"＋"外延扩张"战略

随着《网络安全法》的出台，网络安全迎来发展新机遇与新挑战。面对这一新的历史机遇及挑战，任子行不断整合业内资源，融合发展创新，提升网络安全的软实力，致力于打造网络应用审计专家型企业。在巩固现有市场优势，同时不断开拓新的领域，通过不断自主创新的技术、产品、方案及服务，继续保持业内优势地位。

①巩固现有市场地位，积极开拓新市场。任子行在公安、网络资源管理等优势业务基础上进一步扩大产品和市场优势，继续重点培育网安业务；同时，积极推动公共场所无线网络的安全管理业务的推广和部署。目前，任子行全面启动了"扩大市场份额、提高研发能力、完善服务体系、打造强势品牌"的四大战略，凭借先进的设计思路、领先的技术、丰富的渠道资源和专业的解决方案，不断完善全国省市渠道体系的建设，为渠道和用户提供专业优质的服务，与合作方实现共赢。

②重新整合公司业务线，根据实际调整发展战略。任子行从战略发展角度出发，将原有业务线进行重新整合与定位，具体包括公安业务线、网络安全业务线、信息安全业务线、网络资源管理业务线。其中，公安业务线主要是NET110系列专用安全审计产品，侧重于公安客户；网络安全业务线产品包括边界安全、内网安全、数据安全以及云安全产品，侧重公共网络安全市场；网络资源管理业务线主要是针对通信管理局、运营商，中小IDC/ISP的信息安全产品；信息安全业务线主要是信息安全类和舆情类业务。

③严格落实"内生＋外延"发展战略，适时进行外延式投资并购。任子行在积极发展自身的同时，也密切关注行业内其他企业的成长，发挥资本优势对存在优势互补的企业进行投资，开展战略合作。2015年，公司完成了对"亚鸿世纪"等一批网络安全企业的投资，在技术研究、产品研发和市场推广等方面进行积极合作，取得了明显收效。未来，公司将继续实施"内生＋外延"式发展战略，建立行业同盟，取长补短，与兄弟企业共同为网络安全行业的蓬勃发展献计献策。

7. 总结

目前，我国正处于经济结构调整和社会转型的关键时期，互联网的发展是推动社会发展的车轮，互联网的安全是社会发展的重要保障。在国际形势波诡云谲，瞬息万变的背景下，网络空间成为国际各方角力的新战场，网络安全工作不仅关乎经济社会的发展，还关系着国家安全。任子行在发展历程中取得的最重要的经验就是紧紧围绕国家、社会、行业、用户的安全需求，努力创新、刻苦研发，不断拿出先进、实用的产品，提供优质细致的支撑服务，做民营企业中的网络安全国家队。面对当前越来越严峻、复杂的网络安全挑战，任子行将加倍努力，攻坚克难，用更多更好的新技术新成果回报社会，为建设网络强国、实现中国民族伟大复兴贡献绵薄之力。

安恒信息：助力安全中国，助推数字经济

　　杭州安恒信息技术股份有限公司由范渊先生于2007年创办。创业12年来，安恒信息积极响应国家网络强国和数字经济战略，并把助力安全中国、助推数字经济作为公司的使命，积极践行国家战略。公司主营业务涵盖云计算安全、大数据安全、工业互联网安全及智慧城市安全等，包括提供网络安全态势感知、威胁情报分析、攻防实战培训等解决方案。公司以人为本，重视人才，近年来快速发展，目前位列全球网络安全企业500强。

1. 使命与愿景：安恒信息积极响应网络强国、数字经济战略

党的十八大以来，在以习近平同志为核心的党中央领导下，中国实施并完善更领先的网络强国战略及数字经济战略。习近平总书记指出：要加快发展数字经济，推动实体经济和数字经济融合发展，推动互联网、大数据、人工智能同实体经济深度融合，继续做好信息化和工业化深度融合这篇大文章，推动制造业加速向数字化、网络化、智能化发展。无疑，数字经济发展已经成为中国落实国家重大战略的关键力量，对实施供给侧改革、创新驱动发展战略具有重要意义。

杭州安恒信息技术股份有限公司（以下简称"安恒信息"），由范渊先生于2007年创办。安恒信息积极响应国家网络强国和数字经济战略，并把助力安全中国，助推数字经济作为公司使命，积极践行国家网络安全和数字经济战略。

作为云安全、互联网应用安全、大数据安全、智慧城市安全和工业互联网安全等前沿领域的知名品牌，安恒信息先后为党的十九大、"一带一路"国际高峰论坛、北京奥运会、国庆60周年庆典、上海世博会、广州亚运会、抗战胜利70周年、历届世界互联网大会、G20杭州峰会、厦门金砖峰会、上海进博会等众多重大活动提供网络信息安全保障。公司主营业务涵盖云计算安全、大数据安全以及应用安全、数据库安全、移动互联网安全、工业互联网安全、智慧城市安全等，包括安全态势感知、威胁情报分析、攻防实战培训、顶层设计、标准制定、课题和安全技术研究、产品研发、产品及服务综合解决方案提供等。

2. 坚持与成长：安恒信息的创业之路

1997年，范渊从南京邮电大学计算机系毕业后进入国企工作。不久，范渊辞去工作赴美深造，并获得了美国加州州立大学计算机科学硕士学位。通过多年来在信息安全领域的潜心钻研，范渊很快成为美国一家一流的安全公司的高管，在Web应用安全、数据库安全等领域取得了出色的研究成果，并成为第一个登上全球顶级安全大会BLACKHAT（黑帽子）大会演讲的中国人。

2007年春天，追随国家信息化发展热潮和信息安全巨大内生需求，范渊先生怀揣产业报国的信念，辞去了美国职位，举家回国，在杭州创办了安恒信息。

2008年奥运会开幕式前夕，安恒信息推出了第1款产品——Web应用弱点扫描器。监测人员对系统进行例行排查时发现，官网被黑客入侵时一旦对方得逞，服务器就会被控制，奥运网络的售票系统、开幕式的进程、比赛的各项安排等会落入黑客的掌控之中，后果不堪设想。范渊和安全团队迅速行动，经过4个小时的奋战，成功拦截了黑客，让安恒信息在业内一战成名。此后，安恒信息经历了国庆60周年、2010上海世博会、2010广州亚运会、抗日战争胜利70周年、历届世界互联网大会、G20杭州峰会、厦门金砖峰会、上海进博会等多场"大战"的考验。安恒10年，安保10年，安恒信息几乎包揽了近10年来国家所有的重大活动赛事网络安保的工作。

2017年，在安恒成立10周年之际，公司已位列全球网络安全企业500强，多次荣获国家网络与信息安全信息通报机制先进技术支持单位。

3. 领先与跨越：安恒信息的技术与产品

安恒信息聚焦于应用安全、数据库安全以及云计算安全、工业互联网安全、大数据安全、智慧城市安全等领域，旗下拥有明鉴、明御、天鉴、风暴中心等品牌。2007年率先推出国内首个商业版Web漏扫产品、国内第1套Web深度防御，即现在WAF的前身；后来研发内控安全产品、数据库审计等"老三样"拳头产品；同时拥有大数据态势感知、玄武盾、天池云安全管理平台、AiL PHA大数据智能分析平台等产品。安恒信息产品体系如图1所示。

（1）明鉴网络安全态势感知通报预警平台

明鉴网络安全态势感知通报预警平台核心功能包括：等级保护、实时监测、威胁感知、通报预警、快速处置、侦查调查、追踪溯源、情报信息、指挥调度。帮助用户实时掌握全局网络安全态势，实时开展预警通报、快速处置和网络安全综合管理工作。

图1　安恒信息产品体系全线概览

（2）AiLPHA大数据智能安全平台

AiLPHA大数据智能安全平台采用大数据技术和智能学习算法，从用户的资产出发，打破传统的信息数据孤岛式分布，为用户安全提供实时预警、亿级存查、异常检测、智能学习、深度关联、追踪溯源等服务内容。

（3）天池云安全管理平台

天池云安全管理平台（简称"天池"），汇聚云安全能力，帮助用户构建一个统一管理、弹性扩容、按需分配、安全能力完善的云安全资源池，为用户提供一站式的云安全综合解决方案，简化安全运维管理，助力用户业务快速安全上云。

（4）玄武盾SaaS云安全服务

安恒玄武盾采用"事前检测＋事中防护＋事后分析"整体Web安全生命周期解决方案，事前采用云监测对用户网站进行漏洞监测，事中采用零部署云防护方案，用户无需在本地部署任何安全设备，只需将DNS映射至玄武盾CNAME别名地址或将网站NS解析为安恒玄武盾DNS服务器。玄武盾全国DNS调度中心会对全国的用户访问进行就近选路，用户的访问先经过云DDOS清洗中心；安恒云DDOS清洗中心具备2.5TB流量防护能力，可清洗黑客发起的Syn-flood、upd-flood、tcp-flood、应用层CC等DDOS攻击。云WAF对SQL注入、跨站脚本、Webshell上传、Web组件漏洞等安全风险进行防护，事后采用大数据分析形成可视化报告和统计分析报表，并通过手机APP云管理服务提供数据分析和查看。

（5）工控审计与监测平台

工控审计与监测平台是一款专门针对工业控制系统的审计和威胁监测平台。该平台能够识别多种工业控制协议，例如S7、Modbus/TCP、Profinet、Ethernet/IP、IEC104、DNP3、OPC等。平台采用审计监测终端配合统一监管平台的部署管理方式进行统一管理。平台提供多种防御策略，帮助用户构建适用的专属工业控制网络安全防御体系。通过对协议的深度解析，识别网络中所有通信行为并详实记录。检测针对工业控制协议的网络攻击、工控协议畸形报文、用户异常操作、非法设备接入以及蠕虫、病毒等恶意软件的传播并实时报警。平台提供直观清晰的网络拓扑图，显示工控系统中的设备间连接关系。平台能够建立工控系统正常运行情况下的基线模型，对于出现的偏差行为进行检测并集成网络告警信息，使用户在了解网络拓扑的同时获知网络告警分布，从而帮助用户实时掌握工业控制系统的运行情况。

（6）全球网络空间安全探测引擎（Sumap）

Sumap是基于安恒信息自主设计并研发的全网快速扫描引擎，可用于全网资产探测、漏洞扫描、风险趋势分析等。

①单台引擎每秒60万个并发，单个端口仅需2h完成IPV4空间探测；

②专项漏洞全球快速探测；

③分布式部署：多节点引擎探测部署，数据实时同步；

④数据标签化：提供指纹标签、聚合标签，实现精准识别；

⑤定制化探测插件：探测报文，端口配置，便捷修改；

⑥资产协议：基础互联网服务、工控设备、监控设备、物联网设备等。

（7）深度流量分析探知未知威胁

基于前沿的流量分析技术，通过对全流量深度解析，识别异常流量，发现未知威胁：

①多项专利的沙箱技术，单设备动态检测样本10多万个；

②双向流量应用层协议重组还原，识别2 800+协议，100+协议深度解析还原；

③领先的启发式扫描算法配合300多万个病毒库，高检出率，低误报率；

④大数据分析，智能机器学习，精准发现非法数据传输，准确定位僵尸网络和僵尸牧人；

⑤亿级数据秒级查询，超强关联回溯，深度挖掘APT攻击。

4. 融合与创新：安恒信息的业务场景解决方案

（1）云安全解决方案

安恒云安全综合解决方案，涵盖公有云、私有云、混合云等不同环境。整体安全建设以云监测、云防御、云审计、云服务为闭环解决思路，全面覆盖云平台网络、主机、计算、存储、业务和管理多个层次，提供给用户一套合法合规、防护有效、简单易用、灵活扩展的云安全建设方案，保障数字经济建设。

应用场景：政务云安全、警务云安全、城市级云安全运营、云安全实验室、企业数字化安全建设、云上等保合规建设。

（2）工业互联网安全解决方案

工业互联网是满足工业智能化发展需求，具有低时延、高可靠、广覆盖特点的关键网络基础设施，是新一代信息通信技术与先进制造业深度融合所形成的新兴业态与应用模式。建设满足工业需求的安全技术体系和管理体系，增强设备、网络、控制、应用和数据的安全保障能力，识别和抵御安全威胁，化解各种安全风险，构建工业智能化发展的安全可信环境。

应用场景：智慧能源行业、智慧工厂行业、智能制造领域。

（3）智慧城市安全运营中心

安恒智慧城市信息安全解决方案，覆盖了智慧城市建设过程中的物联网感知层、通信传输层、大数据平台层、智慧应用等各个层面。安全建设内容包括信息安全管理体系、安全技术体系、安全基础设施体系、安全运营体系、安全评估体系及其他安全体系。根据不同的智慧城市业务实际情况针对性地推进和落地，在方案设计及实施方式上充分体现城市级的安全分级管理及建设思路，使智慧城市信息安全解决方案在政策法规层面合规、在技术领域层面先进、在安全运营层面合理、在安全管理层面顺畅。

应用场景：智慧民生、智慧政务、综合治理、智慧产业。

（4）工控安全解决方案

工控安全解决方案是实施分层分域防护、集中管理运营的纵深防御体系，划分最小安全区域，从访问控制、报文深度过滤等方面入手实施严格的边界防护，在安全域内部分别从主机层、网络层检测用户行为、控制行为以及网络流量的异常，积极告警与阻止，杜绝网络威胁对生产系统的影响。建立集中的工业安全运营中心，以网络拓扑从空间呈现工控网络内重要资产和安全设备的分布维度，对全网关键节点进行在线监测、威胁量化评级、网络安全态势分析以及预警。

应用场景：离散制造行业、轨道交通行业、石油石化行业、有色金属行业、电力及水利行业、油气管道行业。

5. 应用与实践：安恒信息的产品应用案例

（1）某省网络安全协调指挥平台项目

通过建设某省网络安全协调指挥平台，实时掌握该省关键信息基础设施的网络安全态势，及时了解省级党政机关部门重要门户网站、主流新闻（媒体）网站和省管国有企业门户网站、关键工控系统等的相关网络安全威胁、风险和隐患，监测安全漏洞、病毒木马和网络攻击情况，整合公安、国安、通管等部门和第三方安全厂家的威胁情报数据，及时通报预警重大网络安全威胁，调查、防范和打击网络犯罪行为，实现"看得见网络、防得住攻击、控得住网情、抓得住敌手、止得住危险"，为本省网络安全监管工作提供有效技术支撑，保障政治、经济、文化和社会安全稳定。

项目建设完成后，通过对全省关键信息基础设施进行全天候全方位可用性监测、篡改监测、漏洞检测、重大漏洞专项检测响应及流量监测攻击采集，实时呈现某省网络空间安全总体态势，包括重要信息系统和网站的网络空间资产态势、威胁态势、攻击态势、预警态势、事件态势和处置态势。建设网信和其他职能部门协调联动的网络安全监测预警处置工作机制，构建社会各方参与的网络安全综合防控体系，推动网络社会综合治理向深层次发展，整体提升本省网络安全防护水平。

（2）国家电网数据安全建设项目

国家电网在信息化建设前期着重进行信息系统的整体建设，主要保证数据的快速流通共享，方便基础数据的开放、查询。然而，数据加速流动的背后隐藏着极大的数据安全风险，一旦数据泄露及篡改将会引发各种不公及严重的社会问题。

智慧电力时代要求数据开放、共享、互联，数据的机密、完整、可用，更面临着极大的挑战，整体的数据安全需要从源头抓起，系统性地进行整体设计方可保证整个信息系统的数据安全。

根据电力行业的特点与各类数据安全威胁，安恒信息提出成熟的数据安全整体解决方案，从"事前检测、事中防御、事后审计"三个维度，进行有效的防护（整体思路如图2所示）。在安恒公司现有的数据安全技术基础上，通过成熟的数据安全防护技术、审计技术及产品，构筑整体的数据安全。

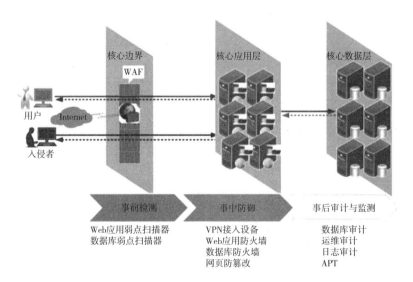

图2　数据安全整体防护思路图

客户价值有：事前、事中、事后的全方位整体防护更安全；纵深立体主动的安全防护体系，高针对性的防护措施；对数据进行有效的保护和审计后，能够帮助用户大大降低不必要的安全险；对电力系统所存储的宏观经济数据进行完善的保护和审计，将对社会/国家安全提供有效的保障；完善的数据库评估、审计体系的建立，以及全面的等级保护报表，能够帮助电力行业用户遵从等级保护规定，并为顺利通过等级保护测评提供充分的帮助；有效防止数据泄露和拖库事件发生；多级联动无缝防护更智能。

（3）等保测评机构网络安全测评项目

安恒信息根据测评机构行业背景研发出一套既能有效管理等级保护全过程，又能全面满足检查评估需要的集成工具———明鉴®信息安全等级保护检查工具箱（其产品所含功能如图3所示）。

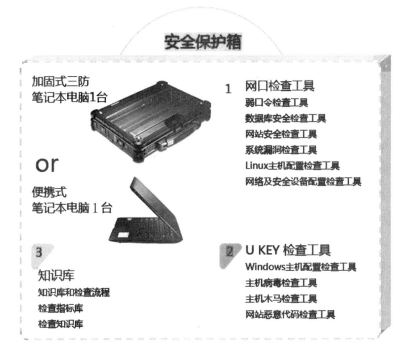

图3 产品架构示意图

等级保护检查工具箱的总体架构组成：工具箱检查管理系统、技术检测工具库。工具箱检查管理系统安装在便携式电脑上，集成了人机交互界面、检查指标库、检查知识库、工具管理模块和系统管理模块。

客户价值：等保工具箱将10个资产发现、配置核查、技术脆弱性检查工具通过"信息安全等级保护检查知识库"、管理要求访谈内容，与《信息安全技术信息系统安全等级保护基本要求》（GB／T22239—2008）完美结合，将等级保护基本要求落地，使信息系统运营和使用单位从技术和管理角度明确了自身系统与等级保护相关等级要求的具体差异，是等级保护整改，也是信息安全建设的最佳依据。

6. 攻坚与突破：安恒信息的技术研究实力

安恒信息安全研究院是安恒信息科技创新、技术进步及安全研究的重要研究部门，研究院拥有4个研究小组，针对应用安全、物联网安全、二进制安全、工控安全四个领域展开核心技术研究与攻坚。研究院团队共有50余位专业信息安全研究员，90%以上来自于国内"985""211"重点大学以及业界知名研究员。该研究院在安全漏洞研究发掘、Web应用安全及数据库安全问题研究、软件逆向研究等诸多领域积累了大量的研究成果，包括专利申请、漏洞预警、高危漏洞挖掘、安全事件分析等，获得了国内外各种安全机构各类型原创漏洞证书。

研究院下属两大实验室——海特实验室与Webin实验室，专注不同应用领域下的安全技术与漏洞研究。

海特实验室：专注于物联网和工控安全，包括物联网和工控的漏洞挖掘、调试接口、APP、芯片通信、传输协议、无线射频等安全。发现大量包括摄像头、路由器、智能门锁等安全漏洞。

Webin实验室：专注于漏洞挖掘，每年发现超过300个安全漏洞，包括Web应用、框架漏洞、二进制安全等。曾发现多个struts2漏洞、IBM Appscan Licensing堆栈溢出、Resin解析漏洞、weblogic远程代码执行等。

7. 生态与平台：西湖论剑网络安全大会助推数字经济

西湖论剑网络安全大会，是中国网络安全行业影响深远的安全峰会，是中国网络安全产业与整个信息化领域融合发展的对话平台。自2012年首届大会至今，西湖论剑已成功举办6届。安恒作为发起和承办单位，发表了很多专业的观点和成果，得到了业内的好评。2013年范渊在会上发表了题为《智慧城市信息安全解决之道》的演讲；2015年安恒信息联合公安部信息安全等级保护评估中心共同发布了"云上合规"解决方案。2018年网络安全"金帽子"年度盛典，西湖论剑被评为"年度最具影响力安全会议"之一；在安全牛网络安全全景图"十大安全会议"，西湖论剑位列其中。

2019年4月19日，第7届西湖论剑依然会在杭州举行。目前它已经成为安全领域的重要风向标。本次大会的议题围绕前沿领域的应用实践分享、创新技术突破、政策规范行业标准的解读、安全发展态势的头脑风暴，以及人才培养、产业融合等众多话题的交流预碰撞。

2019年西湖论剑大会主题为：安全，赋能数字新时代。相比往届，本次大会涵盖数字经济时代网络安全最新前沿技术及创新成果分享，包括智慧城市安全、云安全、移动安全、大数据安全、工控安全、物联网安全等多个方向。大会设立主论坛、网络安全创新成果展、全新升级的网络安全技能大赛和十多个技术、管理及行业分论坛，共话网络安全前沿核心议题，共推数字新时代。

8. 人才与发展：安恒信息的人才培养战略

人才是安全业务的核心生产力，人才培养是安恒信息工作的重点之一。安恒信息以自己的专业能力和经验，回报社会，也为业界输送新鲜血液。安恒信息在2010年成立培训部，开始负责公司内外各种培训；2014年设立明鉴攻防实验室，建立学练一体化的网络安全教学；2017年成立一级部门网络空间安全学院，主要围绕网络空间安全产教融合、继续教育和企业培训等业务，助力国家安全人才培养。

历届西湖论剑论坛上，人才培养都是重要话题。2018年网络安全宣传周上，安恒信息承办了人才培养分论坛，齐聚七所一流网络空间学院院长共话人才培养话题，并发布《网络安全人才发展白皮书》，力促网络安全人才队伍建设。安恒支持了公安、金融、教育、能源、运营商等多个政府、行业的全国性及地方性大赛，以考核和选拔优秀人才并以赛促学。2018年，开始依托自研的X平台举办安恒杯月赛，为全国上千名网络安全在校生提供竞赛和交流的平台，助力网安新生力量成长。

2018年网络安全宣传周，为公安部提供服务，支持其1.8万人同时在线的网络安全员考核。每年开展多期夏令营、冬令营，培养网络安全的在校人才。针对学校网络安全师资力量不足的情况，开展多期师资研修班，提供师资学员来企业挂职参与项目的机会。2018年联合中国信息安全测评中心独家开发和运营云计算安全工程师、大数据安全工程师、工业控制安全工程师的认证，均已开班。

2019年，安恒信息与中国网络安全审查技术与认证中心联合开发了应急响应工程师认证，已投入运营。安恒信息总共开设超过50期认证培训班，认证通过率达到96.8％。现在的网络空间安全学院，以安于育人，恒于树德为己任，建成了一支完整的管理和技术队伍，业务涵盖课程开发、平台开发、竞赛与培训服务等，具备支持全民安全意识普及、校企协同育人、社会培训、国家认证培训、各种级别大赛支撑等全方位服务能力。

天融信：自主创新助力网络强国战略

北京天融信科技有限公司于 1995 年成立。作为中国网络安全行业领先的品牌企业，天融信的防火墙业务开辟了国内网络安全市场并作出了重要贡献。在今日国家网络强国战略实施背景下，网络安全企业群雄四起，天融信制定了新的战略，剑指未来 10 年。

1. 中国实施网络强国战略天融信积极响应

2018年4月20—21日，全国网络安全和信息化工作会议在北京召开。习近平总书记强调，信息化为中华民族带来了千载难逢的机遇。我们必须敏锐抓住信息化发展的历史机遇，加强网上正面宣传，维护网络安全，推动信息领域核心技术突破，发挥信息化对经济社会发展的引领作用，加强网信领域军民融合，主动参与网络空间国际治理进程，自主创新推进网络强国建设，为决胜全面建成小康社会、夺取新时代中国特色社会主义伟大胜利、实现中华民族伟大复兴的中国梦作出新的贡献。习近平总书记指出，核心技术是国之重器。要下定决心、保持恒心、找准重心，加速推动信息领域核心技术突破。要抓产业体系建设，在技术、产业、政策上共同发力。

北京天融信科技有限公司（以下简称"天融信"）凭借高度民族使命感和责任感，秉承"融天下英才、筑可信网络"的人才理念，成功打造出中国网络安全产业领先品牌"Topsec"。从1996年率先推出填补国内空白的自主知识产权防火墙产品，到自主研发的可编程ASIC安全芯片，到全球首发新一代可信并行计算安全平台，再到云时代超百G机架式"擎天"安全网关，天融信始终坚持自主创新，完成了产品从"跟随"到"跟近"甚至"超越"国际知名产品的过渡。2001年天融信率先推出"Topsec"联动协议标准，2005年提出"可信网络架构"（TNA），2008年提出构建"可信网络世界"（TNW）。无论是安全技术还是安全理念，天融信始终引领和见证着中国网络安全产业的发展进程。

天融信积极响应国家网络安全战略和承担企业的社会责任，以实际行动助力网络强国建设。天融信曾经先后作为2008年奥运会安全保卫工作核心技术支撑单位、2010年世博会网络安全神经中枢系统建设单位、2011年"天宫一号"与"神州八号"对接工程安全管理系统提供商，及2012年国家下一代互联网安全专项防火墙、VPN、互联网审计的承接单位等，在多个重要行业网络安全和信息系统建设中成为主力军，并不断践行维护国家网络安全的使命与责任，全力助推网络安全强国战略。

天融信自成立以来就积极参与国家和军队的网络及信息安全防护项目，参与多项国家和军队项目的研发和创新工作。1996年，天融信防火墙产品获电子工业部科技进步二等奖；2014年，天融信VPN设备密码检测分析平台获得党政密码科技进步一等奖；2017年，面向互联网开放环境的重要信息系统安全保障关键技术研究及应用项目获得国家科技进步二等奖；同年，在"国家飞行流量监控中心系统"项目中，天融信荣获了中央军委科学技术委员会颁发的"军队科学技术进步一等奖"。所有这些都是对天融信在网络及信息安全领域多年耕耘和科技创新的肯定。

2. 天融信23年网络安全国产品牌的崛起

在公司发展第1个10年（1995—2004年），也是中国本土网络安全企业起步的时期，天融信主要是不断学习国外先进技术。当时国内刚有互联网出口，天融信是国内最早做互联网出口防火墙的企业。1997年，天融信的产品获得了科技进步奖。2000年，天融信防火墙排名中国市场第一位。一直到今天，天融信防火墙依旧在中国市场排名前列。防火墙是所有安全产品中规模最大的业务，在整个安全业务中约占20%份额，天融信正是因为防火墙市场的领先地位以及防火墙的规模效应，成为中国最具盈利能力的网络安全公司之一。

从1996年率先推出填补国内空白的自主知识产权防火墙产品，到面向云时代推出的高性能下一代机架防火墙"擎天Ⅲ"，天融信始终坚持核心技术自主创新，在产品与技术上不断突破，安全理念引领行业方向，为国家信息化建设保驾护航。防火墙、入侵检测与防御、VPN是网络安全防护的三大基石，天融信多年来在这三个重要子市场一直位居前列。这是用户对天融信产品技术和服务能力的充分认可与肯定。

天融信发展的第2个10年（2005—2014年），主要是树立国产品牌。经过十多年的发展，中国网络安全产品与国外的差距有所减小，甚至某些方面已经超越了国外同类产品。在这个阶段中，本土企业服务能力逐步提升，网络安全产品需要相应服务的支持，优质的服务能够充分发挥产品技术的最大效能，为客户安全赋能。中国网络安全市场具有用户要求高、竞争性强的特征，激烈竞争淘汰了很多国外产品，中国本土的产品在市场竞争中逐步占据了主流地位。经过多年不懈努力，天融信目前已经形成了显著的竞争优势。

（1）中国安全硬件市场领导者

从1996年率先推出填补国内空白的自主知识产权防火墙产品，到自主研发的可编程ASIC安全芯片，再到云时代超百G机架式"擎天"安全网关，天融信坚持自主创新完成了国产防火墙跟随、跟近甚至超越国际知名产品的过渡。连续10年以上位居中国网络安全市场防火墙、安全网关、安全硬件第一。

（2）构建可信网络安全世界

面对鱼龙混杂、混沌无序、创新不断的网络世界，从用户、应用、内容、安全、服务、位置、时间七个层面，天融信不断构建强大的网络感知体系。从终端、传输管道到云端，天融信致力于全面保护用户信息，为客户构建可信网络及安全世界。

（3）快速成长的大数据业务

涵盖安全监测、安全预警、事件追溯、威胁情报、态势感知等功能的大数据安全分析与挖掘平台，是天融信下一代安全管理平台、互联网安全云服务平台的核心。

（4）互联网安全云服务的开拓者

2012年，天融信创立了互联网安全云服务中心，可为全国范围内的企业和机构用户提供7×24小时远程安全事件监控、分析、预警和响应服务；同时，可提供本地化的现场运维服务，帮助用户快速、有效解决安全问题。

（5）全球视点、中国领先

网络无界、安全无限，天融信正以全球视点，推动安全业务的稳步发展。天融信是微软MAPP合作伙伴，可第一时间获得微软相关漏洞资讯，同时天融信还是中国第一批可以查看微软源代码的企业。天融信是Intel全球信息安全合作伙伴，并在北京建有联合实验室。

天融信发展的第3个10年（2015—2024年）正在进行时，这将是天融信进一步强化核心竞争力和竞争优势并取得大发展的10年。

（6）对接资本市场、推进产业布局

2017年初北京天融信科技有限公司与广东南洋电缆集团股份有限公司完成重组，顺利登陆资本市场，南洋股份更名为南洋天融信科技集团股份有限公司。天融信集团2017年实现净利润超过4.3亿元，成为国内盈利能力最强的企业级网络安全公司。

在资本市场，天融信也颇有斩获，逐步打造企业安全生态圈。2017年天融信成功投资了多家网络安全、云计算、大数据、人工智能等产品及服务提供商，并形成深度战略合作。特别是 AI（人工智能）领域的中科视拓，是中国人工智能与计算机视觉领域的国家队。AI 与安全的结合，能够极大地提升安全检测及安全防护效率，助力实现智慧安全。天融信还成功投资了防病毒领域具有深厚技术积累与创新能力的火绒安全，针对目前出现的越来越多的终端安全问题给出了完善的解决方案。

（7）全面升级产品技术体系，打造网络安全整体防护能力

2017 年 11 月，中共中央办公厅、国务院办公厅印发《推进互联网协议第 6 版（IPv6）规模部署行动计划》，标志着我国已经全面进入下一代互联网高速建设时期。通过融信下一代防火墙凭借对 IPv6 协议特性以及过渡技术的完整支持，通过融合下一代安全防护能力，有效实现 IPv4/IPv6 的 7 层安全防御与全业务虚拟化特性，为各行各业 IPv6 网络迁移、改造与建设提供安全保障。基于天融信下一代可信网络架构（NGTNA），依托天融信安全云服务平台，融合威胁情报以及大数据分析技术，天融信的下一代防火墙具备了协同化、智能化、可视化与虚拟化能力，能够面向下一代互联网的安全需求，打造智能协同、动态防御体系。

作为国内最早从事网络安全产品研发的安全企业，面对"云、大、物、移、智"变革时代的挑战，天融信以"中国领先的网络安全、大数据与安全云服务提供商"为愿景，全力保障网络空间安全。核心技术是国之重器，自主可控是强国之基，天融信将努力做民族网络安全产业的领导者、领先安全技术的创造者和数字时代安全的赋能者。

在当前"云、大、物、移、智"时代，业务模式、应用场景、技术演进都发生了巨大变化，这对网络安全防护带来了重大挑战。针对当前业务应用与安全威胁，天融信凭借 20 余年的安全能力积累，基于天融信下一代可信网络安全架构 NGTNA，推出天融信 NGFW 下一代防火墙产品，为用户业务安全赋能，实现动态防护。NGFW 下一代防火墙是为适应各个行业不同的网络应用环境，满足各类用户差异化的安全防护需求，设计并研发的多业务、高性能的防火墙产品，具有高效、可靠、易扩展等特点。产品除提供防火墙基本功能外，还集成了身份认证、流量管理、上网行为管理、反垃圾邮件及负载均衡等功能组件，同时具有良好的功能易扩展性，为用户提供更加体系化、更高级别的安全保护。

未来 10 年，相信中国网络安全产业将赢得全球瞩目，无论是技术创新

还是市场规模都将有长足的发展。

3. 突破与创新：构建网络安全自主创新系统

近20年的发展历程，天融信的产品技术体系随着信息化不断深入发展、技术应用不断丰富和安全需求不断变化而持续快速演进（见图1）。天融信在1996年推出我国第1套自主知识产权的防火墙系统，填补了国内空白。2001年，提出Topsec安全联动协议，实现了业内多厂商多产品之间的集成与联动。2004年，推出的可信网络架构TNA1.0，引入可信安全管理和可信代理的概念，从网络、边界、端点三个角度解决网络安全的可管、可控和动态扩展问题。2007年，提出"可信安全，纵深防御"的理念。2008年，将该理念升级为可信网络架构TNA2.0，从网络空间中的主体、客体和网络计算环境三个方面构建防御体系，实现安全风险识别和控制的闭环反馈，以达到主动防御的目标。2016年，推出以安全大数据分析为核心的"下一代可信网络安全架构NGTNA"。2018年，将机器学习技术引入可信网络安全架构，进一步完善NGTNA。

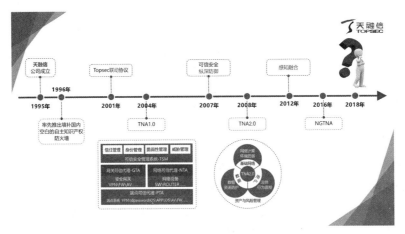

图1　天融信业务发展图

可信网络安全体系架构将使数字化时代背景下的用户具备包括安全监测、态势感知、预警通报、应急处置、追踪溯源和威胁情报等在内的一系列安全能力，以全面感知为基础，以联动防护为手段，以智能协同为核心，实现聚各方之力，为客户安全赋能。

　　天融信可信网络架构是一个网络安全全方位的架构体系化解决方案，强调实现各厂商的安全产品横向关联和纵向管理。在我国网络信息产业自主可控的趋势与背景下，秉承从保障国家安全、满足用户实际需求的理念，结合现阶段防火墙相关技术的发展趋势，天融信发布了新一代自主可控防火墙产品。天融信新一代自主可控防火墙产品采用了软件系统与硬件芯片完全自主可控的产品设计方案。在系统层面，基于下一代可信网络安全架构NGTNA，采用下一代天融信安全操作系统（Next Generation Topsec Operating System，NGTOS），实现系统软件自主可控；在硬件层面，基于国产硬件平台与自主可控高性能芯片，采用多核全并行处理方案，实现高性能安全处理与数据转发。同时，凭借天融信多年的网络安全领域经验，结合现阶段网络安全访问控制相关技术的发展趋势，新一代自主可控防火墙产品具备多功能、易扩展、高可靠等特点。图2为天融信自主可控产品系列图。

图2　天融信自主可控产品系列图

　　2018年7月，天融信通过CMMI5级评估认证。CMMI5级为CMMI认证体系的最高等级，是国际上评价软件研发能力成熟度难度最大、级别最高的认证。CMMI5评估通过标志着天融信软件研发能力、项目管理能力和方案交付能力等均已达到国际最高的优化管理级，处于国内安全行业领先水平，是公司发展的重要里程碑。

4. 专业规范：天融信技术成果与成就

（1）天融信虚拟化安全保障云化环境网络安全

伴随云计算的发展，IT系统的云化已成为必然趋势。云环境中计算资源与网络虚拟化引发了网络边界不确定、物理设备接入困难、网络不可视等新环境下的安全问题。天融信通过与阿里、华为、京东、腾讯、浪潮、联通沃云、青云、京云、麒麟云平台等云计算厂商展开广泛技术合作，将天融信的NGFW等各类安全产品以NFV虚拟机形态稳定部署在各类云平台环境下，为解决租户VPC网络安全防护的难题提供了完整的解决方案。

（2）天融信分布式防火墙与VMware深度合作

天融信公司在2016年与VMware签署了战略合作协议后，双方展开深入合作，共同构建虚拟化环境下的网络安全防御体系。天融信将分布式防火墙系统与VMware的NSX平台对接，在Hypervisor层内进行安全功能整合开发，推出了虚拟化分布式防火墙TopVSP-vDFW For NSX。该产品于2017年11月获取了VMware Ready for Networking and Security认证，天融信也成为中国首家获得VMware NSX Ready认证的网络安全厂商。

（3）天融信基线管理系统全面助力IT基础设施配置合规

近年来，因IT基础设施配置不合理或配置错误所造成的安全事件层出不穷。如视频设备因弱口令问题被黑客攻击，导致视频数据泄露；操作系统曝出默认管理员账号，不用输入密码即可解锁系统；MongoDB数据库未设置加密权限，导致近200万用户信息在线泄露。针对以上问题，天融信结合20多年的安全经验，推出了自研的配置核查工具——天融信基线管理系统，为行业客户提供了高效率、严规范、全自动化的全生命周期配置核查解决方案。天融信基线管理系统功能可以覆盖行业客户所需的新业务上线、第三方入网安全检查、安全合规性检查、日常安全检查等多个维度。

（4）天融信数据安全产品助力企业数字化发展

近年来为了满足企业数字化发展的数据安全需求，天融信提出了面向数据全生命周期的安全防护思想，即从数据产生、数据存储、数据处理、数据应用、数据传输、数据共享、到数据销毁整个生命周期，均可制定、部署数据安全防护产品。采取有效防护措施后，针对数据泄露、数据非法访问等行为可实现事前预防、事中检测与响应、事后审计与追踪，全方位保护企业数据安全。

天融信基于"数据全生命周期防护"理念，设计并研发了多款数据安全产品，包括：天融信备份存储系统、天融信文档安全管理系统、天融信数据库安全网关、天融信数据防泄露系统、天融信数据脱敏系统、天融信数据安全交换云等。

（5）天融信CLUSTER自组网，重新定义中小企业无线网络

天融信率先推出CLUSTER自组网解决方案。AP间通过2层广播报文互相通信，通过比较优先级的方式选举出主AP、副AP，其余为普通AP。主AP管理所有AP，从而形成一个统一的CLUSTER自组网络。

（6）天融信TopAD应用交付

伴随互联网蓬勃发展和海量应用，对网络的依赖度日渐增强，对网络的稳定运行的要求非常高，一旦出现问题，带来的影响往往是不可估量的。同时，新技术的引入使得IT架构越来越复杂，对运维人员的能力也提出了更高的要求。天融信经过多年潜心研制，推出了新一代安全应用交付产品TopAD，针对上述IT运维部门最为"头痛"的诸多顽疾，均能够药到病除。

（7）天融信移动应用管理平台助力实现政企移动化

天融信移动应用管理平台是一款私有、自主、可控、安全、开放的统一移动管理平台，可以整合接入政企机构的各类业务系统、管理系统及对外服务系统。利用该平台，可以在不打破传统系统技术架构的基础上实现原有系统移动化，还可快速实现新应用的移动化。

（8）天融信终端威胁防御系统新版上线

2017年，天融信威胁防御系统下载量突破10万大关，全年捕获漏洞利用、黑客工具、宏文档病毒、勒索、木马、后门等恶意程序数量共200余万个。为给用户提供更优质的使用体验，不断吸收用户反馈意见、优化自身功能、打磨产品细节，发布了1.0.3.0新版本。1.0.3.0版本在保持原有的查、防、管三大功能外，增加了两大新功能——虚拟漏洞补丁和扩展工具。

（9）天融信大数据安全评估服务

天融信结合自身安全行业的丰富经验，致力于帮助用户降低安全风险、

维护数据安全，推出了大数据安全评估服务。天融信可对大数据平台实施的各种安全技术、措施进行有效性评估，并可对系统中存在的各类安全风险进行预警。天融信大数据评估服务主要包括基础设施安全、网络系统安全、数据采集安全、数据存储安全、数据处理安全、应用支撑安全、业务应用安全、接口安全、平台系统管理九个方面。

（10）天融信助力国家工业互联网安全建设

工信部发布《工业互联网发展行动计划（2018—2020年）》，标志着我国进入了工业互联网快速建设阶段。作为中国的民族企业，天融信响应国家工业互联网建设的战略，并将工业互联网信息安全视为己任，相继发布了工控防火墙、工控审计、工控漏扫等满足工业控制环境的工控安全产品体系。同时，公司成功入围工信部"2018年工业互联网创新发展工程"，凭借公司在安全大数据技术的积累，负责其中"面向关键基础设施的工业互联网安全监测与态势感知系统"的研究，主要研究工业互联网资产识别、安全模型建立以及风险的展示等技术。

（11）天融信TopADS保障2018高考查分无忧

2018年5月底，天融信异常流量管理与抗拒绝服务系统（TopADS）V2.0版本以全新面貌部署在某省考试院互联网出口。技术人员参考往年高峰时的流量情况，对TopADS再次细化防护策略，调整网站、查分系统的防护阈值，"随身佩戴"的多维度学习机制和源认证机制也正式启用，TopADS进入了新"考场"。

（12）天融信终端数据防泄露系统为高考阅卷工作提供安全保障

2017年高考阅卷期间，某省招生考试院阅卷系统已部署2000点天融信终端数据防泄露系统。该招生考试院继续与天融信合作，开启了高考阅卷准备工作，天融信已安排工程师现场部署和维护。天融信终端数据防泄露系统可对阅卷电脑的U盘拷贝、打印、截屏、网络共享等行为进行监控，防止考生个人敏感信息泄露。另外，为了满足阅卷需求，天融信特地定制研发了一系列特色功能，如打印水印和屏幕水印等，可预防通过拍照或截屏方式泄露数据，同时也可快速锁定泄密者。

（13）天融信圆满完成"两会"网站安全监测保障任务

2018年3月20日，全国人民代表大会和中国人民政治协商会议（简称

"两会"）在圆满完成各项议程后在人民大会堂胜利闭幕。天融信作为国家级应急支撑单位对此次"两会"网站安全保障工作高度重视，从2月中旬就开始组织专家队伍，部署网站监测和应急保障服务工作。经过1个多月的连续奋战，天融信对全国范围内几万个政企客户网站进行了服务，圆满完成了"两会"保障任务。

（14）北京天融信为厦门金砖峰会网络安全保驾护航

2017年9月5日，金砖G5领导人厦门峰会圆满落下帷幕。本次G5厦门峰会作为本年度在我国举办的最重要的国际会议，得到全国人民乃至世界各国的高度关注，其网络安全保障工作同样倍受瞩目。天融信作为"网络安全保卫工作技术支撑单位"，在会议举办前后对重点单位的网络安全应急保障工作全程参与，圆满完成了保障任务。

（15）天融信虚拟化防御系统保障"首届数字中国建设峰会"顺利举办

首届数字中国建设峰会于2018年4月24日上午在福建福州闭幕。此次峰会推动了一批创业创新成果对接落地，涉及数字经济相关项目超400个，总投资额达3 600亿元，其中百亿元以上项目6个，现场签约项目29个。天融信虚拟化安全防御系统为这场峰会的胜利举办承担了网络安全上的技术支撑。天融信虚拟化安全防御系统利用微分段隔离技术保护会议期间300余个核心业务系统，共1 600多台虚拟化服务器的网络与应用安全。

（16）北京天融信中标中国工商银行"信息安全运营平台建设项目"

近日，中国工商银行"信息安全运营平台建设项目"公开招标结果出炉，北京天融信凭借业内领先的创新技术实力及长期服务金融行业用户的丰富经验，从众多竞争厂商中脱颖而出，成为工商银行信息安全运营平台建设服务商。此次项目中标是天融信大数据平台继政府和运营商行业成功部署之后，在金融领域斩获的又一标志性项目。

（17）天融信17类产品成功中标中央国家机关政府集中采购项目

党中央国家机关政府集中采购项目是由中央国家机关政府采购中心组织的协议采购项目，是中国政府采购领域级别最高、覆盖面最广的采购项目之一，同时也是各地方政府采购的重要依据。中央国家机关2017—2018年信息类产品协议供货采购项目，北京天融信17大类共计100余款产品成功中标，是国家对北京天融信在网络安全技术领域的极大肯定。

5. 战略转型：天融信发展方向和网络安全产业前景

在耕耘现实的同时，着眼于未来。天融信致力于从中国领先的网络安全产品与服务提供商转型为中国领先的网络安全、大数据与安全云服务提供商，并提出下一代可信网络架构，支撑网络强国战略落地。

天融信也积极致力于构建安全行业生态，推进中国网络安全产业健康持续发展。2017年的中国大数据产业博览会上，于海波先生就网络安全与大数据技术进行了汇报。在第三届中国互联网安全领袖峰会上，于海波先生倡导安全企业应携手建立4个生态圈，并同与会的13家上市安全企业领导人共同发起了《网络安全产业中坚共识》（简称"P13共识"）的倡议。2017年国家互联网应急中心举办的中国网络安全年会上，针对席卷全球的"永恒之蓝"勒索病毒，于海波先生提出了为应对高危漏洞及其大规模威胁，网络安全企业、互联网应急部门、用户及相关科研院所应建立协同工作机制，方能减小大规模突发性事件的影响。

作为中国领先的网络安全、大数据与安全云服务提供商，天融信目前的业务主要在三大方面，分别为网络安全、大数据、云服务。在网络安全方面，公司的核心业务是防火墙，同时也是公司发展的基础。为了满足公司的发展需要，网络安全也在不断开拓新的业务。其次，这2年公司业务进行调整，注重网络安全、大数据、云服务的协同发展。尤其是这几年，大数据相关业务发展较好。天融信2018年8月3日还获得了"2018中国大数据企业50强"的荣誉。目前，市场中较大并且可以盈利的大数据服务商还较少。天融信现在大数据业务主要围绕安全开展，同时也服务于一些新的方向，如公安、教育、海洋气象等非安全领域。一方面，安全领域需要大数据，安全领域的发展需要大数据的支持；另一方面，大数据在未来也是更接近于行业应用的一个领域。云服务现在更多的需求是以产品服务为主，未来客户更关注的是互联网服务。目前，在全球网络安全市场收入中，网络安全服务收入所占比重超过60%，而在我国对应的比例仅为30%左右，因此中国的网络安全服务有很大的市场发展空间。天融信拥有自己的安全云，为大量用户提供互联网服务，例如安全监测、安全分析、安全预警、应急响应等。

网络安全行业的发展依靠网络安全人才的培养，天融信深知人才培养的重要性，多年来积极推进教育改革，促进科技人才培养，为挖掘和培养人才提供支撑和平台。为了填补网络安全人才缺口，天融信提出了基于仿真平台的人才培养体系，从"学、练、评、赛"四个维度建立人才培养架构。在"学"方面，天融信提供网络安全基础、密码学、信息内容安全、信息系统安全、网络安全、CTF攻防、训练靶场和热门专题八个方向课程来提升学生的理论基础知识和技术面。在"练"方面，天融信从理论试题、CTF试题和真实漏洞三个方向巩固学生理论知识和动手能力。对于学生的能力评估，天融信从理论题、CFT试题、真实漏洞试题和混合试题四个角度全方位考察学生的综合能力。对于高端实战型人才选拔，天融信以理论赛、夺旗赛、攻防赛三个指标来选拔实战型人才。从理论到实践，从基础到前沿，全面整合天融信的平台优势，协同培养网络安全人才，使学生能够在天融信的人才培养体系中，成长为能够真正创造安全价值的实用型技术和技术领军人才。

于海波先生认为，快速增长的网络安全市场主要有网络安全服务市场、工业信息安全市场、自主可控安全市场、网络安全管理市场及新技术新应用产生的安全市场。

首先，网络安全服务既有基于产品的服务，也有围绕人的服务，还有平台的服务。天融信有约300人的专业安全服务队伍来帮助客户打造安全的网络，进行风险评估、渗透测试、安全咨询、安全规划等。还有一块是基于平台的服务，实际也就是云服务。如图3所示，天融信安全云服务平台7×24小时为每一位客户提供在线及现场服务。无论是基于产品、人还是平台的服务，在未来都会有较大的发展空间。

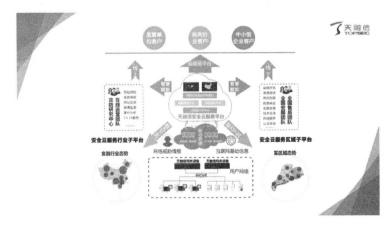

图3　天融信安全云服务平台图

在工业信息安全（即工业互联网）方面，国家注重工业信息安全的市场发展，能源、交通、先进制造、军工制造等行业依赖于自动化，减少人工参与，需要网络控制、监测、分析等。相较于国外，国内在这方面的能力还较欠缺，大多依赖于国外的产品，因此在未来这是个庞大的市场。

在自主可控安全方面，随着国产CPU越来越成熟，很多PC服务器、网络设备、安全设备越来越多地使用中国芯。国内市场发展也越来越成熟，在国家的高度重视和积极倡导下，整个市场格局将发生改变，自主可控安全市场未来的增长将非常可观。

在网络安全管理方面，现在的网络安全不是一个行业的问题，而是一个全网的问题，涉及网络监测、预警、应急处置、追踪溯源等方面。解决网络安全既需要顶层设计也需要各方一起努力。

在新技术新应用产生的安全市场方面，有云安全市场、移动安全市场、数据安全市场等。现在，数据安全极其重要。数据对个人来讲是资产；数据对企业来讲是生产资料，是生产力重要的组成部分，是企业盈利的资本；数据对国家来讲是战略资源。数据安全未来将是一个巨大的市场，涉及个人数据保护、企业数据保护、国家层面的数据保护。

《网络安全法》的实施，首先将推进公民提升网络安全意识的提升，其次推动相关单位对网络安全保护的重视，进而推进网络安全产业的发展。未来将会有更多细分的法律法规、行业规章不断落地。当有法可依的时候，对企业的发展将会形成很好的影响。欧盟通过的GDPR法案给中国提供了借鉴，它更加强调对个人数据的保护。天融信的核心目标是成为民族安全产业的领导者、领先安全技术的创造者、数字时代安全的赋能者。公司的价值不仅仅是为员工，更核心的价值是为国家提供服务，做好网络安全，服务于各行各业，承担企业社会责任。

谷尼大数据：构建系统研发体系，助力国家大数据战略

谷尼国际软件（北京）有限公司（简称"谷尼大数据"）是一家以互联网信息大数据为切入口进军大数据行业的公司，在长期的研究和服务中，采集存储了海量数据，并在数据采集、数据治理、数据分析、数据可视化等方面形成了丰富的技术成果。谷尼公司建立了先进、完整的大数据研发体系，并且推出了系列产品，对党政部门、媒体、高校、企业等单位提供了技术服务支持。我们在炎夏季节走近了谷尼公司，进一步了解。

1. 国家实施大数据战略，谷尼公司积极响应

习近平总书记在2018中国国际大数据产业博览会贺信中指出，中国高度重视大数据发展。我们秉持创新、协调、绿色、开放、共享的发展理念，围绕建设网络强国、数字中国、智慧社会，全面实施国家大数据战略，助力中国经济从高速增长转向高质量发展。习近平总书记强调了国家大数据战略对于中国经济社会发展的重要地位和时代意义，指明了中国大数据发展的科学理念和战略布局。

大数据作为国家基础性战略资源，在经济社会发展中的作用和地位日益提升。早在2014年"大数据"的概念首次正式写入《政府工作报告》。2015年，国务院就出台《促进大数据发展行动纲要》，全面推进大数据发展，加快建设"数据强国"；同年，"十三五"规划提出"实施国家大数据战略"。自此，大数据作为一项重要的国家战略正式启动。

2016年伊始，国家发改委印发《关于组织实施促进大数据发展重大工程的通知》，提出将重点支持大数据示范应用、共享、开放、基础设施统筹发展，以及数据要素流通。国家发改委将择优推荐项目进入国家重大建设项目库审核区，并根据资金总体情况予以支持。此后，环保部、国务院办公厅、国土资源部、国家林业局、煤工委、交通运输部、农业部陆续推出大数据发展意见和方案，大数据政策从全面、总体规划逐渐朝各大产业、各细分领域延伸，大数据产业逐步向纵深领域发展。

2017年初，工信部出台《大数据产业发展规划（2016—2020年）》，国家发改委等相关部门及各省市自治区也陆续出台支持大数据发展政策，大数据产业加速进入应用时代。

2018年，中央和地方迎来大数据系列政策的密集落地期。相关研究显示，两年多来，包括贵州在内的8个国家大数据综合试验区，通过不断总结可借鉴、可复制、可推广的实践经验，最终形成试验区的辐射带动和示范引领效应。大数据产业近期形成了扩大区域性成果转移转化试点示范，推进大数据与云计算的深度融合，加快工业互联网、工业大数据建设，构建大数据安防体系等诸多发展重点和亮点。

谷尼国际软件（北京）有限公司作为一家以互联网信息大数据为切入

口进军大数据行业的公司，在长期的研究和服务中，采集存储了海量数据，并在数据采集、数据治理、数据分析、数据可视化等方面形成了丰富的技术积累。基于自身的数据及技术储备，以及对政策的敏感性和对大数据发展趋势的科学预判，谷尼大数据早在2015年便积极筹备并于2016年初正式成立谷尼大数据研究院，正式由舆情公司向大数据公司转型。转型以来，谷尼大数据已形成大数据全流程研发能力，并构建了先进的大数据研发技术体系。

2. 谷尼大数据成长之路：数据应用三级跳

谷尼国际软件（北京）有限公司（简称"谷尼国际软件"或"谷尼大数据"，缩写为"Goonie soft"或"Goonie"【gu:ni】意为信天翁）。

2007年8月，谷尼大数据在北京中关村科技园石景山园区注册成立，是一家致力于大数据与人工智能技术研究、开发、销售、服务为一体的大数据服务商。作为高新技术企业，谷尼大数据获得软件企业认定证书、软件产品登记证书、质量管理体系认证证书等资质，曾获中国软件行业协会"中国软件行业优秀网络应用软件产品奖"，并拥有二十几种自主研发产品著作权。目前，谷尼大数据总部在北京，在广州、上海、南京、成都、香港等地设立了办事处，投资了谷尼凤凰科技公司、香港头条大数据公司、丝路云传媒集团等公司。

谷尼大数据以深入推进大数据应用为导向，成功研发推出了全球新闻大数据系统、舆情大数据SAAS服务系统、新媒体大数据管理系统、智慧纪检大数据系统、智慧党建大数据系统、企业竞争情报大数据系统、人物性格情绪大数据分析系统等大数据产品及解决方案，拥有上百家大客户软件服务经验，客户分布国家部委、地方政府及职能部门、上市公司、品牌企业、媒体、高校等领域。

作为谷尼大数据创始人、舆情大数据专家邹鸿强先生谈了对数据的四个认知阶段，从"数据是信息"到"数据是情报"，再到"数据是知识"，又到"数据是资产"（见图1）。

图1　数据认知的四个阶段

（1）看数据是信息：2007—2008年

谷尼大数据早期的业务以网络舆情大数据服务为主，向客户提供的主要产品和服务是信息的采集和简单处理，客户案例主要有国家邮政局以及衡水等地市级宣传部门。在此期间，谷尼大数据的主要技术积累是互联网信息采集、检索、文本挖掘相关技术。同时，在对数据作为信息具有价值认识的基础上，谷尼大数据已开始有意识地存储数据。

（2）看数据是情报：2009—2010年

在客户服务的过程中，谷尼大数据发现简单的信息提供及基础的加工已不能满足客户对数据的需求和期望。谷尼开始意识到数据深入加工、分析的必要性，并开始加强数据分析能力建设。2009年，谷尼大数据与南京大学联合创建实验室。南京大学谷尼实验室先后出版了《沸腾的冰点2009中国网络舆情报告》《危如朝露2010—2011中国网络舆情报告》等分析研究著作。在数据分析及研究中，谷尼大数据认识到，通常信息本身价值度相对较低，而对数据尤其是大量数据进行深入、科学分析则可以出挖掘数据潜藏的、深层的价值，并逐步确立"数据是情报"的认知。基于该认识，在海量互联网信息采集、分析的基础上，形成了网络舆情及情报分析、业务。

（3）看数据是知识：2011—2015年

随着认识和业务的升级，谷尼大数据获得大量客户的认可，服务客户范围快速扩展到中央机关、地方部门、高校、媒体及大型集团企业等。客户规模的快速扩大以及客户需求的提高，给谷尼带来较大的挑战，迫使谷尼大数据革新服务方式，借助数据技术力实现服务能力和服务质量的升级，与此同时，谷尼大数据组建专家团队深入研究舆情传播规律、社会民意调查为客户提供智力服务；同时，加大在核心技术研发的投入，如人工智能推荐、情感情绪分析技术、命名实体识别、分类聚类技术、多语言分词、海量文本相似性去重分析、文本自动摘要、海量文本自动分类等核心技术，并形成了舆情分析系统、竞争情报系统、新媒体大数据分析系统等产品。

（4）数据是资产：2016年至今

2016年起，谷尼大数据以谷尼大数据研究院成立为契机，正式向大数据公司转型。由于网络舆情与情报业务与数据具有天然的联系和密不可分的关系，加之海量的数据存储和丰富的数据处理技术积淀，谷尼大数据快速实现了向大数据公司转型，并在舆情、新媒体、党建、纪检监察、招商、环保信用等多领域推出了大数据应用产品。谷尼大数据在转型过程中，不仅实现了客户和营业额倍增，也有协助客户更加充分地用好、用足数据，挖掘、放大了数据对于客户乃至社会的价值。

3. 谷尼技术优势：先进完整的大数据研发体系

（1）大数据采集能力

数据采集，又称数据获取，是利用一种装置，从系统外部采集数据并输入系统内部的一个接口。在互联网行业快速发展的今天，数据采集已经被广泛应用于互联网及分布式领域，比如摄像头、麦克风都是数据采集工具。

数据采集系统整合了互联网数据、物联网数据、业务数据、数据采集设备和应用软件。在数据大爆炸的互联网时代，数据的类型也是复杂多样的，包括结构化数据、半结构化数据、非结构化数据。结构化最常见，就是具有模式的数据。非结构化数据是数据结构不规则或不完整，没有预定义的数据模型，包括所有格式的办公文档、文本、图片、XML、HTML、各类报表、图像和音频/视频信息等等。大数据采集，是大数据分析的入口，是相当重要的一个环节。

谷尼大数据已经具备亿级信息采集能力：覆盖60个搜索引擎数据，覆盖300家APP客户端数据，覆盖300万个网站的数据，每天更新的数据超过1亿条。

（2）大数据治理能力

大数据治理是一项系统工程，大到大数据技术平台的搭建、组织的变革、政策的制定、流程的重组，小到元数据的管理、主数据的整合、各种类型大数据的个性化治理和大数据的行业应用，无一不需要艰苦细致的工作。谷尼通过人工智能算法实现大规模数据自动化治理的数据产品，并通过人机结合的方式实现高效精准的数据治理，能够大规模自动化的采集，清洗，归类，关联所有数据。

谷尼大数据治理平台能够自动识别人物、组织等命名实体；自动识别文本情感情绪值；自动识别新闻事件的经纬度；自动识别新闻分类；自动识别非新闻非舆情；自动识别敏感信息。

（3）大数据分析

大数据分析是指对规模巨大的数据进行分析。大数据分析旨在IT管理，可以将实时数据流分析和历史相关数据相结合，然后分析并发现所需的模型。反过来，帮助预测和预防未来运行中断和性能问题。进一步来讲，可以利用大数据了解使用模型以及地理趋势，进而加深大数据对重要用户的洞察力。

谷尼大数据已经具备画像百亿数据关系、画像知识图谱、画像组织人物的关系、画像信息价值的能力和技术水平。

（4）大数据可视化

可视化历史久远，并被广泛地应用于地图、统计等领域。所谓可视化，是指将数据展现为直观的图形，以帮助理解和记忆的过程。通俗地讲，数据可视化就是将抽象难懂的数据变得直观、可以观察、可以感受，这个改变的过程就是数据可视化的过程。

在计算机科学领域，数据可视化的基本思想是，将数据库中的每一个数据项都作为单个元素表示，由大量的数据集汇集成为数据图像；将数据的各个属性值以多维的形式表示，从不同的维度观察数据，进而实现对数据更为深入的观察和分析。数据可视化主要借助于图形化手段，以使信息的传达和沟通更为清晰有效。

谷尼大数据可视化平台支持各数据库的数据集成；支持真彩、2D、3D图像呈现；支持智能仪表板，集合多个数据视图；支持echarts、hightcharts等。

4. 谷尼行动：系列产品助力大数据战略

目前，谷尼大数据已形成完备的大数据应用产品方案，包括大数据采集平台、大数据中心、大数据治理平台、大数据分析平台及大数据可视化平台等基础平台，以及一系列垂直领域大数据应用产品。

（1）新媒体大数据管理系统

● 系统概述。谷尼新媒体大数据管理系统是基于人工智能、自然语言处理、大数据技术研发，系统包含数据采集平台、数据治理平台、内容管理平台、自媒体管理平台、新闻推荐引擎、积分奖励系统，可面向不同垂直领域快速构建完整新媒体生态体系。

● 产品价值：无技术快速搭建新媒体大数据系统；无数据快速采集新媒体海量数据；无原创快速形成用户生成内容机制；无用户快速通过激励机制集聚用户。

● 系统结构（见图2）。

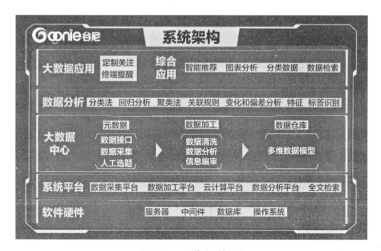

图2　系统架构图

● 系统特点：覆盖了采集、治理、编辑、推荐、发布、评价全业务流程；设计了阅读、分享、点评赞、推荐积分奖励体系；应用了云计算、大数据、人工智能、区块链技术。

● 功能描述。

采集平台：可根据需求，采集特定行业数据，也可以根据特定关键词采集行业相关数据。

治理平台：治理平台大数据信息自动分类引擎，根据分类规则、机器学习自动识别并对数据进行分类，为个性化推荐做好数据准备。

内容管理平台：可以满足平台自发新闻、视频稿件的需求，同时也可以对自媒体发布的内容进行审核。

自媒体管理平台：实现对入住平台的自媒体账号的审核、管理。

内容推荐引擎：根据用户特征、行为特征、环境特征及文章类别特征，通过机器学习，自动建立信息和用户之间的精准关联，进行个性化推荐。

APP移动应用：包含资讯、视频、微头条、朋友圈、积分奖励、评论互动、分享等功能。

（2）舆情大数据SAAS服务系统

● 系统概述。谷尼SAAS大数据舆情平台依托大数据采集、治理、存储、分析、可视化及人工智能技术研发，是集定制监测、智能预警、专题分析、一键报告等核心功能于一体的新一代人工智能舆情大数据平台。

● 产品价值：满足机关、企业及事业单位舆情业务核心需求；满足24小时全天候监测负面舆情信息的需求；满足从海量信息中发现最有价值舆情的需求；满足多维度分析并准确把握舆情态势的需求；满足秒出舆情报告并为科学决策提供支持的需求；满足用户按业务需求层次支付费用的需求。

● 系统结构（见图3）。

图3　系统架构图

● 系统特点：舆情价值智能计算技术、舆情智能画像技术、观点智能抽取技术、大数据知识图谱、命名实体识别技术、数据可视化技术。

● 功能描述。

舆情监测：用户可定制监测主题词，及时全面掌握舆情动态。

舆情预警：基于舆情价值算法，智能识别价值高的舆情信息，并可以通过短信、邮件等多途径发送预警提示。

专题分析：包含传播分析、媒介分析、热点分析、情感分析、重要人物分析、话题分析、观点分析、舆情画像八大分析模块，实现对专题事件的多维度、全方位分析。

一键报告：一键秒出专题分析报告，为科学决策和及时应对提供数据依据。

（3）纪检监察大数据系统

● 系统概述。谷尼纪检监察大数据平台以监督对象信息、廉政信息等数据为基础，将大数据技术与纪检监察业务需求相结合，通过数据采集、存储、清洗、挖掘和可视化技术，提高廉政线索发现、腐败预防、权力监管等工作的效率和效果，促进纪检监察管理工作的升级。

● 产品价值：实现及时发现违规违纪问题线索；实现整体提升纪检监察工作成效；实现有效提高纪检监察办案效率；实现显著增强腐败预防的前瞻性。

● 系统结构（见图4）。

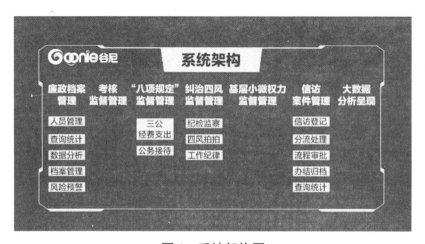

图4　系统架构图

● 系统特点：

纪检监察业务管理与大数据技术有机结合；领导干部量化监督与预防腐败的有机结合；定向、定性、定量和定期分析评估的有机结合；考核以量化评价、排名与预防职务犯罪的有机结合。

● 功能描述。

廉政档案管理：实现对党员干部本人基本情况、家庭成员情况、财产收入情况、个人重大事项报告情况等档案信息的管理。

考核监督管理：实现对"两个责任"工作情况的信息管理，自动统计、计分、排名，并可以多级联动，立体监督。

"八项规定"监督管理：实现对"八项规定"相关事项监督管理，通过与财政局的数据分析比对，实现动态监控，对异常支出进行预警，进行重点抽查。

基层小微权力监督管理：实现对农村"党务、村务、财务"信息管理，构建农村"小微权力"监督体系。

纠治"四风"监督管理：实现对"四风"问题的组织监督和社会监督，"纪检督查""四风拍拍""工作纪律"三个子系统，让"四风"问题无处遁形。

大数据可视化呈现：实现对行政区域内干部人员分布、廉政情况等多个维度的分析和可视化呈现，为干部任用、提拔提供有效的参考依据。

（4）智慧党建系统

● 系统概述。谷尼智慧党建系统通过运用大数据技术，促进党务管理、党风治理、党纪监督等工作，加强和改进党的建设，提高党建工作效率，并借助手机端的应用，实现党建工作的快捷化、及时性、双向性和安全性，整体提升党建工作的信息化水平。

● 产品价值：创建集低成本、高效率的党建新模式；创建集人性化、灵活性的掌上新党课；创建集移动化、便捷性的党建新平台。

● 系统结构（见图5）。

● 系统特点：集党务管理、培训等业务于一体；集用PC端和手机端应用于一体；集在线学习、考试、评价于一体；集智慧党建、活力党建于一体。

● 功能描述。

党务管理：包括组织管理、党员档案、干部管理、党员发展、党务督办、制度建设、党费管理、组织生活管理等功能模块。

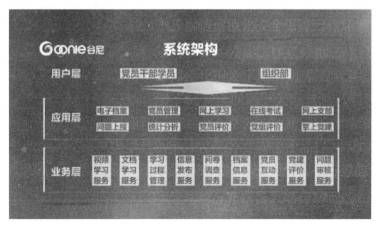

图5　系统架构图

党风治理：包括宣传教育、投稿管理、警示教育、问卷调查、主体责任管理、绩效考核、网上党校、党建论坛等功能模块。

党纪监督：包括纪律审查、效能监察、巡视管理、监督责任等功能模块。

移动应用：包括掌上党支部、微党课、微考试、微投票等功能模块。

5. 谷尼对纪检监察工作大数据的主要应用和探索

业务需求是纪检监察大数据应用的驱动力。调研显示，当前各级纪检监察机关正在积极探索大数据运用，借助大数据实施纪检监察工作的精细管理，主要应用包括廉政档案管理、考核管理、"八项规定"监督管理、基层小微权力监督管理、纠治"四风"监督管理、"信访案件管理"，以及廉政大数据可视化呈现等（见图6）。

（1）廉政档案管理

廉政档案是对各级领导和党员干部职责履行过程中廉洁与否的实情记录。通过廉政大数据分析，可以直观观察到行政区域内的干部建档人员分布最近几年有无违反"四风""八项规定"、公车超标、住房超标兼职取酬、违规经商、礼品礼金超标、隐瞒出入境、诫勉谈话次数过多民主测评过低、提拔有风险等问题，为干部任用避免"带病"提拔提供了较好的参考依据。

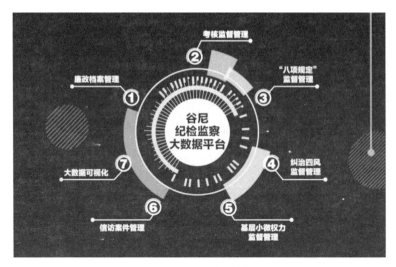

图6　谷尼大数据纪检检查平台

（2）考核监督管理

考核监督管理主要有落实"两个责任"监督考核和监督执纪"四种形态"监督管理。

落实"两个责任"即习近平总书记在十八届中央纪委第三次全会上指出的"要落实党委的主体责任和纪委的监督责任"。"两个责任"细化分解到各单位，进行可以操作的量化管理，每个单位根据要把开展的"两个责任"工作的证据汇集到大数据平台，自动统计、计分、排名，根据设定的分值，自动对各单位亮出"红、黄、绿"灯，在全辖区内排名、亮灯，促使各个单位主动落实"两个责任"，实现了压力层层传导，压实了责任落实。

监督执纪"四种形态"，即经常开展批评和自我批评、约谈函询，让"红红脸、出出汗"成为常态；党纪轻处分、组织调整成为违纪处理的大多数；党纪重处分、重大职务调整的成为少数；严重违纪涉嫌违法立案审查的成为极少数。"四种形态"的监督管理重点监督"第一种形态"落实情况，分为"民主生活会""述责述廉""廉政提醒"三个部分，大数据平台从廉政谈话、提醒谈话、红脸出汗、批评与自我批评、廉政责任落实等方面针对各单位副科级以上干部，进行有关事项事实汇集、统计分析，督促"四种形态"的落实。

（3）"八项规定"监督管理

落实"八项规定"监督管理包含"三公经费支出""公务接待"等内

容，对每个单位的"三公经费支出"，通过与财政局的数据分析比对，实现动态监控，对异常支出进行预警，并重点抽查。

"三公经费支出"监管覆盖对违规公款吃喝、违规公款国内旅游、违规公款出国境旅游、违规配备使用公务用车、楼堂馆所违规问题、违规发放津补贴或福利、违规收送礼品礼金、违规大办婚丧喜庆等问题的监管。大数据平台通过对"三公经费支出"、公务接待数据进行汇总，并与财务系统进行联动，及时发现状态异常现象，能够从全局把握公务接待的费用比例，预警不健康的财务支出。

（4）基层小微权利监督管理

通过对每一项应办事项的法律法规依据、范围界定、行使流程等一些具体要求，制定规范操作规定及"小微权力"运行流程，并及时进行公开，引导群众熟知权力运行过程。构建农村"小微权力"监督体系。通过大数据平台畅通各种监督渠道，建立群众监督、村监会监督、上级部门监督组成的三级监督体系。

（5）纠治"四风"监督管理

纠治"四风"监督管理包含"纪检督查""反四风一键拍""工作纪律"三个部分。各级纪委(纪检组)可以通过纠治"四风"数据平台对本单位"四风"问题进行督查，公众可以通过微信随时发生在身边违反"四风"的问题发送到纠治"四风"监督管理平台。"工作纪律"功能对单位所有互联网办公电脑进行监督管理；"工作日工作时"，利用用网络流量数据监控可以直接屏蔽跟工作无关的上网行为，利用监控摄像头和人脸识别技术可以抽查"脱岗"情况，从而提高办公效率，改变为民服务形象。

（6）信访件案件管理

信访件案件管理大数据平台实现了信访件的电子化、无纸化、网络化的管理，实现信访件通过网络在各部门之间工作流转，实现快速的查询和统计，提高了信访工作人员的工作效率，提升了案件统计工作信息化水平，提高了案件监督管理工作的科技含量。

此外，通过对信访件的大数据分析，可以实现按举报方式、举报人所在区域、被举报人职级、违纪政治纪律行为、违纪组织纪律行为、违纪廉洁纪律行为、违纪群众纪律行为、违纪工作纪律行为、违纪生活纪律行为等进行分析，为政府职能部门的管理决策和政策制定者提供工作指导。通过对案件管理的大数据分析，可以直观地从多个维度多个角度对办案情况进行梳理、分析、统计和对比，围绕重点工作，定期对案件进行全局分析、过程分析、结果分析及纵横分析，直观反映案件流程及发展态势，查找办案过程中存在的问题和薄弱环节，更好地为领导决策和查办案件服务。

6. 谷尼愿景：为人类提供有价值的信息

谷尼大数据研究院是谷尼国际软件旗下的大数据研究机构，整合了政府、学术和市场三方面资源，旨在建成全国一流的大数据应用、科研创新和产业化平台，创建促进大数据产业发展的知名智库。

谷尼大数据研究院以满足政府、社会需求为导向，运用大数据助力提升国家治理现代化水平。谷尼大数据研究院建立健全大数据辅助科学决策和社会治理的机制，推进政府管理和社会治理模式创新，实现政府决策科学化、社会治理精细化、公共服务高效化。目前，已在网信、传媒、纪检、党建等领域形成成熟的大数据平台。同时，谷尼大数据研究院致力于运用大数据促进保障和改善民生，在教育、就业、社保、医药卫生、住房、交通等领域形成了大数据解决方案。

谷尼大数据研究院高度重视技术研究与创新，在大数据并行计算、分布式存储、知识图谱画像、命名实体识别、网页超链接分析、主题词自动提取、文本自动聚类、文本自动分类、社会网络和语义分析等技术方面有十几年的积累，形成了以大数据、人工智能、深度学习、自然语言处理、区块链为核心的先进技术研发体系，以及涵盖大数据平台架构、采集、治理、分析、挖掘、可视化等能力在内健全的大数据能力体系。

让信息创造价值、让数据成为资产、让技术驱动变革，让技术助力大数据应用及大数据产业发展，是谷尼大数据研究院孜孜不倦的动力源泉。不忘初心，方得始终，依托谷尼大数据与人工智能技术，让信息创造价值、让数据变成资产、让技术驱动变革，用务实的态度，精湛的技术推动大数据产业的健康发展，为人类提供更有价值的信息，努力成为国际领先的大数据应用服务商。

启明星辰：持续构建信息安全生态链

　　启明星辰集团积极响应中央战略，持续打造信息安全生态链，从传统的网络安全、密码安全向移动智能设备安全、工控安全、消费者数字安全、大数据安全、电磁安全等多方面进行延伸。启明星辰作为国内信息安全的品牌企业，至今已走过20年历程，拥有行业齐全的安全产品和服务，可提供完整的解决方案，并在攻防机理研究、入侵检测技术、全范式检测框架、云计算安全等方面形成了差异化技术优势，已成为在政府、电信、金融、能源、交通、军队、军工、制造等国内高端企业级客户的首选品牌。目前，启明星辰集团在政府和军队拥有80%的市场占有率，为世界500强中60%的中国企业客户提供安全产品及服务。启明星辰集团将紧贴国家政策及发展规划，使得从传统网络安全拓展到数据安全、电磁空间安全、工控安全、终端安全、业务或应用安全、云安全、大数据业务等，构建网络安全生态圈，实现企业的快速升级与高速发展。

1. 中央部署网络强国战略启明星辰积极响应

2016年4月19日，在网络安全和信息化工作座谈会上，习近平总书记指出，网络安全和信息化是相辅相成的。安全是发展的前提，发展是安全的保障，安全和发展要同步推进。从世界范围看，网络安全威胁和风险日益突出，并日益向政治、经济、文化、社会、生态、国防等领域传导渗透。

2016年10月9日，中共中央政治局就实施网络强国战略进行第三十六次集体学习。习近平总书记在主持学习时强调："加快推进网络信息技术自主创新，加快数字经济对经济发展的推动，加快提高网络管理水平，加快增强网络空间安全防御能力，加快用网络信息技术推进社会治理，加快提升我国对网络空间的国际话语权和规则制定权，朝着建设网络强国目标不懈努力。"习近平总书记指出，当今世界，网络信息技术日新月异，全面融入社会生产生活，深刻改变着全球经济格局、利益格局、安全格局。世界主要国家都把互联网作为经济发展、技术创新的重点，把互联网作为谋求竞争新优势的战略方向。虽然我国网络信息技术和网络安全保障取得了不小成绩，但同世界先进水平相比还有很大差距。我们要统一思想、提高认识，加强战略规划和统筹，加快推进各项工作。

习近平总书记强调，网络信息技术是全球研发投入最集中、创新最活跃、应用最广泛、辐射带动作用最大的技术创新领域，是全球技术创新的竞争高地。我们要顺应这一趋势，大力发展核心技术，加强关键信息基础设施安全保障，完善网络治理体系。要紧紧牵住核心技术自主创新这个"牛鼻子"，抓紧突破网络发展的前沿技术和具有国际竞争力的关键核心技术，加快推进国产自主可控替代计划，构建安全可控的信息技术体系。要改革科技研发投入产出机制和科研成果转化机制，实施网络信息领域核心技术设备攻坚战略，推动高性能计算、移动通信、量子通信、核心芯片、操作系统等研发和应用取得重大突破。世界经济加速向以网络信息技术产业为重要内容的经济活动转变，我们要把握这一历史契机，以信息化培育新动能，用新动能推动新发展。要加大投入，加强信息基础设施建设，推动互联网和实体经济深度融合，加快传统产业数字化、智能化，做大做强数字经济，拓展经济发展新空间。

启明星辰集团（以下简称"启明星辰"）积极响应中央和国家战略部

署，持续打造信息安全生态链，从传统的网络安全、密码安全向移动智能设备安全、工控安全、消费者数字安全、大数据安全、电磁安全等多方面进行延伸。集团通过外延并购实现多领域布局，并购公司业务协同性明显，集团前期已经完成收购合众信息、安方高科等多家公司，实现了集团在数据安全、电磁防护等领域的布局。2016年以来，集团收购赛博兴安有助于公司实现密码安全领域的布局，同时完成对书生电子和川陀大匠剩余股份的收购，有效增强集团在电子签章及软件开发方面的实力。2016年9月，启明星辰与北信源等企业合作成立合资公司——辰信领创，对集团加强企业级终端防病毒安全具有重要意义，目前已经推出"景云网络防病毒系统"。

安全是发展的前提，发展是安全的保障，启明星辰始终牢牢把握二者的辩证关系，既是网络的建设者，也是网络的守护者。启明星辰作为专业的信息安全企业，紧随国家发展规划，助力构建关键信息基础安全保障体系，全天候全方位感知网络安全态势，增强网络安全防御能力和威慑力。启明星辰将积极投身网络强国建设，发挥行业领军企业作用，切实让亿万人民安全地共享互联网发展成果。

2. 启明星辰的信息安全之路

启明星辰集团由留美博士严望佳女士于1996年创建。公司总部位于北京市中关村软件园启明星辰大厦，成立至今已在全国各省、市、自治区设立分、子公司及办事处30多个，拥有覆盖全国的渠道体系和技术支持中心。

2010年6月23日，启明星辰集团在深交所中小板正式挂牌上市，成为国内登陆资本市场的专业信息安全企业之一。目前，启明星辰集团旗下拥有包括北京启明星辰信息安全技术有限公司在内的5家全资子公司。2012年，完成并购北京网御星云信息技术有限公司，2014年先后收购杭州合众信息技术股份有限公司和北京书生电子技术有限公司，2015年以现金及发行股份收购安方高科电磁安全技术（北京）有限公司100%股权。除此之外，启明星辰集团旗下投资参股公司达到30多家，包括北京永信至诚、北京太一星辰、恒安嘉新、深圳市大成天下等。集团现已成功实现网络安全、数据安全、物理安全、系统安全、应用业务安全等多领域覆盖。

自2002年起，启明星辰就持续保持国内入侵检测、漏洞扫描市场占有率第一。近年来，发展成为国内统一威胁管理、安全管理平台国内市场第一位，安全性审计、安全专业服务市场领导者。

凭借多年来的潜心研发，启明星辰成为国家认定的企业级技术中心、国家规划布局内重点软件企业，拥有涉及国家秘密的计算机信息系统集成资质，并获得国家火炬计划软件产业优秀企业，中国电子政务IT100强等荣誉。

位于北京中关村软件园的启明星辰大厦，目前是我国规模最大的国家级网络安全研究基地之一。启明星辰创造了百余项专利和软件著作权，参与制订国家及行业网络安全标准，填补了我国信息安全科研领域的多项空白。完成包括国家发改委产业化示范工程，国家"八六三"计划、国家科技支撑计划等国家级科研项目近百项。

作为北京奥组委独家中标的核心信息安全产品、服务及解决方案提供商，奥帆委唯一信息安全供应商，启明星辰得到独家官方授权，全面负责奥运会主体网络系统的安全保障，得到了国家主管部门的大力嘉奖。此外，启明星辰还为上海世博会、广州亚运会等多项世界级大型活动提供全方位信息安全保障。

3. 启明星辰的差异化及核心技术优势

（1）集团差异化优势

作为国内信息安全领域的龙头企业，启明星辰公司积极拓展业务领域，提升产品和服务能力，目前已具备明显的差异化优势。

● 拥有全行业最齐全的安全产品和服务，可提供完整的解决方案。启明星辰集团专注于信息安全产品研发，产品覆盖电磁安全、终端安全、网络安全、应用与数据安全、电子办公安全等领域，拥有包括防火墙、统一威胁管理（UTM）、入侵检测管理、安全管理平台、网络审计、终端管理、加密认证、电磁屏蔽设备、电子公文及印章等多类产品，在安全产品线完整度方面位居行业前列。借助于集团齐全的安全产品线，集团在信息安全的各个细分领域都聚集了一大批优秀人才，不但对于各种安全产品的内在机理、应用场景、优势和局限性都有深刻理解，还在安全咨询、漏洞挖掘、渗透测试等领域积累了大量专业知识和服务经验。以此为基础，集团可根据用户具体业务场景、实际安全风险和差异化安全需求，为用户量身打造定制化的安全解决方案，从体系上保障用户安全，最大程度地满足用户需求。

● 主流安全产品业内领先。虽然安全产品拥有众多的细分领域，但每种产品的应用普及度不同，市场份额差异巨大。根据市场调研公司统计，防火墙和统一威胁管理、入侵检测及防御、安全管理平台、防病毒等类型的产品仍然是安全市场的主流。启明星辰集团不仅产品线齐全，还在信息安全的主流产品上表现突出，在多个产品市场上位居行业榜首或前列，主流安全产品综合实力处于业界领先水平。以2016年IDC发布的《中国网络安全市场份额报告》为例，启明星辰集团在入侵检测与防御、统一威胁管理2个领域排名业界第一，安全性与漏洞管理软件、VPN这2个领域排名业界第二，防火墙硬件排名业界第三，其中入侵检测与防御系统已经连续14年蝉联业界第一。在2016年赛迪顾问发布的《2015—2016年中国信息安全产品市场研究年度报告》中，启明星辰集团在安全管理平台市场占有率排名业界第一，这也是启明星辰集团在该领域连续8年蝉联业界第一。启明星辰集团在主流安全产品领域表现优异，在整体信息安全市场占有率方面稳居国内榜首。

● 集团化经营战略成功。启明星辰自2010年上市以来实施集团化战略，通过资本运作先后并购了网御星云、安方高科、书生电子、杭州合众、赛博兴安等在细分领域有特色的安全企业，成功进行了资源整合。此外，集团还先后以投资入股的方式与恒安嘉新、大成天下等公司达成了战略合作。凭借启明星辰特有的"中和、中正、自强、沉静、责任和承诺"企业文化基因，公司的集团化之路发展顺利，在整合过程中实现了各个子公司之间的和谐发展。在信息安全行业，启明星辰是走集团化战略、并购整合比较成功的企业。当前企业信息安全市场竞争日益激烈，新技术、新应用发展日新月异。一个企业仅凭自身的力量，在一个新兴市场中培育出成熟的产品，其发展步伐很难满足快速变化的市场需要。启明星辰集团近年来通过并购和投资，一方面迅速弥补了自身的短板，在诸如电磁安全、数据安全、大数据分析等方面很快达到了业界领先水平，另一方面也促进了整个安全生态圈的良性发展，避免了企业间在较低技术水平上的恶意竞争。可以说，集团化经营战略让启明星辰走上了一个新的台阶，提升了整体实力。

● 目标市场集中，重点客户市场占有率国内领先。启明星辰集团的主要客户群体为政府、电信、金融、能源、交通、军队、军工、制造等国内高端企业级客户。由于所处行业的特殊性，这些企业级客户对自身的安全问题高度重视，一直是网络安全行业的重点客户。启明星辰集团在重点客户市场占有率方面国内领先。

目前，启明星辰集团在政府和军队拥有80%的市场占有率，为世界500强中60%的中国企业客户提供安全产品及服务。在金融领域，启明星辰集团对政策性银行、国有控股商业银行、全国性股份制商业银行实现90%的覆盖率；在电信领域，启明星辰集团为中国移动、中国电信、中国联通三大运营商提供安全产品、安全服务和解决方案。启明星辰集团积极参与军民融合国家战略，在落实军民融合发展中推出了一系列高技术产品及成果，取得了良好的业务发展。启明星辰集团建立了覆盖全国的服务体系，有力支撑了安全产品在各类重点客户的应用部署；通过产品在重点客户的实际运行效果，集团有能力根据客户需求，完成产品的快速迭代。这就形成产品、服务和需求之间的闭环，促进了集团产品在重点客户的良性发展。

● 关注前沿技术研究，注重产学研合作。作为国内信息安全领航企业，启明星辰集团高度重视前沿技术的发展，积极推动产学研间的融合，不断通过技术更新引领产品升级，提升产品的竞争优势。

早在2000年11月，启明星辰就成立了国内首家网络安全专业博士后工作站，与北京航空航天大学、北京邮电大学等大学合作，致力于最前沿的网络安全科研技术研究和人才培养。集团先后培养了20多名企业博士后。一大批诞生自博士后工作站的研究成果已经成功应用于集团的各类安全产品中，显著提升了产品的技术优势。

为了进一步支持青年科技人员的科研开发与技术创新，2016年启明星辰集团与中国计算机学会（CCF）共同发布了百万级的"鸿雁"科研基金项目。"鸿雁计划"是网络空间安全一级学科获批后，第1个百万量级的企业资助专项科研基金项目。启明星辰集团希望通过"鸿雁计划"这种形式，让企业能在科研中起到一定的带头作用。在"鸿雁计划"中，启明星辰集团作为企业将投入资金、技术能力和资源，并把企业的实际需求和研发中遇到的前沿问题，反馈给CCF平台中的青年学者。这种产业界张榜挂帅、主动寻求学术界合作的机制成为产学研合作过程中的创新尝试。

（2）集团核心技术优势

● 攻防机理研究。作为安全技术的核心，启明星辰集团高度重视对网络攻防机理的研究，研究水平业界领先。早在1999年，启明星辰就成立了积极防御实验室（Active-Defense Lab，ADLab），目前ADLab已成为信息安全领域最知名的研究组织之一。ADLab长期以来密切跟进国内、国际漏洞机理研究的最新进展，对网络漏洞与隐患攻击技术、防御与反攻击技术、实时入侵检测与监控、安全审计技术、快速应急响应、操作系统内核技术、缓冲区溢出技术、数据库入侵与防御技术、移动终端安全技术、工业控制系统安全技术、基于Web的入侵与防御体系技术等进行了深入研究，建立了全面专业的漏洞库、攻击工具库、恶意代码库等，提升了取证和验证技术水平。

截至目前，启明星辰ADLab已经发布了CVE漏洞近百个，持续保持了发布漏洞数量亚洲领先的地位。2016年，发现多个国产操作系统、国产数据库和国产大品牌手机漏洞。同时，还针对网络安全领域里的新技术和新方向展开了一系列的研究工作，并在智能手机系统、工业控制系统安全方面获得了重大的技术突破，在操作系统安全研究方面达到了国际一流水平，占有国际尖端网络安全领域的核心地位。

● 入侵检测技术。启明星辰集团的入侵检测与防御系统已经连续14年蝉联业界第一，市场的成功保证了对技术研发的持续投入，使得集团在入侵检测方面具有领先的技术优势。

在入侵检测技术方面，启明星辰研发了一系列具备自主知识产权的先进技术，例如：协议自识别技术，准确识别非常规端口的协议和新型协议；误用检测和异常检测相结合的检测原理，在保障检测精度的基础上，扩大了检测可识别的范围；基于注入攻击机理的检测机制，对于Web注入类攻击检测有效降低了传统攻击签名导致的误报和漏报；高效正则多模式匹配算法，在提升特征表述能力的同时，确保了产品在网络数据高负载情况下的检测效率。截至目前，启明星辰集团已申报与入侵检测相关的国家发明专利数十项。

启明星辰集团拥有业内最大的用户群体，通过完善的服务机制，在保证了用户有效利用产品的同时，使用户及时拥有最新最完善的威胁检测事件库，这是启明星辰集团在入侵检测领域的独有优势。启明星辰作为唯一一家授权查看微软源码的专业IDS厂商、微软MAPP安全合作伙伴、CNCERT的首席合作伙伴，拥有信息安全博士后工作站、漏洞挖掘团队

ADLab，完善的组织支持确保了对入侵检测的最前沿技术研究。

● 全范式检测框架。当前，高级持续性威胁（Advanced Persistent Threat，APT）已经成为企业用户面临的最严重安全威胁。APT攻击具有攻击手段先进、单点隐蔽能力强、攻击目标明确、持续时间长等特点，传统以边界防御、实时检测为重点的防御方案难以应对。为此启明星辰提出了一种整合现有检测能力的"全范式检测"方案，能够形成对已知和未知攻击检测、取证和溯源的闭环。

传统安全设备通常是为解决特定安全问题而产生的，每种设备都有特定的检测对象和应用范围。以全范式检测框架为基础，以检测对象为维度，可以对当前主流的安全设备进行划分，各安全设备在全范式检测框架中的位置如表1所示。

表1 全范式检测框架

检测范式	检测对象		
	网络流	数据包	应用
第4范式数据密集型	流安全系统	全包存储分析	
第3范式模拟、仿真		APT检测引擎蜜罐系统	
第2范式模型、特征	防火墙 异常流量检测 抗DDoS攻击	入侵检测系统 入侵防御系统 Web应用防火墙 防病毒网关统一威胁管理系统	应用审计系统
第1范式尝试、实验		渗透测试 事件响应分析	源代码审计业务架构分析

全范式检测就是组合不同的检测对象和检测范式，构造全方位的纵深防御体系。以全范式检测框架为基础构建的安全解决方案，涵盖对已知攻击和未知攻击的检测，能够覆盖APT攻击的全生命周期检测。该方案的检测技术多样、数据源丰富，能够支持安全人员的有效运维；实现了不同产品间的优势组合，能够支撑在有限的资源下完成有效的安全对抗。

● 大数据安全分析。大数据是近几年IT技术的热点，已经引发了多个领域的深刻变革。

在信息安全领域，安全数据具备数量大、种类多、速度快、价值密度低等特点，是典型的"大数据"，而安全分析则是大数据分析的典型应用场景。在新的安全形势下，迫切需要建立以大数据分析为基础的新型防御体系，才能对抗以APT为代表的新型威胁，实现有效的安全运行管理。大数据安全分析框架的关键词是"数据"和"分析"。在数据层面上，要能够支持对安全数据的全生命周期管理，包括采集、维护、使用和删除等环节；在分析层面上，要能够覆盖对已知和未知攻击行为的分析，包括检测、取证和溯源等功能。

凭借深厚的技术积累和产品优势，启明星辰提出了一种面向高级威胁检测的大数据安全分析框架。该框架分为四层，涵盖攻击检测及数据采集、大数据存储管理、入侵行为分析挖掘、结果展示及配置管理的完整环节（如图1所示）。

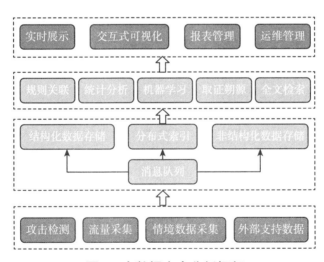

图1　大数据安全分析框架

● 云计算安全技术。云计算、虚拟化技术在数据中心的广泛应用使得云数据中心网络安全需求更加复杂，例如安全服务化、租户安全业务个性化编排、切实的安全高可用性保障以及抵御未知高级威胁等，传统数据中心网络安全的做法已经无法满足上述需求。为此启明星辰提出了基于SDS软件定义安全机制的智慧流平台及Vetrix资源池产品和技术，可以面向云数据中心的物理和虚拟网络、覆盖云数据中心南北向和东西向流量的深度网络安全防护。

就具体实现而言，SDS框架可以划分为四个层次，由底至顶分别为安全资源层、转发层、控制层、管理编排层。以一个数据中心为例，SDS框架的各个层次详细介绍如图2所示。

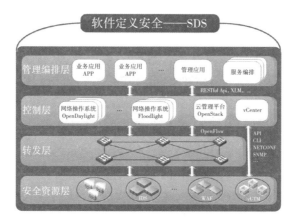

图2　软件定义安全整体框架

安全资源层：由数据中心内的各种物理形态或虚拟形态的网络安全设备组成兼容各家厂商的产品。这些安全设备不再采用单独部署、各自为政的工作模式，而是由管理中心统一部署、管理、调度，以实现相应的安全功能。安全资源可以按需取用，支持高扩展性、高弹性，就像一个资源池一样。

转发层：即SDN网络中的转发层，是指一类仅支持根据控制器指令进行数据包转发，而不再自主进行地址学习和选路的网络交换设备。将网络安全设备接入转发层，通过将数据包导入或绕过安全设备，即可实现安全设备的部署和撤销。

控制层：是指能够从全局的角度进行网络构建、管理，并提供开放API的网络控制器。这里既包括进行逻辑网络构建的控制器（例如SDN网络控制器，通过给已有的下辖的交换机下发转发表来实现网络构建），也包括进行实际网络构建的控制器（例如虚拟计算平台的管理中心，通过创建虚拟交换机并连线来实现网络构建）。

管理编排层：由侧重于安全方面的应用组成，包含用户交互界面，将用户配置的或运行中实时产生的安全功能需求转化为具体的安全资源调度策略，并基于控制层提供的API予以实现，做到安全防护的智能化、自动化、服务化。

综上，启明星辰公司早已经摆脱了IDS产品厂商形象，通过自身发展、收购融合和集团化经营，成为产品线齐全、市场领先的信息安全龙头企业。同时，通过大力投入技术研究和产学研合作，在云安全、大数据安全、物联网安全、移动安全等领域积累了大量核心技术，为未来发展打下了坚实基础。

4. 客户解决方案及产品应用案例

（1）大数据平台安全解决方案

● 项目背景：运用大数据推动经济发展、完善社会治理、提升政府服务和监管能力正成为趋势，我国相继制定实施大数据战略性文件，大力推动大数据发展和应用。目前，我国互联网、移动互联网用户规模居全球第一，拥有丰富的数据资源和应用市场优势，大数据部分关键技术研发取得突破，涌现出一批互联网创新企业和创新应用，一些地方政府已启动大数据相关工作。

大数据产业的发展离不开国家政策的支持，而国家重视大数据的发展。一是大数据关系到国民经济建设和发展；二是大数据存在着重大的网络安全隐患，甚至会危及国家的安全。因此，在建设网络强国的指导思想下，我国大力发展大数据，既要注重经济效益，也要注重安全问题，二者缺一不可。

大数据平台与传统以业务为中心的数据中心不同，其核心资产为数据。因此，在对大数据平台作安全规划时，应结合平台特性，以数据为中心，从数据处理流程安全与承载大数据的基础平台安全两个维度分析大数据平台存在的风险。

● 建设目标：开展大数据信息安全保障体系建设，做好信息安全顶层设计，探索并制定信息收集和管控、敏感数据管理、数据交换、个人隐私、数据权益和合理利用等领域的大数据保护策略和管理规范，有效保障数据收集、传输、处理等各个环节的安全可靠，引导大数据安全可控和有序发展，建设以数据为中心的信息安全保障体系。

● 解决方案：大数据的产生改变了传统以业务系统为核心的业务运营模式，以数据资产为核心并挖掘其商业价值。在进行安全建设时，一方面需要考虑大数据处理自身的特点，如数据种类多样、平台开放性、分布式计算等，需要从原始数据的收集、存储、分析、使用、废弃的过程，即按照时间层次去考虑符合大数据的安全解决方案；另一方面，大数据计算需要庞大的存储空间和计算能力，大数据平台大部分建立在云平台之上，利用云平台弹性扩展、高速计算等特性，因此，在规划安全建设时还需结合大数据平台计算环境的特征（即云平台特性）考虑安全措施。

根据《国家信息化领导小组关于加强信息安全保障工作的意见》（中办发〔2003〕27号）（以下简称"27号文件"）的精神，按照《信息系统安全保障评估框架》（GB/T 20274-2006）、《信息安全管理实用规则》（GB/T 22081-2008）、《信息系统安全等级保护基本要求》（GB/T 22239-2008）、《GB/T 31168-2014信息安全技术云计算服务安全能力要求》《信息安全技术公共及商用服务信息系统个人信息保护指南》《政府数据分类分级指南（试行）》等相关标准及要求。结合大数据平台特征，本安全保障体系是建立在以数据（资产）为核心，从数据流处理视角与平台层次视角出发，分析平台的安全需求，有机结合安全技术、安全运维和安全管理三种安全建设手段，提供完整的安全保障。

在技术体系方面，按照分类分级的思想来进行数据敏感性及重要性划分，并提出相应的保护措施和相关安全产品的标准，保证数据资产保密性、完整性和可用性等安全目标的实现。技术体系内容主要包括状态检测、软件容错、物理技术、密码技术、访问控制、通信保护、防恶技术、安全审计、抗抵赖、内容安全、脱敏技术、恢复技术、版权管理、备份恢复、剩余信息保护等方面进行安全防护。

在运维体系方面，从系统建设、系统运维和服务水平协议三个维度进行设计。系统建设主要从定级备案、设计开发、实施测试、测评检查、验收交付、系统备案、安全服务商、供应链管理等方面进行设计。系统运维通过周期性的安全评估，识别系统脆弱性和安全威胁，检查日常安全工作是否依据流程有序开展，进行等级保护符合性检查，确定不满足项；对前期安全评估发现的风险点进行修补加固，调整安全策略，规避存在的风险，提高系统安全性；通过安全监控，检测发现的风险点是否已经整改，观察是否存在新的攻击导致的风险点，列入下一阶段中，针对突发安全事件进行应急响应，以保证安全管理措施和安全技术措施的有效执行。通过全面了解其业务现状和运维需求，确定服务水平测量指标，并共同制定服务水平协议。

在大数据运营支撑平台方面，以IT资产为基础，以数据资产为核心，以客户体验为指引，从监控、审计、风险、运维四个维度建立起来的一套可度量的统一运营支撑平台，使得各种用户能够对平台进行可用性与性能的监控、配置与事件的分析审计预警、风险与态势的度量与评估、安全运维流程的标准化例行化常态化，最终实现业务信息系统的持续安全运营。

通过管理、技术、运维三大体系结合安全运营支撑平台实现对大数据平台安全的四个统一，即：统一安全管理，统一技术管理，统一运维管理，统一安全接口管理。为大数据平台安全可靠的交付提供了有力的保障。

通过统一安全运营保障体系建设以及加强安全服务的措施和力量，将会让大数据平台从被动的防范、防攻击的安全防御体系模式，逐步转变为以安全技术体系为手段，以运维服务体系为支撑，以安全管理体系为指导，主动防御和被动防御相结合的先进的安全防御管理体系模式（见图3）。

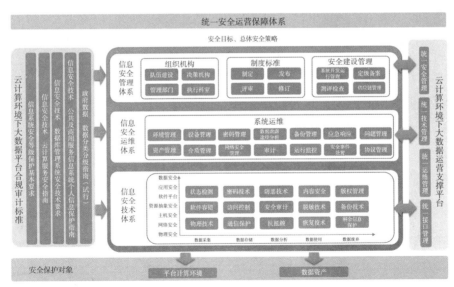

图3　统一安全运营保障体系

（2）态势感知应用解决方案

● 项目背景：习近平总书记指出："没有网络安全，就没有国家安全。"以互联网为核心的网络空间已成为继陆、海、空、天之后的第五大战略空间，各国均高度重视网络空间的安全问题。2013年，斯诺登披露的"棱镜门"事件如同重磅炸弹，更是引发了国际社会和公众对网络安全的空前关注。

根据国家互联网应急中心对国内互联网网络安全的监测数据，网站安全不容乐观，政府网站被攻击的趋势比较高。

互联网面临的威胁：域名系统依然是影响安全的薄弱环节；互联网地下黑客威胁；移动互联网环境有所恶化，生态污染问题亟待解决；经济信息安全威胁增加，网上购物及个人隐私等存在风险；地方政府、重要金融企业等网站成为"重灾区"；面临大量境外地址攻击威胁；木马和僵尸程序、蠕虫等恶意传播威胁。

● 建设目标。网络安全态势感知与安全预警平台是保护用户网络的重要信息系统，通过在网络骨干节点或互联网网络出口部署多种采集引擎能够对互联网网站所发生的入侵行为、病毒传播进行实时监测；对大规模爆发的网络入侵行为、病毒传播等事件及时通报；对网络潜在的安全风险以及恶意攻击行为进行分析预警；对业务系统漏洞及配置薄弱点进行告警。该系统的建设，同时还可实现重点网站安全情况的实时统一监测，准确、及时发现各网站存在的安全漏洞、检测网页挂马、网页篡改等安全隐患；对重大安全事件实时报警，分析显示重点网站及重要信息系统的安全趋势。为保障重点网站的安全运行、掌握网络总体安全状况、制定信息安全政策提供基础数据和安全决策依据。

● 解决方案。网络安全态势感知与安全预警平台架构总览如图4所示。系统分为分析交互、大数据分析和数据采集三层。

数据采集层。数据采集模块采集与安全相关的海量异构数据，主要分为两大类型：一类为高频数据，也就是通常所说的大数据，以海量、高速、异构为特征，主要有外部流、运行状态和性能数据、日志和事件、原始流量镜像包和Flow流数据等，通过高速数据总线采集；另一类为低频数据，包括常见的资产信息、配置信息、弱点信息、身份信息和威胁情报等，通过低频数据总线进行采集。此外，还可从采集位置进行区分，一种为通过互联网出口进行监测采集的，可有效与外部情报进行结合的威胁信息；一种是针对内网运营的情境数据采集，一般指内部人员行为审计日志、日常网络运行安全数据、漏洞管理信息等。

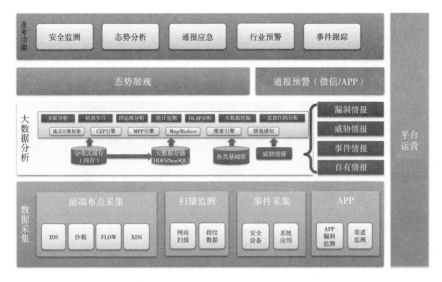

图4 平台运营架构总览

通过在用户网络关键位置部署相应采集引擎可对Web业务系统漏洞、应用配置问题、安全事件、病毒木马等安全威胁进行监测；对用户网络资产信息、内外部威胁情报进行采集。

大数据处理层。大数据分析模块实现对采集数据的预处理和存储，将需要的数据转换为结构化数据，对非结构化数据进行索引和存储，将数据分别送至大数据存储系统和内存中供分析层使用。实现对预处理后的海量数据的实时和历史分析，采用多种分析方法，包括关联分析、机器学习、运维分析、统计分析、OLAP分析、数据挖掘和恶意代码分析等多种分析手段对数据进行综合关联，完成数据分析和挖掘的功能。

分析交互层。交互部分主要分为安全监测、态势分析、漏洞预警、事件跟踪及知识情报五大部分。为安全管理人员提供可靠的态势感知、安全事件处理能力和漏洞及情报预警能力。

安全监测：安全监测功能为各种安全监测业务提供支撑，辅助用户对重点部位、重点单位、专项威胁、特定目标或对象开展监测工作。同时对网站的安全状态进行全面监测，包括网页篡改信息、网站挂马信息、流量告警信息、入侵检测事件信息。包括但不仅限于有害程序事件、网络攻击事件、信息破坏事件及安全隐患。支持用户对特定目标/对象深入监测，如通过设置监测点的监测规则支持对某攻击组织的攻击行为、某特定IP攻击行为进行监测。实现病毒、木马、蠕虫、僵尸网络、缓冲区溢出攻击、DDoS、扫描探测、欺骗劫持、SQL注入、XSS、网站挂马、异常流量等恶性攻击行为准确高效的检测效果。同时，对不重要的报警进行智能过滤，解决传统监控设备（如IDS）大量报警导致对威胁分析和处理难的问题。分析报表采用对比分析的方法，让使用者对近期的安全状况一目了然，不再需要使用者在海量的日志数据中进行人工分析，减轻了使用者的工作量和难度，提高使用者的工作效率。

态势分析：态势分析功能应从宏观方面，分析整个互联网总体安全状况，包括各类网络安全威胁态势分析和展示；微观方面，应提供对特定保护对象所遭受的各种攻击进行趋势分析和展示，可包括Web站点态势、威胁态势和总体态势。其中Web站点态势应对所监测站点的网络安全威胁和网络安全事件进行态势分析和展示；威胁态势应对漏洞利用攻击、APT等网络攻击事件，木马、病毒等有害程序事件，网页篡改、信息窃取等信息破坏事件进行专项态势分析和展示。此外，态势分析应提供网络安全总体态势的展示和呈现。

漏洞预警：预警通报应支持针对各种安全数据自动生成预警通报，包括Web站点漏洞信息、安全配置问题以协助用户对Web问题提早发现并进行及时整改，并对未发现漏洞的攻击事件及已发现漏洞的联动攻击事件进行通报预警。同时，通过漏洞扫描相关引擎达成资产感知能力。

事件分析：线索挖掘通过对威胁数据的聚类和关联挖掘有价值威胁事件线索，对重点事件、嫌疑对象、跳板主机、攻击溯源等提供分析支撑。包括三元组分析、异常服务分析、攻击者分析。其中，三元组分析应支持对网络攻击事件中的三元组信息，即源IP、目的IP、事件行为进行统计分析。支持分析提供异常服务和参与对外攻击的主机，支持分析挖掘疑似攻击人员相关信息，并通过简单易懂的去技术化语言帮助用户分析威胁，对威胁进行有效处理，能够对上报的事件进行关联分析。

知识与情报库：随着IT技术的不断发展和应用，攻击变得越来越隐蔽和难以发现，诸如APT之类的攻击很难被发现和防止，层出不穷的数据泄露事件和攻击对组织的声誉和财产，乃至国家安全造成了十分恶劣的影响。大多数组织没有足够的人员、时间、资金和精力来应对威胁。因此，威胁情报在频繁受到攻击的高风险的重点行业大型企业和政府事业单位中，将会明显提升关联分析的准确性和目标性，帮助组织有效发现隐藏的威胁。

（3）云安全解决方案

启明星辰云安全能力整体框架由四大方向构成：一是针对云上基础服务安全防御、攻击检测的云安全保障；二是面向监管的云安全监管能力建设以及以此为基础的云安全服务体系建设；三是保障云上核心数据安全的云数据安全；四是针对政务云接入终端的云安全接入（如图5所示）。

图5　云安全解决方案

● 云安全保障。云安全保障关注政务云平台在基础安全保障方面需求的实现，以及安全能力如何与云平台的结合。云安全保障能力整体由三个部分组成（如图6所示）。

图6　云安全保障图

第1部分是政务云边界的安全防护能力，重点关注对云平台接入边界的网络流量中攻击数据的控制、检测；在政务云出口，关注恶意代码、入侵攻击、信息窃取、拒绝服务等攻击行为的发生，需要针对政务云上的业务系统提供相应的防护能力。

第2部分是针对云上的业务防护，采用启明星辰软件定义安全框架来实现云环境下基础安全能力的部署，并借助虚拟化的优势实现自适应的安全体系架构，可以实现云上的安全能力根据业务安全需求进行动态调整，实现更加智能化的安全。软件定义安全框架由三个组件构成：

一是用以驱动云上数据转发的智慧流平台，目前已经可以采用虚拟导流、SDN等方式进行流量转发，进行政务云南北向、东西向流量的灵活调度，进行网络流量的分析和控制。

二是安全资源池，启明星辰Vetrix平台实现安全设备的资源管理，Vetrix安全资源平台由各种物理形态或虚拟形态的网络安全设备组成，兼容各厂商的安全系统。

三是管理控制中心，安全资源池内的安全系统不再采用单独部署、各自为政的工作模式，而是由管理中心统一部署、管理、调度，以实现相应的安全功能。安全资源可以按需取用，支持高扩展性、高弹性。

第3部分是云上安全保障能力的调度和展现平台——CloudSOC云安全管理平台。CloudSOC主要完成各类云上安全信息如日志、攻击数据、漏洞数据、情报数据、流量数据等内容的集中采集，然后采用大数据分析技术，对各类数据进行如关联分析、聚类挖掘，依据前期设定的场景规则，匹配驱动流平台和安全资源池的调度，以实现根据不同安全场景进行安全能力的调整，实现自适应的安全体系架构。

● 云安全监管及服务。政务云安全面临大量新型威胁形态，攻击者的攻击手段、攻击频率大大加强，需要我们建立一套安全监测监管的系统，用于实时感知政务云安全态势情况，并基于态势感知的结果，提供云上的安全服务（如图7所示）。

整个监管服务体系分两步实施：

第1步，构建政务云安全监管平台；政务云安全监管平台，通过相关检测、分析能力的部署，实现对云上安全态势的实施分析。在感知内容上，主要针对威胁感知、脆弱性与资产感知、威胁情报获取和使用以及流量感知等，通过感知采集的相关数据，使用安全大数据分析工具（BDSA）及相关分析算法，并通过可视化将安全态势情况进行整体描绘与呈现，驱动安全服务等工作的进行。

图7　云安全监管及服务图

第2步，基于监管平台的监测数据提供安全服务。安全服务内容区别于传统信息系统的服务，结合政务云业务的生命周期特点及云架构的特点展开。

检查测试类服务内容分为：基础IaaS\PaaS平台的安全周期性安全评估，主要判断基础架构中如操作系统、数据库中间件等基础平台是否存在普遍性的安全漏洞；政务云上线的安全检测主要是指业务上云或新业务发布时，是否能符合政务云整体的安全要求，原有的在云下的安全能力是否能正常切换到政务云上等；在前2类服务之外，也融合基于黑盒的渗透测试和白盒的代码审计等服务内容，服务项目相互融合，贴合政务云业务特点展开。

保障支撑类服务主要基于监管平台态势感知的实时数据，展开响应政务云上的安全监管：如实时地针对政务云的安全威胁的分析，如境外组织对重要信息系统的攻击情况分析；重大紧急漏洞的快速响应，如影响范围分析，利用该漏洞的攻击监测。

咨询培训类服务：合规评估服务是指针对各类云上安全标准如国

标——GB/T 31167 云计算服务安全指南、GB/T 31168 云计算服务安全能力要求、ISO27001 延伸的 CSA STAR、等级保护云标准等以及各类地方标准的符合性角度来进行政务云平台的合规性评估。

● 云数据安全。云数据安全主要考虑云上数据安全问题，政务云上数据可以分为结构化数据、非结构化数据形态以及政务大数据平台内的混合型数据。

结构化数据主要是指政务云上各政务门户网站数据、各政务服务平台、政务 OA 系统以及其他业务平台的关系型数据库中的结构化数据，主要威胁为攻击者针对业务平台或暴露在外的数据管理接口上的攻击，直接导致数据失窃；另外就是运维过程中运维人员直接对数据库的操作风险。

非结构化数据存在两种数据泄露途径：一是内部人员直接数据外发；二是攻击者直接获取系统控制权限后的数据窃取。

针对大数据平台，主要面临的风险在数据平台上各组件的认证过程中存在越权、非授权访问的问题，导致直接获取大数据平台中的相关数据。

针对非结构化数据，如政务云平台上存在的文件、图表等非结构化数据，可以使用 DLP（数据防泄露）方案来应对。在政务云平台上，需要特别针对网络流量及邮件数据进行数据防泄密监控。

针对结构化数据的防护从应用防护角度展开，主要是指针对云上业务平台的应用界面攻击例如注入、针对数据库的接口的攻击，防护能力由上述云安全保障部分防御能力来完成，主要涉及入侵防御系统或 Web 应用安全网关。

面对认证、授权、审计 3 个大数据安全核心问题，大数据安全管理系统面向大数据基础平台，兼容各主流大数据平台的版本。为不同角色用户提供快捷服务的门户系统，其核心的基础就是用户身份的管控，包括用户管理、机构管理、角色管理、权限管理、操作行为管控、统一用户信息管理这几个部分，即通常所说的三个统一：统一认证管理、统一授权管理和统一安全审计。

政务云平台建设过程中通常会涉及不同级别的网络间的数据交换，如互联网区域和政务外网区域采用数据交换平台，可以实现异构数据间的安全可信交换。

另外，针对于敏感数据，如公民的身份证、住址、电话和其他个人信息等，在政务云各平台使用过程中要做到数据的按需求传递，如有些场景下并不需要完整字段的数据，可以采用数据库脱敏技术对数据漂白，如采用模糊、替换、转义等方式进行数据脱敏。

各业务平台的非授权或是越权使用也是数据泄露的重要途径，可以通过系统日志、网络日志、业务日志、运维审计（堡垒机）等方式采集各类业务操作数据，基于业务操作数据的分析，可以发现政务云上违规操作、恶意操作行为，从业务审计自身的角度解决数据安全的问题。

云数据安全还需要采用安全评估的方法，针对云上业务的互访关系、数据的分类分级等进行评估，找出各类数据传递过程中可能存在的安全威胁，再使用前面提到的各类安全技术措施，采用适当的安全策略，才能达到有效的针对数据安全的防护能力的落地。

● 云安全接入。政务云上主要承载各类政务业务应用，以上针对数据、监管、保障的防护方案主要针对云上的业务安全需求展开。政务云的使用除了互联网区域的对公业务外，还有很多应用是针对政府工作人员，使用政务终端的接入来进行业务的操作、数据的传递，在这个过程中，如果对于接入的终端控制不严格，会导致恶意代码对政务应用的影响、敏感数据非受控传输等。

云安全接入主要包含三个方向的内容（如图8所示）。

图8　云安全接入图

一是针对移动端的安全，主要涉及政务应用移动终端的管控，如移动执法、移动办公的手机、平板电脑等，采用EMM方案，对移动端进行统一的设备管理、应用管理以及文件的数据落地管理，保障移动端的应用、数据的安全可控。

二是桌面操作终端，主要实现对终端层面的恶意代码防护、终端DLP、终端行为管理等能力，保证接入政务云的桌面终端的安全可控。

三是无论是移动端或桌面端，需要采用统一的认证、可靠的方式，限定非认证的终端不允许接入云端。同时，对于终端到政务云的数据连接，采用有效的加密通信过程。

（4）终端安全接入解决方案

● 项目背景。随着移动互联、虚拟化、云计算等新兴技术的迅猛发展，移动办公需求越来越普及，更多的企事业单位员工、政府机关工作人员开始通过3G/4G以及公共WiFi等移动无线互联技术远程接入单位内部网络/云端处理各项办公业务。而这种使用终端计算机或者移动智能终端等各类终端设备经由公共无线网络远程联网办公的工作方式，在提供极大工作便利的同时，也给企事业单位、政府机关网络系统的稳定运营，及内部敏感数据信息的安全保护带来很大的冲击和困难。主要体现在以下三个方面：

网络传输链路和无线接入点不可信任问题；

远程接入的终端设备合规性及身份认证问题；

远程接入的终端设备存在数据泄露风险。

综上所述，必须采取相应的技术和管理手段对远程接入单位内部网络/云端的终端设备实行综合性安全接入防护，实现对各类终端设备的可信、可管、可控。

● 建设目标。通过对远程接入到单位内部网络/云端的各类终端设备统一安全防护和集中管控，进而形成一体化的安全接入防护解决方案，以保证单位内部网络/云端的边界接入安全。其总体设计目标如下：

第一，实现各类接入终端设备的身份认证管理，保证只有经过授权的终端设备才能接入到单位内部网络/云端，防止非授权终端的非法接入行为；

第二，实现各类接入终端设备的基础安全管控，保证只有符合既定安全策略或安全基线的终端设备才能接入到单位内部网络/云端，防止不安全终端设备接入网络/云端而引起的数据泄露及系统运营环境破坏风险；

第三，实现各类终端设备远程接入链路的加密传输管理，防止恶意攻击者通过嗅探窃听、伪造、中间人攻击等引起的内部敏感数据泄露风险；

第四，实现各类终端设备远程接入的数据安全管理，防止终端使用人员有意无意地泄露内部敏感数据文档的行为，保障重要业务应用系统的数据安全。

● 解决方案。本设计方案由终端设备安全管控、终端安全接入控制、终端应用安全管控、终端数据安全防护以及接入边界威胁行为分析等几部分组成。其设计与实现框架如图9所示。

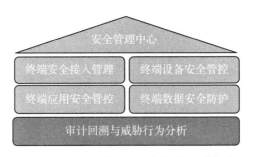

图9　终端设备接入防护安全设计框架

第一，终端设备安全管控设计。关注点：设备实名注册、身份认证、设备管理（外设管理、违规外联控制等）、系统安全（杀毒、弱口令等）。终端计算机安全管理包括终端实名注册管理、资产管理、外设接口控制、违规外联控制、系统防病毒及系统补丁管理、系统弱口令检测、软件安装控制等安全防护措施。移动智能设备安全管理包括设备注册认证、设备信息管理、设备定位和追踪，密码安全设置、远程锁屏控制、系统病毒查杀、恢复出厂设置，以及设备接口、外设权限管理等多种管理服务。终端设备安全管控具体实现由天玑内网安全风险管理与审计系统和贝安移动安全管理系统共同完成，即在需要管控的终端计算机上安装天玑客户端软件，在智能终端设备上安装贝安移动客户端软件。

第二，终端安全接入控制设计。关注点：合规检测（外设控制、软件安装、系统杀毒、弱口令等安全基线）、安全隔离与修复、单点登录、数据加密传输。

终端安全接入控制包括各类终端设备安全基线的合规性检测、统一身份认证、设备安全隔离与修复以及远程接入链路加密传输等方面。

终端设备安全接入控制具体实现将通过VPN网关和天玑内网安全风险管理与审计系统/贝安移动安全管理系统共同实现。即在单位网络边界/云边界部署VPN网关集群（或虚拟化VPN系统），在终端设备上通过客户端软件与VPN系统联动处理，继而完成单点登录、安全基线检查、安全隔离修复及远程传输链路的数据加密服务。

第三，终端设备应用安全防护设计。

关注点：移动APP分发管理、移动APP安全检测与加固、渠道分发监测。

终端设备应用安全主要是指运行在移动智能终端上的移动APP分发管理、移动APP安全性检测服务、移动APP安全加固服务以及移动APP分发渠道监测服务等方面。终端设备应用安全防护主要通过专门的安全检测加固工具和专业服务队伍以服务的形式体现。

第四，终端数据安全防护设计。关注点：终端DLP，APP安全隔离存储。

终端数据安全防护包括针对终端计算机的数据泄露防护，以及针对移动智能设备的APP数据安全防护两大方面。

终端数据防泄露是针对经由终端计算机输出的各类数据文档通过多种方式（关键字、文件指纹、正则表达式等）进行敏感信息的检测分析、识别和处置的能力。

终端数据防泄露能够对终端计算机输出数据文件渠道进行检测、识别，包括U盘输出、文件打印输出、即时通信软件外发、邮件外发、微博发布等数据输出通道，从而对终端计算机上的敏感数据文件非授权输出进行有效处置，防止泄密行为发生。其主要防护流程包括敏感信息定义、敏感文件扫描、敏感信息外发管控三大步骤。

移动智能设备数据安全防护主要通过创建数据安全隔离区实现。通过在智能终端设备上建立系统专属数据安全隔离区域DSA（如图10所示），集中加密存储应用数据来保障数据安全性。移动APP应用则通过DSA API访问该安全隔离区（即虚拟文件系统）进行透明的数据读写，DSA将自动对数据进行打散与加密存储。虚拟文件系统类似从磁盘中虚拟出一段存储区域作为虚拟空间保存文件，该磁盘空间对内透明，对外隐藏。

数据隔离区DSA是高强度加密，外部程序无法获取DSA的任何数据细节。DSA包含磁盘分区信息、文件目录表、密钥保险柜区以及加密存储区。通过DSA存储的文件都是采用一次一密的随机密钥和AES256加密算法进行保护，而随机密钥则是加密存储在密钥保险柜中的。

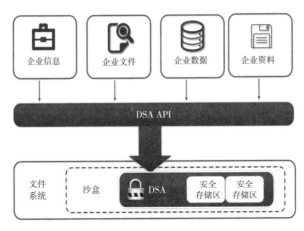

图10　数据安全隔离区（DSA）模式

第五，接入边界威胁行为分析设计。关注点：对接入边界流入流出的数据内容进行威胁分析。

接入边界威胁行为分析负责对流入、流出单位内部网络边界/云边界的业务数据流进行采集、审计回溯、解析和基于入侵的威胁分析。包括未知恶意代码检查、嵌套式攻击检测、特种木马识别、隐秘通道检测、缓冲区溢出攻击、扫描探测、欺骗劫持、SQL注入、XSS、网站挂马、异常流量等各种威胁攻击行为。

接入边界威胁行为分析由天阗入侵检测与管理系统、天阗高级威胁检测系统组合实现。

第六，方案部署设计示意图如图11所示。

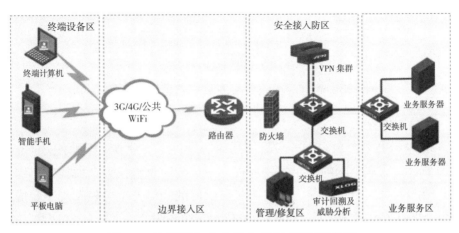

图11　终端设备安全接入防护拓扑示意图

第七，方案场景应用流程如图12和图13所示。

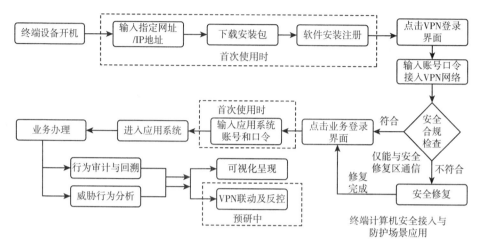

图12　终端计算机接入防护场景应用流程图

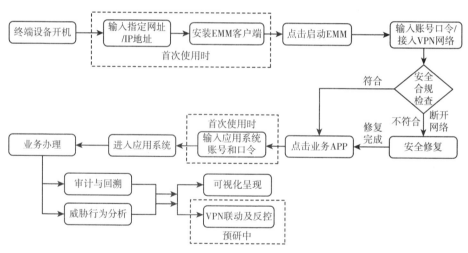

图13　智能终端设备接入防护场景应用流程图

产品案例：

第29届奥运会奥组委——启明星辰协助奥组委建立1套网络安全监控管理平台，实现全网的安全集中监控、审计和应急响应，全面提升奥组委办公网的信息安全保障能力。启明星辰承建的网络安全监控管理平台成为奥组委信息安全管理团队必不可少的技术支撑系统。

中国移动四川公司——通过启明星辰的云安全能力部署建设实现了政务云安全可靠地运行，使其发挥出应有的作用。

山东省公安厅——通过部署态势感知平台已知或未知威胁、入侵，需要通过态势感知的技术手段，对涉及山东公安关键业务及重要信息变化的因素进行采集，并充分理解、进行预测，掌握整个网络体系的安全态势，使得安全管理由被动变为主动。

某测评中心——中心网络出口处部署了启明星辰公司入侵检测系统和APT检测系统，有效防范来自外部的攻击，同时很好地对全网的网络运行状态和安全状态进行有效监视。

新华网——通过使用APT检测设备针对webshell的事件检测效果明显。

中国某电视台——部署APT产品后发现网上发布系统存在异常页面，同时，在内网发现邮件渗透攻击，同时发现了挂马和邮件渗透2项重大攻击，有效地防护了电视台的网络安全。

某电力公司——已知威胁和未知威胁结合的综合检测方案通过传统入侵检测系统与APT检测系统的结合，作为某电力公司的网络安全核心组件，对营销管理系统、电力市场交易系统两大系统的木马后门威胁、内网病毒泛滥、漏洞攻击等发挥了重要的作用。

5. 启明星辰的发展战略及产业布局

"十三五"期间，受益于国家政策的驱动，信息安全行业将保持高景气度，行业增速将能达到近30%。启明星辰将紧贴国家政策及发展规划，使得从传统网络安全拓展到数据安全、电磁空间安全、工控安全、终端安全、业务或应用安全、云安全、大数据业务等，构建网络安全生态圈，实现企业的快速升级与高速发展。

（1）研发并购双擎发力，启明星辰未来4部曲

启明星辰首席战略官潘柱廷提出了"海洋大陆观"的四步走的战略：兼并收购；争取近海利益（利用云计算、物联网、移动、大数据、智能化趋势）；与可信互联网公司合作；远涉重洋，拓展新大陆。国内，安全设备与网络设备在市场规模上的巨大反差，关键在于合规性市场中安全设备并不能以技术溢价体现其核心价值。随着安全需求由合规向刚需转变，如何

与互联网厂商、网络设备厂商在近海争夺利益，将成为启明星辰战略成败的关键。

第1部曲——兼并收购，在陆上形成强大的实力：近些年来启明星辰通过并购投资网御星云、杭州合众、安方高科、书生电子等各领域内的安全厂商逐步提升公司实力，形成了目前的启明星辰集团。在未来，启明星辰同样会通过收购有实力的公司在陆地上形成强大的竞争力。

第2部曲——争取近海利益(云物移大智)：近些年来，随着云计算、物联网、移动互联网、大数据、智慧城市技术的不断发展，安全市场格局会不断发生变化。启明星辰同样会针对这些新兴领域做出针对性的安全解决方案，争取自身在近海以及大陆架的利益；投资杭州合众的大数据技术，涉足数据安全就是具体的举措。

第3部曲——与可信的互联网公司合作，借船走向深海：陆生生物不可能直接进入海洋，与海洋生物合作切入远海领域是明智之选。未来，启明星辰与腾讯合作推出"云子可信"就是这样的步骤。选择与可信的互联网公司合作，通过一艘艘大船到远海去获取新资源。

第4部曲——远涉重洋，拓展新大陆：陆地当然不只中国市场这一块，海外还有新大陆。启明星辰会在海外大陆寻求新的市场发展。

（2）云安全抢夺战略制高点，构建开放性安全生态圈

随着互联网+行动计划的逐步推进，云计算和大数据市场不断壮大，安全问题从资产、业务层面开始上升到数据层面。在此背景下，公司一方面牵手腾讯、华为等互联网和IT巨头，收购赛博兴安、合作北信源等一系列举措持续完善打造"云–网–端"三位一体安全，并拓展物联网安全领域；另一方面向在安全威胁分析领域的广大安全厂商开放泰合SOC3.0安管平台的南向和北向数据接口，共同打造智能化大数据安管大平台，将以大数据分析架构为支撑，以业务安全为导向，构建起以数据为核心的开放式安全管理体系。

（3）整合技术资源，抢占物联网终端入口

启明星辰与北信源、北京正铺、北京霁云汇在联合成立的北京辰信领创信息技术有限公司，将主要在传统终端和智能终端防护技术和产品方面增强集团的竞争力，帮助集团实现从终端到云端的全方位安全产品覆盖，在物联网时代抢占终端安全入口，进一步完善集团的安全战略布局。

（4）投资Cloudminds，布局云安全及人工智能

启明星辰出资1 000万美元增资Cloudminds，进入人工智能云服务和智能终端领域。Cloudminds专注于实现云端智能机器人运营级别的安全云计算网络、大型混合人工智能机器学习平台以及安全智能终端。本次投资将助力公司在网端安全优势的基础上，发展云端及终端安全，同时初步实现人工智能布局。

（5）端安全走向移动安全，进一步强化拓展

启明星辰于2016年10月14日推出了针对移动终端的安全管理产品——天珣移动版，为移动终端提供从网络层、接入层、协议层到应用层等多层次的安全保障措施，让移动终端像PC一样安全。通过补充公司在移动端安全的空白，公司进一步完善安全布局，为移动信息化时代的企业提供更加全面的安全防护。

（6）促进大数据发展，布局大数据相关业务

关于大数据，公司将开展2个层面的工作：一个是行业的大数据应用，比如合众数据的大数据业务，公司正在更多的行业开拓大数据业务，做行业大数据需要与客户长期合作，需要很强的客户粘性，这是启明星辰的优势；另一个层面是利用大数据技术作安全分析，由于部署在网络中的各种安全系统越来越多，能够捕获的数据种类和数据量也得到极大提升，通过大数据技术可以帮助公司挖掘和分析获取有价值的安全信息，以满足客户深化的安全需求。

6. 结语

启明星辰作为网络安全的领先上市公司和中国互联网信息安全事业的中坚力量，将秉承诚信和创新精神，继续致力于提供具有国际竞争力的自主创新的安全产品和最佳实践服务，实施资本运作和集团化战略，构建越来越强大完善的信息安全生态链，帮助客户全面提升其IT基础设施的安全性和生产效能，为打造和提升国际化的民族信息安全产业第一品牌而不懈努力。